부사관·장교 합격 면접

허동욱 저

박영사

PREFACE
머 리 말

최근 군에서도 AI 면접과 국민체력인증제도를 도입하였다. 이는 군 간부가 되려는 수험생들에게 큰 부담이 되고 있다. 본 책은 이에 대한 준비를 어떻게 해야 하는지 상세히 소개한 책이다.

대한민국은 정전협정에 의해 휴전 중이다. 오늘도 최전방 휴전선에는 국군장병들이 나라를 지키기 위해 군 복무를 하고 있다.

최근 중국 연변대학을 방문했을 때 중국 대학생 하나가 "한국은 섬나라"라고 말하는 것을 들은 바 있다. 현재 남북이 분단된 상태에서 한국은 바다와 하늘을 통해 다른 나라로 갈 수밖에 없기 때문에 섬나라와 마찬가지라는 의미일 것이다. 한반도의 분단된 현실을 외국인들은 그렇게 바라보고 있었다.

오늘날 한국의 많은 젊은이들이 국가공무원이 되기 위해 군 간부선발시험에 지원하고 있다. 국가안보를 책임지고 평화통일의 주역이 되고자 한다. 특히 많은 대학교 군사학부 부사관과 학생들의 열정은 매우 뜨겁다. 각 군의 선발시험이 다양하여 제도를 명확히 이해하고 잘 준비해야 합격할 수 있을 것이다.

그동안 군장학생 및 부사관·장교 선발 면접심사위원 경험과 군사학부 학과장으로 학생들을 지도하면서 어떻게 하면 군 간부가 되려는 학생들에게 도움을 줄 수 있을까 고민해 오다 그동안 지도한 Knowhow를 책으로 발간하게 되었다.

본 책의 구성은 총 5부로 구성하였다. 제1부에서는 군 간부선발 제도와 AI면접에 대해 소개하고, 제2부에서는 2차 선발평가에서 결정적인 면접(50점)시험에 대비하기 위한 실전 면접시험 Knowhow를 최신사례 중심으로 개인 주제발표 및 집단토론 문제로 정리하였으며, 자기소개서 작성 예문을 제시하였다. 제3부에서는 학생들이 가장 어렵게 생각하는 상황판단 기출문제 풀이(5회)를 제시하여 집단토론 면접을 해결하면서 필기평가도 대비할 수 있도록 하였고, 제4부에서는 체력평가 Knowhow와 2020년부터 시행되는 '국민체력인증제도'를 소개하였으며, 제5부에서는 면접시험 합격사례를 제시하였다. 군 간부가 되려는 수험생들이 꿈을 이루는 데 작은 도움이 되었으면 하는 바람이다.

2019년 7월 1일

저자 허 동 욱

CONTENTS
차 례

군 부사관 선발

01

제1장

전투부사관과 군장학생

육군은 학군제휴협약대학 전투부사관과 학생들을 대상으로 2년 군장학생을 선발해 오던 것을 최근에는 '군 가산복무 지원금'을 받는 전투부사관 선발로 그 명칭을 변경하여 시행하고 있다. 즉 육군과 협약을 맺은 4개 대학(대덕대학교, 원광보건대학교, 영진전문대학, 전남과학대학교)의 전투부사관과 1학년 재학생을 대상으로 2년간 장학금을 지급하는 보병·포병·기갑병과 장학생을 선발한다. 선발(평가)는 1차 평가, 2차 평가, 최종선발로 구분하여 시행한다.

선발 평가요소 및 배점

■ **1차 선발**: 필기평가(30점)와 직무수행능력(10점)을 합산한 고득점자 순으로 선발

- 필기평가 및 불합격 기준: 필기평가 점수(30점)의 40%(12점) 미만자

종합점수	언어논리 (25문항)	자료해석 (20문항)	공간능력 (18문항)	지각속도 (30문항)	상황판단 (15문항)	국사 (20문항)
30점	8.1점	8.1점	2.7점	2.7점	5.4점	3점

- 직무수행능력 평가: 제출한 서류 평가, 평가배점(10점)

구 분	배 점	요 소
계	**10점**	
무도	0.5~1	• 2단 이상: 1점, 1단: 0.5점(태권도, 합기도, 검도, 유도 등)
한국어	0.5	• 한국어/국어능력인증 자격증(4급 이상) 등
한자	0.5	• 4급 이상(한국어문회, 한국한자교육연합회, 한자교육진흥회 등)
영어/외국어	0.5	• TOEIC 250점 이상, TEPS 200점 이상 등
전산	0.5	• PCT 300점 이상, 문서실무사 3급 이상, 워드프로세서 등
리더십/기타	0.5	• 고교 학급반장, 학년회장, 대학 과대표, 실용수학 등
기본점수	**6.5**	

■ 2차 선발(최종): 2차 평가대상자 중 합산점수 고득점자 순 선발

계	**면접평가**	직무역량	체력평가	대학성적	신체검사	인성검사	신원조회
100	**50**	10	30	10	합·불	합·불	적·부

* 대학성적은 (1학년 1학기) 70% 미만 시 불합격 처리, 선발이후에도 매학기별 성적 70% 미만 시 선발취소

■ 체력평가 및 면접평가

- 장소: 육군본부(인재선발센터 및 계룡대 영내)
- 체력 평가종목 및 배점: 3개 종목

계	1.5km달리기	윗몸일으키기	팔굽혀펴기
30점	15점	9점	6점

* 3개 종목 전 종목 등외 시 불합격, **2020년부터 국민체력인증서로 대치**

– 특기별 체력평가 기준

구 분	1.5km	윗몸일으키기	팔굽혀펴기	비 고
전투병과	1~9등급	1~10등급	1~10등급	등급외 "0점"부여

■ 면접 평가요소 및 배점

구분	계	제1면접장 (개별면접)	제2면접장 (발표/토론면접)	제3면접장 (개별면접)	고교 출결
		기본자세(태도) 품성평가	국가관/안보관 리더십/상황판단	인성검사(심층)	
배점	**50점**	25	20	합·불	5

* 군사학과, 부사관학과, 학군단 후보생 등 제복(교복) 착용 금지
* 자기소개서 작성 시 출신대학 표시 금지

- 고등학교 출결 배점

무단결석	없음	1~2일	3~4일	5~6일	7~9일	10일 이상
배 점	5	4	3	2	1	0

- 대학성적: 10점(등급별 점수제)

성적(%)	100~96	95~91	90~86	85~81	80~76	75~70	70 미만
등 급	1	2	3	4	5	6	등급 외
점 수	10	9.5	9	8.5	8	7.5	불합격

* 대학성적은 매 학기별 평균 백분율 70% 미만 시 불합격 처리

- 직무수행능력 평가: 10점

구 분	배점	요 소
계	**10**	
무 도	0.5~1	• 2단 이상: 1점, 1단: 0.5점(태권도, 합기도, 검도, 유도 등)
한국어	0.5	• 한국어/국어능력인증 자격증(4급 이상) 등
한 자	0.5	• 4급 이상(한국어문회, 한국한자교육연합회, 한자교육진흥회)
영어/외국어	0.5	• TOEIC 250점 이상, TEPS 200점 이상 등
전 산	0.5	• PCT 300점 이상, 문서실무사 3급 이상, 워드프로세서 등
리더십/기타	0.5	• 고교 학급반장, 학년 회장, 대학 과대표, 실용수학 등
기본점수	**6.5**	

– 직무수행능력 평가 적용방법(참고)

<table>
<tr><th>구 분</th><th>배점</th><th colspan="2">적용 내용</th></tr>
<tr><td rowspan="2">한국어</td><td rowspan="2">0.5</td><td colspan="2">• 한국어 또는 국어능력평가 4급 이상 • 한국실용글쓰기검정
* KBS한국방송공사, (재)한국언어문화연구원</td></tr>
<tr><td colspan="2">• 국어능력인증시험(1~5급)</td></tr>
<tr><td rowspan="2">전 산</td><td rowspan="2">0.5</td><td colspan="2">• PCT 300점 이상, 컴활 3급 이상, 워드/정보관리사 3급 이상, 문서실무사 3급 이상 등</td></tr>
<tr><td>• e-Test 4급이상 • GTQ
• ITQ지도사
• PC Master(정비사)
• PC정비사(1~2급)
• PC활용능력평가시험(A~B급)
• RFID기술자격검정
• SIS(정보보호전문가)(1~2급)
• SQL자격(전문가, 개발자)</td><td>• 네트워크관리사(2급)
• 데이터아키텍처전문가
• 디지털포렌식전문가(2급)
• 리눅스마스터(전문가, 1~2급)
• 디지털정보활용능력(초, 중, 고급)
• 정보기술자격(ITQ)시험(A, B, C급)
• 정보기술프로젝트관리전문가(1~2급)
• 정보시스템감리사 • 컴퓨터운용사</td></tr>
</table>

<table>
<tr><th>구 분</th><th>배점</th><th colspan="2">적용 내용</th></tr>
<tr><td rowspan="2">한 자</td><td rowspan="2">0.5</td><td colspan="2">• 한국한자어능력인증시험(4급 이상) 등</td></tr>
<tr><td colspan="2">• 한자·한문전문지도사(지도사 1~2급, 훈장 1~2급, 특급)
• 한자·한문지도사(한자·한문특급, 한자·한문 1~3급)</td></tr>
<tr><td>무 도</td><td>0.5~1</td><td colspan="2">• 무도 1단 이상(태권도, 합기도, 검도, 유도, 특공무술 등)
* 협회에서 발행한 단증 및 무력확인서</td></tr>
<tr><td rowspan="2">영어/
외국어</td><td rowspan="2">0.5</td><td colspan="2">• TOEIC 250점/TEPS 200점 이상</td></tr>
<tr><td>• FLEX 3A-C급 이상
* 영어, 중국어, 일본어, 독일어, 러시아어, 스페인어, 프랑스어
• Mate Speaking/Writing
• TEPS(1+급, 1~2급, 2+급)/
* speaking 포함
• 괴테어학검정시험(Goethe Zertifikat)
• 델레(DELE) * 스페인어
• 델프/달프(DELF/DALF) * 프랑스어
• 독일어능력시험(Test DAF)
• 무역영어(1~3급)
• 스널트(SUNLT) * 프랑스어</td><td>• 실용영어(1~3급)
• 영어회화능력평가시험(성인 1~2급)
• 일본어능력시험(JPT,JLPT)
• 지텔프(G-TELP) * 영어
• 토플(TOEFL)
• 토르플(TORFL) * 러시아어
• 한국영어검정(1~2급, 2A급)
• 한어수평고시(신HSK) * 중국어
• OPIC * 영어
• ZD * 독일어</td></tr>
<tr><td rowspan="2">리더십
/
기 타</td><td rowspan="2">0.5</td><td colspan="2">• 고교 학급/학년 회장, 대학 과대표/학생회 회장, 예비역간부(육·해·공군·해병대)
* 해당학교(대학: 학과장, 고교: 담당자)의 원본대조필 날인된 원본</td></tr>
<tr><td>• CRA(신용위험분석사)
• ERP(물류/생산/인사/회계정보관리사)
• 도로교통사고감정사
• 시스템에어컴설계시공관리사
• 신용관리사 • 신용분석사
• 원가분석사 • 자산관리사
• 재경관리사
• 조경수조성관리사(2~3급)</td><td>• 지역난방설비관리사
• CS Leaders(관리사)
• YBM상무한검(1~3급)
• 경제경영이해력인증시험 매경TEST(최우수, 우수)
• 경제이해력검증시험(S급, 1~3급)
• 신변보호사 • 실용수학(1~3급)
• 실천예절지도사
• 행정관리사(1~3급)</td></tr>
<tr><td>기본점수</td><td>6.5</td><td colspan="2">• 지원자 전원에게 기본점수 부여</td></tr>
</table>

* **잠재역량 관련 증빙서류: 원본, 인터넷 발급, 출력본만 인정, 복사본 미인정**

군 가산복무 지원금 지급/복무 기간

- 군 가산복무 지원금은 1학년 2학기, 2학년 2학기에 지급
  ※ 군 가산복무 지원금은 실 등록금(2개 학년) 전액 지급(입학금, 교재비, 회비 제외)
- 복무기간은 임관 후 6년(의무복무 4년+군 가산복무지원금 수혜기간 2년)

지원 및 부사관 임관자격(군인사법 제10조 1항)

※ 사상이 건전하고 소행이 단정하며 체력이 강건한 자 선발

지원자격 제한자 및 임관 결격사유 해당자

- 임관결격 사유(군인사법 제10조 2항)

① 대한민국 국적을 가지지 아니한 사람 또는 대한민국 국적과 외국 국적을 함께 가지고 있는 사람 ② 피성년후견인 또는 피한정후견인 ③ 파산선고를 받은 사람으로서 복권되지 아니한 사람 ④ 금고 이상의 형을 선고받고 그 집행이 종료되거나 집행을 받지 아니하기로 확정된 후 5년을 경과하지 아니한 사람 ⑤ 금고 이상의 형의 집행유예를 선고 받고 그 유예기간 중에 있거나 그 유예기간이 종료된 날부터 2년이 지나지 아니한 사람 ⑥ 자격정지 이상의 형의 선고유예를 받고 그 유예기간 중에 있는 사람 ⑦ 탄핵이나 징계에 의하여 파면되거나 해임처분을 받은 날부터 5년이 지나지 아니한 사람 ⑧ 법률에 따라 자격이 정지되거나 상실된 사람

- 지원자격 제한자

① 중징계 처분을 받은 자 ② 탈영 삭제되었던 자 ③ 선발과정시 임관 결격사유를 은닉한 사실이 있는 자 ④ 이중 또는 대리 입대한 사실이 있는 자

• 선발취소(해임) 사유(군장학생 규정 제13조)

① 음주운전, 상습도박, 성범죄 행위 등 품행이 불량한 경우 ② 성적이 현저히 불량한 경우(70% 미만) ③ 전학규정 위반 ④ 질병이나 그 밖의 심신장애로 휴학기간 또는 입영연기 기간이 1년을 초과한 경우

※ 최종합격이 되었더라도 입영 전에 졸업불가 등 임관 결격 사유가 해당되는 경우에는 합격을 취소함

신체조건

• 신 장: 159cm 이상~196cm 미만(195cm 이하)

• 시 력: 교정시력 양안 모두 0.6 이상(0.6 미만 불합격 처리)

• 질병·심신장애 신체등급 3급 이상, 신장·BMI 신체등급 2급 이상

등급 신장(cm)	1급	2급	3급	4급
159 미만	–	–	–	체중과 관계없이 4급
159 이상 161 미만	–	–	17 이상~33 미만	17 미만, 33 이상
161 이상 196 미만	20 이상~25 미만	18.5 이상~20 미만 25 이상~30 미만	17 이상~18.5 미만 30 이상~33 미만	17 미만, 33 이상
196 이상	–	–	–	체중과 관계없이 4급

※ 신장·BMI 신체등급 3급도 지원가능하나 선발위원회에서 합·불 여부 판정

• 문신자는 육군규정 161 건강관리 규정 적용

신체의 한 군데에 지름이 7cm 이하인 경우 또는 5군데 이하에 있고 합계면적 30cm^2 미만인 경우는 2급 판정, 기타는 4급 또는 재검 대상임

• 포병병과 신체조건

병과세부특기		신 체 조 건	선 발 제 외
131	야전포병	• 신체등위 2급 이상 • 신장 165~185cm 이하 • 교정시력: 양안모두 0.8 이상	• 색각(색맹, 색약) 장애자 • 난청/언어 장애자 • 디스크(목, 허리 등) 관절 이상 • 폐쇄공포증, 야맹증 장애자
132	로켓포병		

제2장
군 가산복무 부사관

육군은 학군협약 전문대학 2~3학년, 대학 4학년 및 대학원 학생을 대상으로 군 가산복무 부사관을 선발한다. 즉 육군과 협약을 맺은 부사관과 2학년 재학생을 대상으로 1년 군장학생을 병과별로 우수자를 선발한다. 최근에는 많은 전문대학 부사관과 및 4년제 대학교 학생들까지 지원하고 있다. 선발(평가)은 1차 평가, 2차 평가, 최종선발로 구분하여 시행한다.

선발 평가요소 및 배점

■ **1차 선발**: 필기평가 12점 이상자 중에서 아래와 같이 적용하여 선발

세부 병과특기	선 발 방 법
111(보병), 121(전차승무), 123(장갑차), 131(야전포병), 132(로켓포병), 133(포병표적), 141(방공무기운용) 이상 7개 특기	필기평가(30점)+ 직무수행능력(30점)
122(전차정비) 등 30개 특기	직무수행능력(30점)

* 직무수행능력(30점) 점수가 동점일 경우 필기평가 성적순으로 선발

• **필기평가 점수(30점)의 40%(12점)** 미만자는 불합격 처리

구분	언어능력 (25문항)	자료해석 (20문항)	공간능력 (18문항)	지각속도 (30문항)	상황판단 (15문항)	국사 (20문항)
30점	8.1	8.1	2.7	2.7	5.4	3

■ **2차 선발(최종)**: 2차 평가대상자 중 합산점수 고득점자 순 선발

계	면접평가	직무역량	체력평가	대학성적	신체검사	인성검사	신원조회
100	**50**	30	10	10	합·불	합·불	적·부

• **직무수행능력: 30점**

전공학과	전공 수학기간	자격/면허	잠재역량	
			자격증	군사학 및 군경력이수
12점	3점	10점	3점	2점
전공: 12 유사: 10 비전공: 8	2년 이상: 3 1년 이상: 2 1년 미만: 1 미 수학: 0	산업기사: 10 기능사: 8 무자격: 6	한국어, 전산, 한자, 외국어, 무도, 기타	• 필수과목(3개) 이수: 1점 • 공통과목(8개) 이수: 1점 (일반학과) • 권장과목(2개) 이수: 1점 (특수학과)

■ **체력평가 및 면접평가**

• 장소: 육군본부(인재선발센터 및 계룡대 영내)

• 체력평가 종목 및 배점: 3개 종목

계	1.5km달리기	윗몸일으키기	팔굽혀펴기
10	5	3	2

– 특기별 체력평가 기준

구 분	1.5km	윗몸일으키기	팔굽혀펴기	비 고
전투병과	1~9등급	1~10등급	1~10등급	등급외 "0점" 부여
기술/행정 병과	1~9등급 *여군 1~11등급	1~12등급	1~12등급	

* 전투병과 특기: 보병(111), 기갑(121, 122, 123), 포병(131, 132, 133), 방공(141), 정보(151, 152, 153), 공병(161, 162, 163), 정보통신(171, 174), 항공(181, 182) 등 19개 특기
* 기술행정병과: 화생방작전(211) 등 19개 특기

■ **면접 평가요소 및 배점**

구분	계	제1면접장 (개별면접)	제2면접장 (발표/토론면접)	제3면접장 (개별면접)	고교 출결
		기본자세(태도) 품성평가	국가관/안보관 리더십/상황판단	인성검사(심층)	
배점	**50점**	25	20	합·불	5

* 군사학과, 부사관학과, 학군단 후보생 등 제복(교복) 착용 금지
* 자기소개서 작성시 출신대학 표시 금지

• 고등학교 출결 배점

무단결석	없음	1~2일	3~4일	5~6일	7~9일	10일 이상
배 점	5	4	3	2	1	0

• 대학성적: 10점(등급별 점수제)

성적(%)	100~96	95~91	90~86	85~81	80~76	75~70	70 미만
등 급	1	2	3	4	5	6	등급 외
점 수	10	9.5	9	8.5	8	7.5	불합격

* 대학성적은 매 학기별 평균 백분율 70% 미만 시 불합격 처리

지원 및 임관자격

• 전문대학 재학생(남자) 중 2학년(3년제 대학은 3학년) 재학생
• 연령: 임관일 기준 만 18세~27세 이하자
• 부사관 임관자격(군인사법 제10조 1항)
사상이 건전하고 소행이 단정하며 체력이 강건한 자 중에서 선발

지원자격 제한자 및 임관 결격사유 해당자

• 임관결격 사유(군인사법 제10조 2항)

① 대한민국 국적을 가지지 아니한 사람 또는 대한민국 국적과 외국 국적을 함께 가지고 있는 사람
② 피성년후견인 또는 피한정후견인
③ 파산선고를 받은 사람으로서 복권되지 아니한 사람
④ 금고 이상의 형을 선고받고 그 집행이 종료되거나 집행을 받지 아니하기로 확정된 후 5년을 경과하지 아니한 사람
⑤ 금고 이상의 형의 집행유예를 선고 받고 그 유예기간 중에 있거나 그 유예기간이 종료된 날부터 2년이 지나지 아니한 사람
⑥ 자격정지 이상의 형의 선고유예를 받고 그 유예기간 중에 있는 사람

⑦ 탄핵이나 징계에 의하여 파면되거나 해임처분을 받은 날부터 5년이 지나지 아니한 사람
⑧ 법률에 따라 자격이 정지되거나 상실된 사람

- 지원자격 제한자(육규 107 인력획득 및 임관규정)

① 중징계 처분을 받은 자
② 탈영 삭제되었던 자
③ 선발과정시 임관 결격사유를 은닉한 사실이 있는 자
④ 이중 또는 대리 입대한 사실이 있는 자

- 선발취소 사유(군장학생 규정 제13조)

① 군인사법 제10조 제2항(임관결격사유) 각 호의 어느 하나에 해당하는 경우
② 음주운전, 상습도박, 성범죄 행위 등 품행이 불량한 경우
③ 성적이 현저히 불량한 경우(70% 미만)
*** 학기말 평균 성적 100분의 70% 미만자**
④ 전학 등의 제한(선발권자의 허가 없이 교육기간이나 전공학부 또는 전공학과를 옮길 수 없다)
⑤ 질병이나 그 밖의 심신장애로 휴학기간 또는 입영연기 기간이 1년을 초과한 경우
⑥ 퇴학 또는 제적된 경우

신체조건

- 질병·심신장애 신체등급 3급 이상, 신장·BMI 신체등급 3급 이상
- 신장 159㎝ 이상~196㎝ 미만, 교정시력 양안 모두 0.6 이상
- 신장·BMI 신체등급 3급도 지원가능하나 선발위원회에서 합·불 판정

병과 및 세부특기별 적용 신체조건

병과	세부특기		신 체 조 건	선 발 제 외
기갑	121	전차승무	• 신체등급(질병·심신장애) 2급 이상 • 신장: 164~184㎝ 이내 • 교정시력: 양안 0.8 이상	• 색각(색맹, 색약) 장애자 • 난청/언어 장애자 • 디스크(목, 허리 등) 관절 이상자 • 폐쇄공포증 • 야맹증 장애자
	122	전차정비	–	
	123	장갑차		
포병	131	야전포병	• 신체등급(질병·심신장애) 3급 이상 • 신장: 168㎝ 이상 • 교정시력: 양안 0.8 이상	• 색각(색맹, 색약) 장애자 • 야맹증 장애자 • 난청/언어 장애자 • 디스크 관절(목, 허리 등) 이상자 • 폐쇄공포증
	132	로켓포병		
정보	151	인간정보	• 신체등급(질병·심신장애) 1급 이상	–
	153	영상정보	• 신체등급(질병·심신장애) 3급 이상 • 교정시력: 양안 0.8 이상	• 색각(색맹, 색약) 장애자
항공	181	항공운항	–	• 색각(색맹, 색약) 장애자 • 난청/언어 장애자
	182	항공정비		• 색각(색맹, 색약) 장애자

제3장
임관시 장기복무 부사관

육군은 2018년 8월부터 드론/UAV 운용(155), 사이버·정보체계운용(175), 특임보병(113) '임관시 장기복무 부사관' 선발제도를 시행하였고, 2019년도부터 임관시 장기복무 부사관을 모집한다. 이 제도는 현역 및 민간자원을 선발하여 임관시부터 장기복무자로 임명하는 파격적인 선발제도이며 남·여군 부사관을 동시에 모집하고 있다. 선발(평가)는 1차 평가, 2차 평가, 최종선발로 구분하여 시행한다.

선발 평가요소 및 배점

■ **1차 선발**: 필기평가와 직무수행능력을 합산한 고득점자 순으로 선발

세부 병과특기	선 발 방 법
드론/UAV 운용, 사이버정보체계운용, 특수통신정비, 로켓정비, 항공정비, 의무	필기평가(10점)+직무수행능력(40점)
특임보병(113)	필기평가(30점)+직무수행능력(20점)

• **필기평가 불합격 기준: 종합점수 12점 미만시 불합격**

구분	언어논리 (25문항)	자료해석 (20문항)	공간능력 (18문항)	지각속도 (30문항)	상황판단 (15문항)	국사 (20문항)
30점	8.1	8.1	2.7	2.7	5.4	3

■ **2차 선발(최종)**: 2차 평가대상자 중 종합점수 고득점자 순 선발

구 분	계	직무역량	체력평가	**면접평가**	신체검사	인성검사	신원조회
드론/UAV 운용 등 6개 특기	100	40	10	**50**	합·불	합·불	적·부
특임보병	100	20	30	**50**	합·불	합·불	적·부

■ 직무수행능력 평가

- 드론/UAV운용(40점)

전공학과	전공 수학기간	자격/면허	잠재역량		
			자격증	전공수학기간	군경력
12점	5점	18점	3점	1점	1점
전 공 12 비전공 6	3년 이상: 5 2년 이상: 4 1년 이상: 3 1년 미만: 2 비 수학: 0	• 초경량비행장치 – 무인멀티콥터 – 무인헬리콥터 – 무인비행기 (실기평가조종자 10, 지도조종자 8, 기본자격 6) • 항공관련 자격: 기술사(10), 기사(5), 기능사(3) • 가 점 – 자격취득 후 실비행시간 50시간 단위 0.5점 (국토부 인정시간) – 드론경연대회 국제대회 입상자 10점 국내전국대회입상자 5점 • 무자격: 0점	• 기 본: 1.6점 • 자격증: 1.4점 – 자격증 7개 분야 각 1개 0.2점 – 한국어, 전산, 한자, 외국어, 한국사	• 전공 수학 기간 – 3년 이상: 1 – 2년 이상: 0.8 – 1년 이상: 0.6 – 1년 미만: 0.4 – 고졸: 0.3	• 현역복무 (12월 이상) – 드론/UAV 특기자: 1 – 타특기 근무자: 0.5 • 미필자: 0점

- 사이버 · 정보체계운용(40점)

전공학과	전공 수학기간	자격/면허	경력	잠재역량	
				자격증	군경력
12점	3점	10점	10점	3점	2점
• 전공 – 사이버: 12점 (정보보호, 보안) – 정보체계운용: 10점 • 비전공: 6	3년 이상: 3점 2년 이상: 2점 1년 이상: 1점 1년 미만/미수학: 0점	• 사이버(정보보호): 10점 • 정보체계운용 – 산업기사 이상: 8점 – 기능사 이상: 6점 • 무자격: 0점	• 대회입상 국제대회: 10점 국내대회: 8점 BOB 출신: 6점 KISA 주관 해킹 동아리활동: 3점 • 정보보호 업체·공공기관 근무 – 2년 이상: 8점 – 1년 이상: 4점 • 정보체계(SW, HW, 네트워크) 관련 업체 및 공공기관 근무 – 2년 이상: 6점 – 1년 이상: 3점	• 기 본: 1.6점 • 자격증: 1.4점 – 자격증 7개 분야 1개 0.2점 – 한국어, 전산, 한자, 외국어, 무도, 기타	• 현역복무 (1년 이상) – 정보체계 특기 근무자: 2점 – 타 특기 근무자: 0점 • 미필자: 0점

- 특임보병(20점)

전공 학과	전공 수학기간	자격/면허	잠재역량	
			자격증	군경력
3점	2점	5점	5점	5점
전 공: 3점 비전공: 2점	2년 이상: 2 1년 이상: 1.8 1년 미만: 1.6 비수학: 1.4	무도단증: 3 응급구조사: 2.5 간호조무사: 2 상담사(2급): 2 무자격: 1 ※ 합산하여 5점을 초과시 초과점수는 잠재역량 자격증 점수에 합산	• 기 본: 1.5점 • 자격증: 3.5점 – 자격증 1개 0.5점 7개 분야 각 1개 – 한국어, 전산, 한자, 외국어, 한국사, 무도, 기타	미필자 기본: 1 예비역 및 현역 – 기본: 2 – 참모총장급: +3 * 최정예전투원, 300워리어 – 특전·교육사령관, 학교장급: +1 * 사격전문교관, HALO, 전문유격, 해상척후조, HAHO, 저격수, 국제인증JFO요원

• 항공정비(40점)

전 공 학 과	전공 수학기간	자격/면허	잠재역량	
			자격증	군경력
7점	6점	20점	5점	2점
전공: 7 비전공: 3	5년 이상: 6 4년이상: 5 3년이상: 4 2년이상: 3 1년이상: 2 1년미만: 1 미수학: 0	항공관련 – 기술사/기사: 20 – 산업기사/면허: 15 – 기능사: 10 – 무자격: 0 가점 적용 – 동일등급의 유사자격증: +2 ※ 합산 최대점수는 20점을 초과할 수 없음	기 본: 1.5 자격증: 3.5 * 자격증 1개 0.5 7개 분야 각 1개 * 한국어, 전산, 한자, 외국어, 무도, 기타 한국사	군 경력 – 회전익정비: 2 – 고정익정비: 1.5 – 유사계통: 1 * 통신, 전술통신정비, 특수통신정비 등 민간지정업체 경력 – 회전익정비: 2 – 고정익정비: 1.5 – 유사계통: 1 * 전기, 전자, 통신 관련

• 로켓무기 정비(40점)

전 공 학 과	전공 수학기간	자격/면허	잠재역량	
			자격증	군경력
7점	6점	20점	5점	2점
전공: 7 비전공: 3	5년 이상: 6 4년이상: 5 3년이상: 4 2년이상: 3 1년이상: 2 1년미만: 1 미수학: 0	기술사이상: 20점 산업기사: 15점 기능사 10점 기타(입상경력): 5점 – 대회입상 5점 등 미보유: 0점 영어능력 관련 – 인증서 제출: 8 – 미제출: 0 * 최대 20점 초과하지 않음	기 본: 1.5 자격증: 3.5 * 자격증 1개 0.5 7개 분야 각 1개 * 한국어, 전산, 한자, 외국어, 무도, 기타 한국사	병기병과군경력: 2점 타병과 군경력: 1점

- 특수통신 정비(40점)

전 공 학 과	전공 수학기간	자격/면허	잠재역량	
			자격증	군경력
7점	6점	20점	5점	2점
전공: 7 비전공: 3	5년 이상: 6 4년 이상: 5 3년 이상: 4 2년 이상: 3 1년 이상: 2 1년 미만: 1 미수학: 0	특수통신정비 관련 - 기사 이상: 20 - 산업기사: 15 - 기능사: 10 - 무자격: 0 초경량비행장치조종자: 5 기타 전공/자격 관련 - 전국대회 이상입상: 5 - 지방대회입상: 4 ※ 합산 최대점수는 20점을 초과할 수 없음	기 본: 1.5 자격증: 3.5 * 자격증 1개 0.5 7개 분야 각 1개 * 한국어, 전산, 한자, 외국어, 무도, 기타 한국사	군 경력 - 특수통신정비 근무: 2 - 타특기근무: 1

- 의무(40점)

자격/면허	전공 수학기간	잠재역량	
		자격증	경 력
20점	6점	5점	9점
간호사, 임상병리사, 방사선사, 치과위생사, 물리치료사, 응급구조사 1급: 20점 간호조무사, 응급구조사 2급: 15점 의무기록사 10점 * 자격증 보유자만 지원가능	5년 이상: 6 4년 이상: 5 3년 이상: 4 2년 이상: 3 1년 이상: 2 1년 미만: 1 미 수학: 0	기 본: 1.5 자격증: 3.5 * 자격증 1개 0.5 7개 분야 각 1개 * 한국어, 전산, 한자, 외국어, 무도, 기타, 한국사	면허·자격별, 전문특기 관련 의료기관 근무 경력 - 6년이상 9, 5년이상 8 - 4년이상 7, 3년이상 6 - 2년이상 5, 1년이상 4 - 6개월미만 2, 미근무 0

■ 체력평가 및 면접평가

- 체력평가 종목 및 배점

구 분	계	1.5km달리기	윗몸일으키기	팔굽혀펴기
드론/UAV운용 등 6개 특기	10점	5	3	2
특임보병	30점	15	9	6

*** 특임보병은 각 종목별 불합격 적용(체력평가 기준 참조)**
*** 드론/UAV운용 등 6개 특기: 3개 종목 등외등급시 불합격 처리**

- **면접 평가요소 및 배점**

구분	계	제1면접장 (개별면접)	제2면접장 (발표/토론면접)	제3면접장 (개별면접)	고교 출결
		기본자세(태도) 품성평가	국가관/안보관 리더십/상황판단	인성검사(심층)	
배점	50점	25	20	합·불	5

* 인성검사 결과를 토대로 전문면접관이 심층 확인 후 합·불로 판정
* 군사학과, 부사관학과, 학군단 후보생 등 제복(교복), 현역 등 전투복 착용 금지
* **평가 전 AI(Artificial Intelligence) 면접결과를 면접평가시 참고자료로 활용**

- **병과특기별 신체조건**

특기명	신 체 조 건	선발 제외
특임보병 (113)	• 신체등급(질병·심신장애) 2급 이상 • 신체등급(신장·BMI) 2급 이상	• 색각(색맹, 색약)자 • 난청/언어소통제한자 • 디스크(목, 허리 등) 관절 이상자 • 고소공포증, 폐쇄공포증 • 야맹증 보유자
드론/ UAV운용	• 교정시력: 양안 모두 0.8 이상	• 색각(색맹, 색약)자

* 문 신: 경도(문신이나 자해로 인한 반흔 등이 신체의 한 부위에 지름이 7㎝ 이하이거나 두 부위 이상에 합계면적이 30㎠ 미만인 경우)에 한하여 가능

제4장
민간부사관

육군은 고졸이상 학력소지자를 대상으로 민간부사관을 모집하여 병과별 우수자를 선발한다. 복무기간은 임관일로부터 4년이다. 대위 이상 예비역은 중사로 임관한다. 2019년부터 육군훈련소로 입소를 하지 않고, 육군부사관학교로 입교하여 양성교육(18주)을 받고 임관한다.

선발요소 및 배점

- **1차 선발**: 필기평가 12점 이상자 중에서 아래와 같이 적용하여 선발

세부 병과특기	선 발 방 법
111(보병), 121(전차승무), 123(장갑차), 131(야전포병), 132(로켓포병), 133(포병표적), 141(방공무기운용), 151(인간정보), 152(신호정보), 153(영상정보), 311(인사행정), 441(탄약관리), 241(수송운용), 243(항만운용) 이상 14개 특기	필기평가(30점)+ 직무수행능력(30점)
122(전차정비) 등 22개 특기	필기평가(10점)+ 직무수행능력(40점)

- **2차 선발(최종)**: 2차 평가대상자 중 합산점수 고득점자 순 선발

구분	계	면접평가	직무역량	체력평가	신체검사	인성검사	신원조회
비전문성특기	100	**50**	30	20	합·불	합·불	적·부
전문성특기	100	**50**	40	10	합·불	합·불	적·부

■ 면접 평가요소 및 배점

구분	계	제1면접장 (개별면접)	제2면접장 (발표/토론)	제3면접장 (개별면접)	고등학교 출결
		기본자세(태도) 품성평가	국가관/안보관 리더십/상황판단	인성검사(심층)	
배점	50	25	20	합·불	5

* 군사학과, 부사관학과, 학군단 후보생 등 제복(교복) 착용 금지
* 자기소개서 작성시 출신대학 표시 금지

• 고등학교 출결 배점

무단결석	없음	1~2일	3~4일	5~6일	7~9일	10일 이상
배 점	5	4	3	2	1	0

• 직무수행능력평가

구 분	면접평가	직무수행능력	체력평가
① 비전문성 병과 특기	50	**30**	20
② 전문성 병과특기	50	**40**	10

① 민간 부사관 배점(비전문성 병과 특기)

계	전공학과	전공 수학기간	자격/면허	잠재역량	
				자격증	군사학 이수, 군경력
30점	7점	6점	10점	5점	2점
–	전공 7 유사 5 비전공 3	5년 이상 6 4년 이상 5 3년 이상 4 2년 이상 3 1년 이상 2 1년 미만 1 미수학 0점	기사, 산업기사급 10 기능사 8 무자격 5	한국어, 전산, 한자, 외국어, 한국사, 무도, 리더십/기타	군사학 이수1~2점 군경력 1~2점 * 본인에게 유리한 1개 항목만 반영

– 전공학과 배점

구 분	전 공	유 사	비전공
배 점	7점	5점	3점
적 용	육군모집 부사관 전공학과 검색 적용 * 학·군협약학과: 협약대학 부사관 진출특기 분류기준 적용		
예비역 적용	육군, 해병 예비역 (해특기, 해병과)	동일병과계열 육군 예비역	보충역, 제2국민역, 타군 예비역

* 전공: 육군모집 부사관 전공학과 검색 시 일치하는 학과
* 유사: 협약대학 중 유사특기로 지정된 학과별 특기 지원자
* 비전공: 전공과 유사특기에 해당하지 않는 지원자

– 전공수학기간

구 분	5년 이상	4년	3년	2년	1년	1년 미만	미수학
배 점	6점	5점	4점	3점	2점	1점	0

* 지원자 최종학력 증명서 기준, 해당 전공학과 수학기준(고졸자 포함)
* 1년 단위 적용, 최종 이수학년 적용(예: 3학년 재학 중은 2년으로 적용)

– 자격/면허 배점

구 분	기사급이상	산업기사급	기능사급	무자격자 (비전공 자격증 포함)
배 점	10점		8점	5점

* 육군 부사관 자격증 검색하여 확인
* 전공관련 2개 이상시 최상위 취득 자격증 점수에 +2점 가점 부여

– 잠재역량 자격증 배점

구 분	계	기본 점수	한국어	한국사	전산	한자	영어 /외국어	무도	리더십 /기타
배 점	5점	1.5점	0.5	0.5	0.5	0.5	0.5	0.5	0.5

– 군사학 이수(2점)

구 분	필수과목		공통과목		병과 권장 과목	
	3개 이상	3개 미만	8개 이상	8개 미만	해당과목전체이수	미이수
배 점	1	0	1	0	1	0
비 고	전체학과 적용		특수부사관 협약학과를 제외한 전체학과 적용		특수협약학과만 적용	

* 비 협약학과(일반학과) 학생 관련 과목 이수 시 군사학 이수 점수 부여

② 민간 부사관 배점(전문성 병과 특기)

계	전공학과	전공 수학기간	자격/면허	잠재역량	
				자격증	군사학 이수, 군경력
40점	7점	6점	20점	5점	3점
–	전공 7 유사 5 비전공 3	5년 이상 6 4년 이상 5 3년 이상 4 2년 이상 3 1년 이상 2 1년 미만 1 미 수학: 0	기사급 20 산업기사 15 기능사 10 무자격 5	한국어, 전산, 한자, 외국어, 한국사, 무도, 리더십/기타	군사학 이수 1~2점 군경력 1~2점 * 본인에게 유리한 1개 항목만 반영

– 전공학과 배점

구 분	전 공	유 사	비전공
배 점	7점	5점	3점
적 용	육군모집 부사관 전공학과 검색 적용 *학·군협약학과: 협약대학 부사관 진출특기 분류기준 적용		
예비역 적용	육군, 해병 예비역 (해특기, 해병과)	동일병과계열 육군 예비역	보충역, 제2국민역, 타군 예비역

* 전 공: 육군모집 부사관 전공학과 검색 시 일치하는 학과
* 유 사: 협약대학 중 유사특기로 지정되어 학과별 특기 지원자
* 비전공: 전공과 유사특기에 해당하지 않는 자

– 전공수학기간

구 분	5년 이상	4년	3년	2년	1년	1년 미만	미수학
배 점	6점	5점	4점	3점	2점	1점	0점

* 지원자 최종학력 증명서 기준, 해당 전공학과 수학기준(고졸자 포함)
* 1년 단위 적용, 3학년 재학 중은 2년으로 적용

– 자격/면허 배점

구 분	기사급 이상	산업기사급	기능사급	무자격자 (비전공 자격증 포함)
배 점	20점	15점	10점	5점

* 육군 부사관 자격증 검색하여 확인
* 전공관련 2개 이상시 최상위 취득 자격증 점수에 +2점 가점 부여

– 잠재역량 자격증 배점

구 분	계	기본 점수	한국어	한국사	전산	한자	영어 /외국어	무도	기타
배 점	5점	1.5점	0.5	0.5	0.5	0.5	0.5	0.5	0.5

– 군사학 이수(3점)

구 분	필수과목		공통과목		병과 권장 과목	
	3개 이상	3개 미만	8개 이상	8개 미만	해당과목 전체이수	미이수
배 점	1	0	1	0	1	0
비 고	전체학과 적용		특수부사관 협약학과를 제외한 전체학과 적용		특수협약학과만 적용	

* 비협약학과(일반학과) 학생도 관련 과목 이수 시 군사학 이수 점수 부여

– 헌병(서류에 의한 평가): 40점

- 전공학과: 9점

구 분	전 공	비전공
배 점	9점	5점
예비역 적용	육군, 해병 예비역(해특기, 해병과)	보충역, 제2국민역, 타군 예비역

- 수학기간: 6점

구 분	5년 이상	4년	3년	2년	1년	1년 미만	미수학
배 점	6점	5점	4점	3점	2점	1점	0

• 자격증/면허: 20점

구 분	계	적용 내용
계	20	–
한국어	2	• 한국어 또는 국어능력평가 4급 이상 * KBS 한국방송공사, (재)한국언어문화연구원
한국사	2	• 한국사 능력검정시험 3급 이상
전산	2	• 워드 프로세스 • PCT 300점 이상 • 컴퓨터 활용능력 3급 이상 • 문서실무사 3급 이상 * 최대 2개까지만 반영(1개1점)
한자	2	• 한국한자어능력인증시험(4급 이상) 등
무도	1	• 국가공인 무도 1단 이상(태권도, 유도, 합기도 등)
영어	4	• TOEIC 700점 초과(4점), TOEIC 500 이상~700점 미만(2점)
병과 관련 자격증	4	• 공인사이버포렌식전문가 • 경비지도사 • Ence공인조사관 • 청소년 상담사 • 컴퓨터해킹포렌식조사관 • 도로교통사고감정사 * 1개 이상 보유 시 4점 • 디지털포렌식전문가(2급)
	2	• 행정사, 행정관리사(3급 이상) * 1개 이상 보유 시 2점
면허	1	• 2종 보통 이상 또는 2종 소형(원동기)

• 고교출석 점수: 5점

구 분	개 근	결석일수				
		1~2일	3~4일	5~6일	7~9일	10일 이상
점 수	5	4	3	2	1	0

* 검정고시: 득점×0.05=점수(소수점 두 자리)

다양한 군 간부 선발제도 아는 만큼 합격이 보인다!

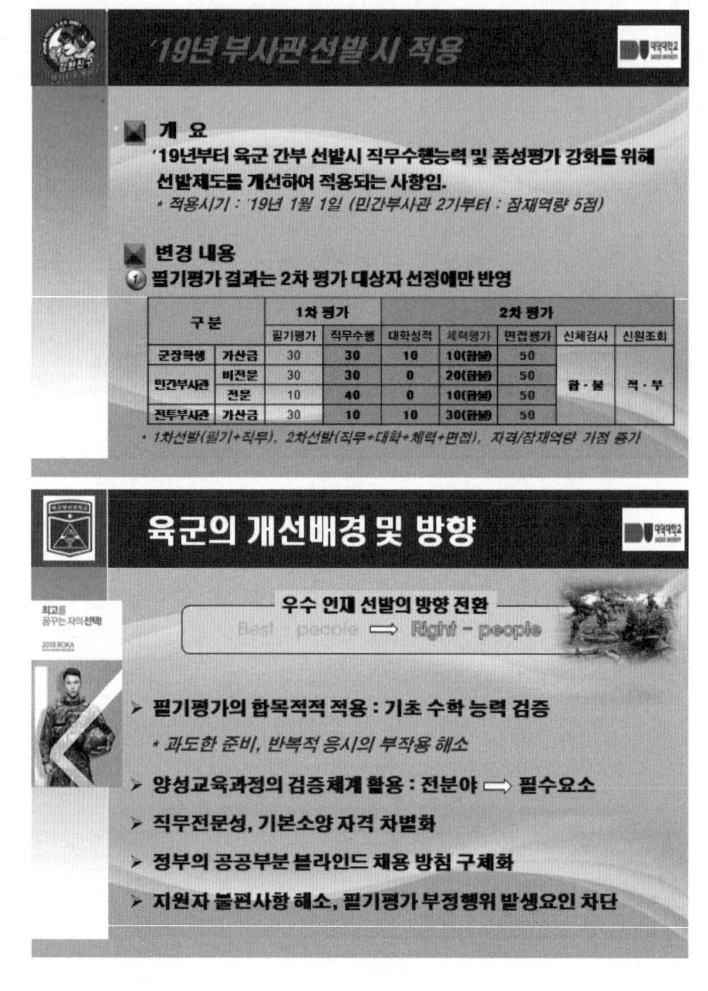

구분		1차 평가		2차 평가				
		필기평가	직무수행	대학성적	체력평가	면접평가	신체검사	신원조회
군장학생	가산금	30	30	10	10(합불)	50	합·불	적·부
민간부사관	비전문	30	30	0	20(합불)	50		
	전문	10	40	0	10(합불)	50		
전투부사관	가산금	30	10	10	30(합불)	50		

어떤 사람이 훌륭한 간부가 될 수 있는가?

군 간부선발에서 면접평가의 중요성이 더욱 커지고 있다.

올바른 인성과 품성을 갖춘 간부를 선발하기 위해 외적 자세, 내적 역량, 품성평가를 통해 우수인력을 획득하고자 많은 노력을 하고 있다.

첫째, 외적 자세는 신체균형과 발음, 발성 등 행동으로 평가한다.

둘째, 내적 역량은 국가관, 안보관, 리더십, 상황판단, 표현력, 논리성, 이해력, 판단력 등을 주제발표와 집단토론으로 평가한다.

셋째, 품성평가는 지원동기와 사회성, 예절, 태도 등으로 평가한다.

제5장

AI 면접시험

4차 산업혁명시대를 맞아 군 간부선발에서도 우수인재선발을 위해 AI(Artificial Intelligence: 인공지능)가 활용되기 시작했다. 처음 겪어보는 AI 면접에 지원자들은 갈피를 잡지 못하고 있다.

육군은 2019년 하반기부터 간부선발시 면접평가 前 지원자가 인터넷을 통해 실시한 AI 면접결과를 면접평가시 참고자료로 활용하고 있다. AI를 실제 적용해야 할지에 대한 확신을 갖기 위해 면접시 참고용으로 활용하면서 일정기간 빅데이터 검증과정을 거쳐 2022년부터 전면 도입하여 적용한다고 발표하였다.

AI(Artificial Intelligence)란? 인공지능, 컴퓨터에서 인간과 같이 사고하고 생각하고 학습하고 판단하는 논리적인 방식을 사용하는 인간지능을 본 딴 고급 컴퓨터프로그램을 말한다. 육군의 AI 면접 적용은 가장 획기적인 변화일 것이다. 장차 육군은 실제 AI 면접을 거친 간부들의 직무수행 과정을 데이터화 하여 군 간부선발 면접에서 AI를 어떻게 활용할 것인지에 대한 기준점을 마련하여 적용하려고 한다. 따라서 군 간부가 되고자 하는 지원자들도 AI 면접에 대한 이해와 효과적인 대응전략이 필요하다고 본다.

AI 면접에 대한 이해와 준비

■ AI 면접 도입 배경은?

육군은 블라인드 채용 면접을 시행하면서 군 간부선발 시 올바른 품성을 매우 중요한 요소로 판단하고 있다. 면접 점수를 높이고 다양한 형태의 면접을 시행하면서도 지원자의 마음을 평가하여 올바른 품성을 갖춘 합격자를 찾기는 쉽지가 않다.

이러한 시대적 상황에서 AI 면접의 장점은 시간과 공간에 제약이 없다. 일반 면접은 특정 장소에 방문해 정해진 시간 내에 검사를 완료해야 한다. 그에 따른 인력과 시간도 필요하다. AI 면접은 온라인으로 구현할 수 있어 언제 어디서든 응시할 수 있다. 비교적 짧은 시간 안에 여러 특성을 측정할 수 있다는 것도 장점이다. AI 면접은 지원자의 반응속도, 패턴, 지속성 등의 데이터를 분석한다. 이 데이터로 해당 직무의 높은 성과자와 유사한 성향을 보이는가를 비교한다. AI 면접은 지원자와 우수인재를 선발하려는 군에 효율적인 방식이다.

따라서 군에서도 국내 대기업을 포함하여 100여 개 기업들이 적용하고 있는 AI 면접을 도입하게 되었다고 본다. 모든 AI 면접은 IT 솔루션 기업 '마이다스 아이티'의 프로그램을 사용한다. AI 면접은 채용 과정에서 발생하는 편견에서 벗어나 지원자에게 공정한 면접 기회를 부여하자는 의미에서 도입되었다. 군은 AI 면접을 활용해 지원자 개인이 가진 고유한 역량을 과학적으로 분석하여 활용할 수 있게 되었다.

■ AI 면접은 어떤 원리인가?

AI 면접에는 국내 면접 전문가의 촉과 감 그리고 노하우를 학습한 V4 기술이 사용된다. AI는 지원자가 면접을 응시하면서 나타나는 시각, 청각, 언어, 생체 신호 등의 실시간 반응을 분석한다. 뇌 중에서도 전전두엽의 6가지 영역과 관련된 역량을 측정하는 뇌신경과학기반 P6 게임을 통해 주의, 기억, 추론 등과 관련된 역량을 측정한다. AI 정서, 추론, 계획, 작업기업, 멀티태스킹, 조절, 의사결정 등의 관련 역량을 측정해 지원자의 인성과 능력을 평가한다.

이러한 원리를 이용하여 육군은 AI 면접 K전문업체를 선정하였으며, 지원자들이 육군의 안내에 따라 인터넷을 통해 K전문업체에 접속하여 AI 면접을 실시하면, 그 데이터를 K전문업체는 육군으로 보내고, 육군은 지원자의 데이터를 면접평가시에 적용하는 구조이다.

■ AI 면접은 기존의 인적성검사와 어떻게 다른가?

인적성검사는 지필시험과 자기보고 방식에 의존해 측정 문항과 방식에 제한이 있다. 기존 인적성검사 방법으로는 성격이나 제한된 부분의 인지적 능력만을 확인할 수 있다.

반면 AI 면접은 개인의 성격, 인지능력, 사회적 기술과 같은 특성을 깊게 평가해 지원자의 특징을 더 정확하게 파악할 수 있다. 즉 AI 면접=온라인 인적성검사+음성 및 표정 인식센서 라고 정리할 수 있다.

■ AI 면접은 어떻게 준비해야 하나?

자신의 가치관과 직무 역량을 잘 표현하는 것이 중요하다. AI 면접은 지원자 반응을 분석해 실시간으로 바뀐 질문과 게임을 제시한다. 대비법을 바탕으로 단순히 몇몇 게임에서 높은 점수를 받았다고 지원한 분야에 적합한 인재로 판단되지 않는다. AI 면접을 잘 받기 위해서는 반드시 AI 면접에 나오는 자기소개, 지원동기, 자신의 장단점 등은 잘 준비하고, 기술 면접문제들을 정리하여 자신감 있게 답변하는 연습을 통해 숙달한 후 응시하는 것이 좋겠다.

■ AI 면접 시 주의할 사항은?

친구와 함께 응시하거나 고의로 네트워크 환경을 망가뜨린 후 재응시 하는 부정행위가 가능하다는 잘못된 소문이 인터넷상에서 떠돌고 있다. AI 면접을 제공하는 마이다스아이티에서는 응답의 일관성, 게임 반응, 데이터의 추적 등으로 지원자의 부정응답을 방지하고 있다. 지원자의 접속 현황과 기록을 파악해 고의적인 재응시 또한 방지한다. 앞서 말했듯이 AI 면접은 좋은 점수를 내는 것이 중요한 게 아니라 자신의 가치관과 직무역량을 제대로 표현하는 것이 중요하다.

■ AI 면접 경험담

- AI면접 경험담#1 "비대면 면접이라 긴장을 덜 했다." AI면접은 기본질문, 탐색질문, 상황질문, 뇌과학게임 등으로 구성되는데 기본질문에서는 자기소개, 지원동기, 성격의 장단점 등 기본적인 것을 물어보니 미리 준비가 필요하다. 탐색질문은 '매우 그렇다, 그렇지 않다' 등을 선택하는 인성검사

와 비슷했다. 상황질문은 가상의 상황을 주고 어떻게 행동할지를 물어봤고 뇌과학게임은 IQ 테스트 같은 느낌이었다. 면접이 비대면으로 진행되고 집에서 편한 복장으로 응시할 수 있어서 긴장감이 좀 덜했던 거 같다.

- AI면접 경험담#2 "오답보다는 무응답이 낫다던데…" 말로만 듣던 AI면접은 새로운 경험이었다. 나를 평가하는 사람의 반응을 알 수 없어서 다만 좀 답답했는데, 마치 도덕 시험문제 같은 인성을 판단할 수 있는 가벼운 문제들부터 풍선에 바람을 넣는 게임까지 다양한 형태의 문제들이 나와서 정신없이 시간이 지나갔다. 누군가 지켜보지 않는다고 생각하니 긴장이 좀 덜한 감도 있었지만, 한번 대답을 버벅거리기 시작하자 어떤 질문은 제대로 대답도 하지 못하고 지나쳐버렸다. 오답을 말하면 외려 점수가 깎였을 거야, 차라리 대답을 안 한건 잘한 거라고 위안을 삼았지만 과연 면접에 합격할 수 있을까?

☞ AI 면접을 진행하는 이유는 면접에서 벌어지는 다양한 변수 때문에 측정되기 어려운 지원자의 '가치관·핵심역량'을 보다 정량적으로 평가하기 위한 것이다. 대면 면접은 지원자의 이미지가 큰 비중을 가지기 때문에 면접관의 결정에 오류가 발생할 수 있다. 이러한 점을 보완하려고 AI 면접을 도입하였다. 합격하고 싶다면 자신이 가진 콘텐츠에 집중하여 진솔하고 내실 있게 진행하는 것이 좋은 평가를 받을 수 있다.

☞ AI 면접 진행절차 및 코멘트(소요시간: 1시간 내외)

① 컴퓨터, 카메라, 마이크 조정

– 처음 시작할 때 마이크테스트를 하고 완료되면 본격적으로 AI 면접이 시작된다.

② 구술 면접: 자기소개, 지원동기, 장단점 말하기

– 진행순서는 자기소개 → 지원동기 → 자신의 장단점 말하기(각각 준비시간 30초, 답변시간 90초)

☞ *예상 질문에 대한 답변을 잘 준비하여 가끔 웃는 표정을 짓고, 또박또박 말하고, 목소리의 높낮이도 주고, 군 직무와 관련된 용어를 사용하면 더 좋겠다.*

③ 인성검사

– 150문항 내외/10문제씩 15페이지 내외, 굉장히 빠른 속도로 예/아니오 형식의 문항은 1초에 1개씩 진행된다.

☞ *인성검사의 각 척도를 평가: 10개의 역량 평가 항목(직접 및 간접 역량), 신뢰도 척도(무응답률, 비일관성, 과장반응), CWB 척도(부정성)*

④ 상황 면접(2개 질문)

– 어떤 상황을 주고, 나라면 어떻게 할 것인지 대답하는 유형의 문제가 2개 나온다.(준비시간 30초, 답변시간 60초)

– 예) 약속을 밥 먹듯이 늦는 친구와 만나기로 약속을 했는데 또 늦는다고 한다. 어떻게 말할 것인가?

– 예) 중요한 일이 있는데 팀장님이 회식을 하자고 한다. 팀장님께 어떻게 이야기하겠습니까?

☞ *실제 면접 질문/답변자료를 준비하고, 부정적인 단어보다 긍정적인 단어를 사용하며, 종종 웃는 표정을 짓고, 또박또박 말하고, 목소리의 높낮이도 주며 자신 있게 진행하면 OK!*

⑤ 게임(적성검사)

– 신기한 게임을 5개(하노이의 탑 쌓기 게임, 얼굴표정 맞추기 게임, 색 이름과 글자색 매칭, 공 옮기기, N-back 게임 등) 상황과 함께 3번 반복하여 진행된다.

☞ *적성검사는 사고력, 창의력 테스트로 계획능력, 추론능력, 정보처리, 행동제어가 있으며, 각 게임에 이러한 요소 1~2개 정도 포함됨*

⑥ 심층 구조화 면접(1세트에 3개 질문, 2세트)

– 인성검사 질문을 바탕으로 마무리하는 질문이 빠르게 진행되며 답변에 따라 꼬리를 무는 질문으로 이어진다.

– 예) 잘하는 일과 좋아하는 일 중에 좋아하는 일이 더 중요하다고 생각하나요? 예 하면, 좋아하는 일의 기준은 무엇인가요?

출처: 양광모 블로그 “AI 면접 완벽 분석”

☞ **육군본부 정훈공보실 보도자료-2019. 6. 18.**

> **육군, 간부선발에 인공지능(AI) 면접체계 도입한다!**
> – 우수인재 선발 위해 6월부터 시범적용, 2022년 전면도입 목표 –
> – 4차 산업 신기술 활용한 '스마트 인재관리 시스템'도 구축 예정 –

- 육군은 미래 첨단과학기술군을 이끌어갈 우수인재 선발을 위해 인공지능(AI) 면접체계를 시범적용한다. 인공지능(AI) 면접체계 도입은 국방부 '4차 산업혁명 스마트 국방혁신'[1]의 세부사업 중 하나로 육군이 선도적으로 추진하고 있다.
- 육군은 조직에 적합한 우수인재를 선발하기 위해 면접평가의 비중을 확대하고, 전문면접관 편성과 전문화 교육 등을 추진해 왔다.
- 하지만 주관적 판단이 개입될 수 있는 면접평가에 대한 개선과 평가자와 지원자의 인적·물적 부담 해소 등이 요구되는 실정이다. 이에 육군은 최근 민간 공공기관 및 기업[2] 등에서 활용 중인 인공지능(AI) 면접체계를 육군 간부선발 과정에 도입함으로써 평가의 공정성 증대, 시간과 예산의 절약, 지원자의 편익 증진에 기여하고자 한다.
- 간부선발에 큰 변화를 가져올 이번 사업추진을 위해 육군인사사령부는 지난해부터 인공지능(AI) 면접체계를 도입한 민간기관을 방문해 성과를 확인하고, 선발업무 담당자와 야전부대 장병 400여 명을 대상으로 시험 평가해 정확도를 검증했다.
- 육군은 2022년부터 간부선발 전 과정에 인공지능(AI) 면접체계를 적용하는 것을 목표로 올해는 6월부터 부사관 장기복무 선발(육본 중앙선발 과정) 등 약 1만여 명[3]을 대상으로 시범적용한다. 시범적용을 하는 올해는 기존 면접방식(전문면접위원에 의한 3단계 면접)으로 진행한 결과와 비교·분석하여 시스템을 구축하는 데이터로만 활용하고 2020년 이후 인공지능(AI)의 정확도를 고려해 점진적으로 평가배점에 반영해 나갈 예정이다.
- 인공지능(AI) 면접체계는 아래와 같은 절차로 60분 이내로 진행된다. ① 지원자의 이메일로 면접응시 안내문이 발송되면 첨부된 인터넷 주소로 면접체계에 접속한다. ② 웹캠과 마이크가 설치된 인터넷PC에서 안면 등록 후 오리엔테이션(기본질문–자기소개, 장·단점 등)을 진행한다. ③ 분야별 5개 내외의 게임을 수행한다. ④ 상황질문(제시된 상황에 대한 답변), 핵심질문(개인특성 파악) 등을 통해 지원자별 특성과 성향을 파악한다. ⑤ 면접결과를 자동으로 분석해 선발부서에 제공한다.

---

1) 4차 산업혁명 첨단기술을 국방 전 분야에 적용하여 국방정책 수행여건의 어려움을 극복하기 위한 혁신사업.
2) 방송통신전파진흥원, 한국정보화진흥원, 한국자산관리공사, 하이마트, 신한은행, 골드만삭스, 유니레버, 소프트뱅크 등 120여 개 기업 및 기관에서 활용 중.
3) '19년 적용대상 : 학사 / 학사예비장교(1,700명), 육군사관학교 신입생(1,000명), 임관시 장기복무 부사관(2,000명), 여군부사관(2,000명), 장기복무 선발(장교 및 부사관, 3,000명), 위탁교육 선발 및 부사관학교 입교자(1,300명).

- 인공지능(AI) 면접체계의 가장 큰 장점은 인터넷이 연결된 PC를 활용해 공간이나 시간의 제약 없이 정해진 기간 내에 언제든 응시할 수 있다는 것이다. 또 평가시간 동안 지원자의 표정, 음성, 어휘, 심장박동 등 다양한 분석요소를 바탕으로 객관적이고 세분화된 평가를 할 수 있다. 특히, 재직 중인 근무자를 대상으로 인공지능(AI) 면접평가를 실시해 우수 근무자의 패턴을 추출, 분야별 조직에 적합한 대상자를 선별해 낼 수 있는 것도 주목할 점이다.
- 김권(준장) 육군인사사령부 인재선발지원처장은 "육군은 적합한 인재를 선발하기 위해 그동안 다양한 평가방법과 기준안을 발전시켜왔으며 특히, 이번 인공지능(AI) 면접체계 도입은 대내외적으로 타당성을 면밀히 검토하여 추진하는 사업으로 육군의 인재선발과 관리 전반에 획기적인 발전을 가져올 것으로 기대된다"고 말했다.
- 육군은 향후 인재선발 및 관리, 취업지원 등에 인공지능(AI)과 빅데이터(Big data)를 활용하는 '스마트 인재관리 시스템'을 구축함으로써 요청부대(서)에 맞춤형 인재를 추천하고 개인에게는 최적의 경력관리를 제공해 조직과 개인이 모두 만족할 수 있는 시스템을 구축해 나갈 예정이다.

육군 인공지능(AI) 면접체계 도입 추진일정

구 분	추 진 내 용	비 고
'19년	• 시범적용 및 시스템 구축 준비 – 신분별(학사장교 등 6개 과정) 시범적용 진행 * 평가점수에는 미반영됨 * 기존면접평가 결과와 비교, 분석하여 군 간부 선발용으로 개선	1만여 명
'20~'21년	• 확대적용 및 시스템 검토 – 초임간부 및 장기복무 선발 확대적용 – 평가배점 반영은 AI면접의 정확도 고려 점진적으로 확대 적용예정	2만여 명 * 학사/학사예비, 육사생도, 민간부사관, 여군부사관, 준사관, 임관시 장기복무 부사관, 군장학금을 받는 대학생(장교, 부사관), 장기복무선발(장교, 부사관), 예비역의 현역재임용(장교, 부사관)
'22년	• 선발시스템 구축, 전면도입 – 하드웨어구축 및 시스템 맞춤형 개발	
'25년~	• 활용범위 확대 – 장기복무 위임평가를 중앙선발로 전환 – 군내 선발(위탁교육, 해외파병, 무관 등) 적용	

- 군 간부선발은 현재 활용되는 민간의 AI면접체계를 그대로 적용할 수 없어 추진일정대로 체계 보완을 해나가고 있음.
- '19년 시범적용간 군 선발에 적합하도록 맞춤형 개발 작업을 병행하며, '20~'22년까지 DB구축 및 AI학습을 통해 적합도 및 신뢰도를 향상시킬 것임.
- '22년 이후 전면도입된 단계에서도 AI면접은 직군별 지원자들을 분석하여 적합한 병과 및 특기를 추천하며, 이외의 내면적인 요소, 즉 국가관·안보관과 같은 신념에 대한 내용은 면접관에 의한 평가로 진행함. AI면접을 도입을 하더라도 최종판정은 전문위원(사람)에 의해 이루어지도록 할 것임.

---

* AI 면접 관련하여 더 자세히 알고 싶은 수험생은 시대고시기획에서 2019년 출판한 설민준, 「AI면접 합격기술」 책을 권장한다.

실전 면접시험 Knowhow

02

제1장

면접 평가요소별 배점 및 준비

육군은 우수인재를 선발하기 위해 다양한 부사관 선발제도를 도입하여 면접 점수를 100점 만점에 50점으로 높였으며, 블라인드 선발 면접을 실시하고 있다. 전투부사관과 군장학생(2년), 군 가산복무 부사관, 임관시 장기복무 부사관, 민간 부사관 선발 시 면접 평가요소별 배점은 다음과 같다.

면접 평가요소 및 배점: 50점(점수제 및 합·불제)

구분	계	제1면접장 (개별면접)	제2면접장 (발표/토론)	제3면접장 (개별면접)	고등학교 출결
		기본자세(태도) 품성평가	국가관/안보관 리더십/상황판단	인성검사(심층)	
배점	50	25	20	합·불	5

* 군사학과, 부사관학과, 학군단 후보생 등 제복(교복) 착용 금지
* 자기소개서 작성시 출신대학 표시 금지
* **평가 전 AI(Artificial Intelligence) 면접결과를 면접평가 시 참고자료로 활용**

• 면접장 세부 평가요소(참고)

평가 항목	계	외적자세 (1면접장)		내적역량 (2면접장)				품성평가 (1·3면접장)		
		신체 균형	발성 발음	국가관 안보관	리더십, 상황 판단	표현력 논리성	이해력 판단력	지원 동기	사회성, 성장 환경	예절 태도
점수	**45점**	3	3	4	4	8	4	6	7	6

* 평가항목별 등급: 5개 등급(A~E 등급으로 구분하여 평가)

A: 탁월(100%), B: 우수(85%), C: **보통(70%)**, D: 저조(55%), E: **부적격(40%)**

* 고교 출석일수에 따른 면접평가 점수 반영(5점)

무단결석	없음	1~2일	3~4일	5~6일	7~9일	10일 이상
배 점	5	4	3	2	1	0

면접관은 어떤 분일까?

간부 면접체계

✓ 면접평가 방법은?

- 다양한 면접 방법 활용 : 토론면접, PT면접, 역량면접
  - 토론면접 : 발언 내용 / 태도로 인격, 지식수준을 평가
  - PT 면접 : 사전 주제 부여, 발표를 통한 문제해결 능력, 창의성(전문성) 평가
  - 역량면접 : 지원자의 과거 경험을 토대로 앞으로 역량과 성과 예측
    * 하나의 경험이나 주제에 대해 집요하게 꼬리물기식 연속 질문

- 전문 면접위원에 의한 인재선발

구분	1 면접장	2 면접장	3 면접장	4면접실
면접위원	영관 1명 부사관 : 상(원)사 1명	영관 2명	군종장교 육군 정책위원	위원장 : 육군 정책위원 위원 : 1~3면접위원 전원
평가내용	외적자세 품성평가	내적 역량 (국가관, 리더십 등)	인성검사 [MMPI-II] 검증	종합 판정
	점수제 : 등급(5개) 부여 평가		合 · 不 판 정	
면접방법	자기소개 스피치 개별면접, 역량면접	PT 면접 토론면접	개별면접 역량면접	쟁점 토의 (E 평가 인원)

육군의 면접위원은 인사사령관이 선발하여 임명한 모범적인 군인으로 20년 이상 군 경험을 쌓은 베테랑급 현역간부들이다. 면접장별로 소령~대령, 상사~원사 2명씩 혼합 편성된 면접관들은 군 조직의 문화와 정서를 바탕에 깔고 면접을 진행한다.

최근 군은 초급간부에 대한 초비상이 걸려 있는 상태이다. 초급간부들의 복무 부적응과 자질 논란이 심각한 상태로, 초급간부들이 자살하거나 부대를 이탈하여 사회문제를 일으키는 사례가 발생하고 있으며, 정신력과 체력 면에서

용사들보다 약하다는 부정적인 인식이 팽배해 있어 면접관들의 역할은 우수자를 선발하는 것이지만, 실제로는 자질이 부족한 지원자들이 군에 들어오지 못하도록 걸러내는 역할을 하고 있다. 면접관들은 "지원자가 우리부대에서 함께 근무하면 좋겠다, 아니다 함께 근무하기 싫은 지원자다" 냉정한 판단기준을 가지고 평가하고 있다.

그러므로 면접에 임하는 지원자는 면접관들이 생각하고 있는 군 조직 문화와 올바른 가치관, 군 조직에 기여할 역량에 부합하는 답변을 하기 위해 올바른 인성을 바탕으로 대적관, 국가관, 안보관, 군인정신, 리더십 등에 대한 체계적인 선행 학습이 필요하다.

어떻게 준비하면 면접에 합격할까?

면접 때 옷차림은 매우 중요한 것이므로
잘 맞는 정장을 준비하여 멋진 모습으로 가는 것이 좋다.
해병대 면접 볼 때 붉은 계열의 상의를 착용하듯이...
면접은 자신을 알리는 과정이라고 생각하고,
자신 있게 대답하며,
면접관의 질문을 한 번에 알아듣고,
다른 지원자의 답변도 잘 경청하는 자세를 보인다면 합격할 수 있다고 생각한다.
준비한 내용을 외우려고 하지 말고,
먼저 질문내용의 핵심을 파악하여,
거울을 보며 실전처럼 연습하기 바란다.
평소 학생 상호간에 실전처럼 질문하고 대답하는 연습을 반복하는 것도 좋은 방법이 될 것이다.

■ 면접의 주된 평가 요소는?

① **외모에 대한 평가요소**

건강해 보이는 외모, 깔끔한 옷차림, 단정하고 침착한 태도, 명랑하고 패기 있는 자세 등은 면접의 주요 평가요소이다.

② **질의응답에 대한 평가요소**

질문에 대한 이해력, 순간적인 판단력, 자기 생각에 대한 표현력, 문제에 대한 적극성과 성실성, 다양한 분야에 대한 학식과 지성, 바람직한 인생관, 사회관, 직업관 등 역시 면접의 주요 평가요소이다.

③ **응시 지원서류 등의 확인에 의한 평가요소**

가족사항, 이력, 특기, 면허, 자격증, 취미, 성격 등은 자기소개서나 기타 응시서류에 기재하지만, 이에 대해 면접관이 물어보더라도 막힘없이 대답할 수 있어야 한다. 물론, 이미 기재한 사실과 다르게 이야기를 해서는 안 된다.

■ 면접시험의 평가 기준은 무엇일까?

한정된 시간에 지원자의 인물 전체를 파악한다는 것은 어려운 일이다. 결국은 면접위원의 대부분은 인물 전체를 평가한다고 하면서도 실은 그 일부밖에 보지 못하는 경우가 많다.

① **종합적인 인물평가**

면접시험은 면접위원과 지원자가 어떤 중간 매개물 없이 마주하여 이루어진다. 따라서 면접위원은 지원자의 용모, 자태나 표정, 태도 등을 통하여 직관적(稙觀的)이고 인상적(印象的)이기는 하지만 어느 정도까지는 종합적인 인물평가가 가능하다. 면접시험의 실질적인 목적은 여기에 있다.

② **성격, 성품**

성격이나 성품의 좋고 나쁨을 짧은 시간 내에 판단한다는 것은 쉽지 않을 뿐더러 자칫 오판의 가능성도 많다. 그러나 면접위원들은 그 방면에 군 경험과 인생 경험이 풍부하고, 군 조직이 요구하는 인물에 대한 일정한 식견을 갖추고 있으므로, 짧은 시간이기는 하지만 지원자의 대답 내용이나, 태도, 표정, 동작의 섬세한 부분까지 관찰할 수 있으며, 성격이나 성품을 분석적으로 파악할 수 있다. 그렇게 하여 전체를 위해 진정으로 필요한 성격이나 성품을 지닌 지원자를 찾게 된다.

③ 지원동기, 열정

지원동기나 열정은 면접시험에서 대단히 중요시하며 또 반드시 파악되어야만 하는 부분이다. 물론 이것은 자기소개서 등을 통하여 판단할 수도 있지만, 면접에서는 지원자의 눈빛이나 몸짓 등에서 직접 느낄 수가 있다. 또한 선발하는 군의 사정이나 지원자에게 바라는 기대치를 직접 설명해 줄 수가 있으며, 이에 대한 지원자의 반응을 관찰한다든지 또는 꼬리물기식 질문을 통하여 보다 명확하게 지원동기나 열정을 확인한다.

④ 지식, 교양의 정도

지식이나 교양의 정도는 면접에서는 실질적인 업무와 관련된 질문까지 심도 있게 할 수 있다. "최근에 감명깊게 읽은 책(본 영화가)이 있나요?" 하나의 질문을 통해 군 관련 부가적인 질문을 꼬리물기식으로 할 수도 있으며, 그 응답과정의 내용이나 태도 등에서 지원자의 지식, 교양과 이해의 정도를 보다 정확하게 판단하는 것이다.

⑤ 표현력, 판단력

면접은 질문과 대답으로 진행된다. 따라서 상대방의 질문에 대한 이해가 없으면 대화하기가 어려우며, 설사 이해는 되었다 하나 자신의 의사전달 능력이 부족하면 자신의 의견을 정확하게 제시할 수가 없다. 면접시험은 언어의 표현능력(의사소통)을 평가함으로써 지원자의 이해도나 자기 의사소통 능력, 두뇌의 회전력 등을 평가하게 된다.

⑥ 사상, 인생관

개인의 사상이나 인생관은 선발하는 면접관에게는 반드시 파악해야만 하는 부분이다. 한 개인의 그릇된 사상이나 인생관으로 인하여 군 조직 전체가 흔들리게 되는 경우가 많이 있기 때문에 매우 중요하다.

군 간부선발 면접 합격 포인트는?

① 첫인상을 중시하자.

면접은 면접관과 지원자가 서로 처음 얼굴을 대하는 맞선의 자리다. 따라서 무엇보다 첫인상이 중요하다. 남·녀간의 맞선은 서로 상대적이지만 면접 맞선은 일방적이다. 면접관이 선택의 열쇠를 쥐고 있다. 그래서 더욱 첫인상이 중요하다. 무엇보다 밝은 인상, 청결한 자세로 침착하게 입실하도록 한다.

② 자신감 있는 편안한 분위기를 연출하자.

서로 대화를 하거나 질의응답 할 때 상대방의 표정을 읽고 면접의 성공 여부를 판단하는 것이 일반적이다. 면접 전날 웃는 연습과 표정관리를 반복해 봐야 한다. 그렇다고 마냥 웃고 있을 수만은 없다. 자신감 있는 편안한 분위기 연출이 필요하다.

③ 심호흡으로 긴장을 풀자.

면접시험을 앞두고 긴장하지 않는 사람이 없다. 그러나 지나친 긴장은 오히려 실수를 유발할 가능성이 있다. 심호흡을 두세 번 해서 긴장을 조절하자. 첫 번째 질문에는 당황하지 말고 약간 간격을 두고 대답하면 마음이 안정된다. 긴장으로 인해 호흡이 막히거나 난처한 상황에 놓일 때는 " … 습니다"의 말끝을 명확하고 힘 있게 하는 것만으로도 얼굴표정과 행동이 밝아진다. 말하는 요령은 평소보다 약간 느리다고 느껴질 정도가 편하며 자기의 페이스도 지켜진다.

④ 열심히 듣는다.

면접관이 질문을 하는 데 손을 만지작거리거나 시선을 다른 데로 두거나 하면 이미 면접관의 관심은 떠나 있다. 면접관의 입술을 바라보면서 진지하게 듣고 있다는 표정관리가 요구된다. 답변이 상당히 궁색하다고 느껴지는 질문이라 하더라도 중간에 표정을 바꾸지 않고 끝까지 듣는 진지함이 있어야 한다. 그리고 면접관이 말하려는 바가 무엇인지 이해할 수 있어야 한다. 이를 위해서 평소에 될 수 있는 대로 자기보다 손위의 사람과 자주, 많이 대화할 필요가 있다.

⑤ 질문의 요지를 파악한다.

무엇을 묻고 있는지, 무슨 이야기를 하고 있는지 그 정확한 의도와 내용을 간파해야 답변이 가능하다. 요지 파악이 안 되었으면 그냥 넘어가거나 우물쭈물하지 말고 과감하게 "죄송하지만 다시 한번 말씀해 주시겠습니까?"라고 정중히 요청한 다음 질문의 의미를 이해하고 대답하도록 한다.

⑥ 결론부터 이야기한다.

자기의 의견이나 생각을 상대방에게 정확한 결론부터 밝혀야 이해가 쉽다. 결론을 먼저 이야기한 다음 필요한 부연 설명을 하자. 배경 설명부터 한 다음에 결론을 이야기하면 지루하거나 상대를 얕보는 느낌을 주게 된다.

⑦ 올바른 경어를 사용한다.

올바른 경어사용법이 의외로 쉽지가 않다. 시간, 장소 등의 환경에 따라 경어법도 달라지는 경우가 있다.

⑧ 자신의 대화 스타일로 말한다.

웅변하듯이 하거나 너무 큰 소리로 답변해서는 안 된다. 그리고 특정인의 대화법을 흉내 내서도 안 된다. 오직 자신이 남들과 같이 이야기할 때의 대화법을 조리 있게 사용해야 분위기가 어색하지 않다.

⑨ 알아듣기 쉽게 말한다.

서로 이야기를 하는데 무슨 내용인지 알아듣기가 어려우면 소용이 없다. 어려운 용어나 전문용어, 대학가의 은어, 사투리 등을 절제없이 사용하면 면접관이 이해하기 어렵게 된다. 간단명료하고 일상적인 말로 쉽게 말하는 습관이 필요하다.

⑩ 답변내용이 서류와 일치하도록 하라.

면접에서의 기본적인 질문은 대개 이미 제출된 지원서나 자기소개서 등에 기록된 내용에 의지하게 된다. 여기서 간혹 기재사항과 실제 답변 사이에 혼동을 두는 경우가 왕왕 있게 되는데 진솔하고 일관성 있게 기록하도록 하고 사본을 준비하여 사전에 연습하는 것이 좋다.

⑪ 자신 있는 부분에서 승부를 건다.

많은 질문 가운데 답변에 전부 자신이 있다면 이는 지나친 자만이다. 질문을 자기에게 유리한 국면으로 끌고 가는 지혜가 필요하다. 그리고는 자신을 자신 있게 보여줄 수 있는 질문에 승부수를 던진다.

⑫ 적극적이면서 성의껏 답한다.

면접관은 거짓과 허황이 있는 달변을 원치 않는다. 오히려 어눌하지만 또박또박 성의껏 답변하는 자세가 높은 점수를 받는다. 싫은 질문, 답변이 곤란한 질문을 받더라도 최선을 다해 자기주장이나 입장을 전달하려고 노력한다.

⑬ 흥분하지 않는다.

집안의 약점, 출신학교에 대한 나쁜 소문, 전공의 실용성 유무 등 민감 한 부분을 건드리는 질문을 받으면 누구나 흥분하기 쉽다. 이 같은 질문으로 면접관은 감정조절과 표정관리를 어떻게 하는지를 살피려 한다. 흥분은 절대 금물이다. 또한 집단토론에서 찬성과 반대 입장에서 토론 시 흥분하여 감정을 노출하면 안 된다.

⑭ 먼저 자기소개 연습을 해둬라.

면접은 결국 자기 자신을 알리는 것이라 할 수 있다. 그러므로 자신에 대해 최대한의 것을 보여 줄 수 있어야 한다. 막상 자기소개를 지시받게 되면 사전준비와는 달리 당황하는 경우가 있다. 짧게는 1분, 길게는 3분 정도에 걸쳐 이야기할 수 있는 것으로 연습해 두자. 상황에 따라 가능하다면 영어로도 연습해 두는 것이 바람직하다.

⑮ 끝까지 최선을 다한다.

질문의 핵심에서 벗어난 답변을 했거나, 면접관으로부터 조소를 받을 정도로 분위기를 나쁘게 만들었다고 포기하면 안 된다. 면접에서도 역전이라는 것이 충분히 가능하다. 끝까지 최선을 다하는 자세가 중요하다.

■ 면접시 금기사항은?

① **지각은 절대 금물이다.**

10분 내지 15분 일찍 도착하여 둘러보고 환경에 익숙해지는 것이 필요하다.(지각하면 입장 불가)

② **앉으라고 할 때까지 앉지 말라.**

의자로 재빠르게 다가와 앉으면 무례한 사람처럼 보이기 쉽다.

③ **옷을 자꾸 고쳐 입지말라. 침착하지 못하고 자신 없는 태도로 보인다.**

④ **시선을 다른 방향으로 돌리거나 긴장하여 발장난이나 손장난을 하지 말라.**

⑤ **대답 시 너무 말을 꾸미지 말라.**

⑥ **질문이 떨어지자마자 바쁘게 대답하지 말라.**

⑦ **혹시 잘못 대답하였다고 해서 혀를 내밀거나 머리를 긁지 말라.**

⑧ **머리카락에 손대지 말라. 정서불안으로 보이기 쉽다.**

⑨ **면접장에 타인이 들어올 때 절대로 일어서지 말라.**

⑩ **면접관이나 담당자 책상에 있는 서류를 보지 말라.**

⑪ **농담을 하지 말라.**

쾌활한 것은 좋지만 지나치게 경망스런 태도는 합격에 대한 의지부족으로 보인다.

⑫ **대화를 질질 끌지 말라.**

⑬ **천장을 쳐다보거나 고개를 푹 숙이고 바닥을 내려다보지 말라.**

질문에 대해 대답할 말이 생각나지 않는다고 천장을 쳐다보거나 고개를 푹 숙이고 바닥을 내려다보지 말라.

⑭ **자신 있다고 너무 큰 소리로, 너무 빨리, 너무 많이 말하지 말라.**

⑮ **면접위원이 서류를 검토하는 동안 말하지 말라.**

제2장
면접 진행(1↔2↔3 면접장)

지원자는 면접일 등록을 위해 계룡대 육군본부 2정문 앞 개나리회관 1층 등록 장소(07:30시까지)에 도착해야 한다. 면접은 육본 인재선발센터(1-2-3 면접장)에서 우수인재선발을 위해 인사사령부 현역간부들이 체계적으로 진행한다. 전체 대기실에서 조 편성이 완료되면 '지원자 번호'를 부여하여 순서에 따라 1면접장 또는 2~3면접장을 시작으로 돌아가면서 진행한다. 하절기(5~8월)에는 기상을 고려하여 등록을 마치면 오전에 계룡대 안으로 이동하여 운동장(400트랙)에서 1.5㎞달리기를 하고, 실내체육관으로 이동하여 윗몸일으키기, 팔굽혀펴기 순으로 체력평가를 먼저 실시한다. 샤워 및 점심식사 후 14:00부터 인재선발센터에서 면접평가를 진행한다.

개나리 회관/접수등록 창구

1 면접평가 진행방법[1/5]

✓ 면접평가 진행 방법은?

- 면접평가 대상 : 1일 60 ~ 80명 내
  * 조별 5 ~ 6명 수험생 편성, 1개조 면접시간 30 ~ 35분 소요
- 1일 시간사용 계획

구 분	내 용		장 소
	A조	B조	
07:30	- 면접위원 : 교육, 면접자료 확인 - 지원자 : 개나리회관 도착 등록 / 접수		육본 인재선발센터
09:00~09:30	- 면접위원 : 면접 예행연습 / 최종준비 - 지원자 : 진행요령 / 주의사항 교육		- 체력평가 : 계룡대 영내 - 면접평가 : 인재선발센터 *하계는 체력평가 후 면접평가실시
09:30~13:00	면접평가	체력평가	
13:00~14:00	- 중 식 / 휴 식		
14:00~17:30	체력평가	면접평가	

1층 화장실/샤워장

1층 조편성 대기실

1 면접평가 진행방법[2/5]

✓ 1면접실 진행방법은?

- 면접방법 : 개별면접

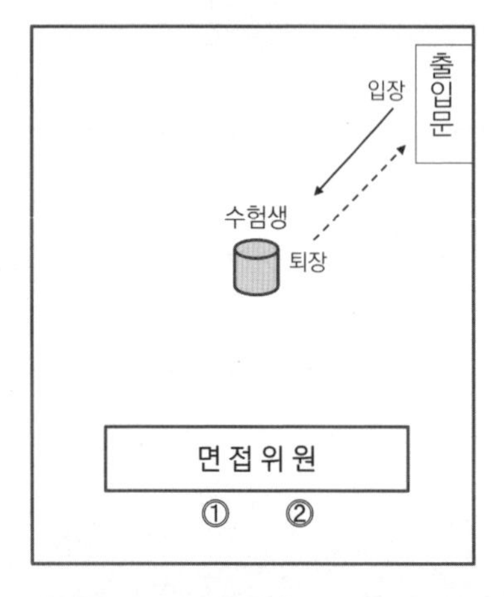

- 진행방법
  - 면접진행
    - 지원자 입장 시 지정번호 확인
    - 자기소개 스피치로 지원동기 평가
    - 이어서 외적자세 / 품성평가 질의
      * 사전 지원자 자기소개서, 심의표 연구
      * 면접 질문자는 위원에게 사전 부여
  - 평가 요소 : 5개 요소
    - 외적자세 : 신체균형, 발음 / 발성
    - 품성평가 : 지원동기, 사회성, 예절 / 태도
  - 동일한 기준으로 일관성 있게 평가
    - 전 평가요소를 5등급으로 평가
    - E 등급 부여자는 부여 후 이유 기술

1층 1면접장 및 대기석

1 면접평가 진행방법[3/5]

✓ 2면접실 진행방법은?

- 면접방법 : 집단 면접

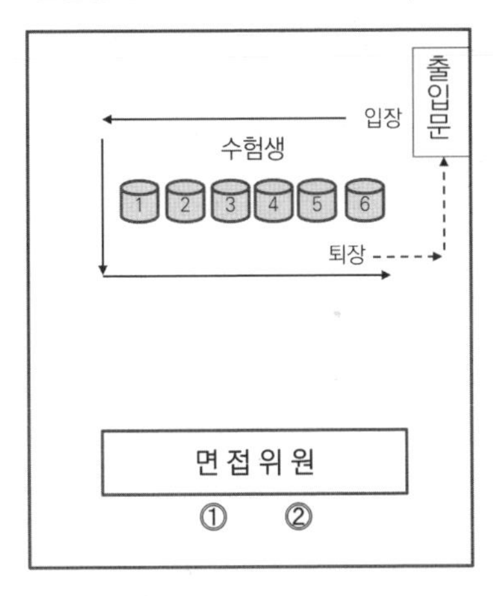

- 진행방법
  - 면접진행
    - 지원자 입장 시 지정번호 확인
    - 국가·안보관 PT면접 평가
    - 이어서 리더십 / 상황판단 토론 평가
      * PT·토론 주제는 30분전 부여 (획득 실무자)
  - 평가 요소 : 4개 요소
    - 국가 · 안보관, 표현력 · 논리성
    - 리더십 · 상황판단, 이해력 · 판단력
  - 동일한 기준으로 일관성 있게 평가
    - 전 평가요소를 5등급으로 평가
    - E 등급 부여자는 부여 후 이유 기술
      * 지원자 순서와 무관하게 질문

2면접장: 개인발표/집단토론실

1 면접평가 진행방법[4/5]

✓ 3면접실 진행방법은?

- 면접방법 : 개별면접

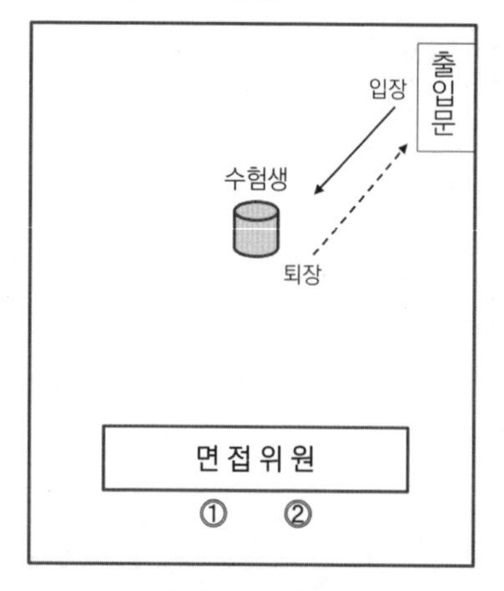

- 진행방법
  - 면접진행
    - 지원자 입장 시 지정번호 확인
    - * 사전 지원자 자기소개서, 인성검사 결과 (MMPI - II) 연구(C,D,I 평가 인원 집중확인)
    - * 면접 질문지는 위원에게 사전 부여
  - 평가 : 합 · 불 판정
    - 정상범위를 초과한 척도는 면접 후 사유를 반드시 기술 (우울증, 반사회성, 편집증 등)
    - I등급(판정불가)인원은 검증 결과 기술
    - 전 인원 합격, 불합격, 제고로 평가
    - * 불합격으로 판정한 인원은 이유를 반드시 기술

3면접장: 인성평가

복도 대기석

1 면접평가 진행방법[5/5]

✓ 4 면접실 [종합판정]

- 면접 시 불합격자 사유에 대한 기록여부 최종 확인
  - 1 ~ 2면접실 불합격 사유를 명확히 기록

    예) 고교 무단결석 35일로 성실성이 의심됨

    질문에 대한 관련없는 내용 답변 등 이해력 현저히 부족
  - 3면접장의 정상범위를 초과한 척도는 해당사유 반드시 기록

    예) 건강염려증, 우울증, 히스테리, 반사회성, 편집증, 강박증 등
- 면접 종료 후 면접결과를 종합 평의 [위원장 : 육군 정책위원]
  - 合 · 不 에 영향을 미칠 수 있는 '특이사항'에 대해 중점 토의
- 평의(合 · 不 판 정) 후 불합격 사유 기록

4면접장: 종합판정

제3장
예상질문 및 답변자료

최근 몇 년 동안 전투부사관과 군장학생(2년), 군 가산복무 부사관(1년), 임관 시 장기복무 부사관, 민간부사관 선발 면접시험에서 주요 질문을 살펴보면 1면접장에서는 외적 자세와 품성평가를 하였고, 2면접장에서는 개인발표 및 집단토론식 면접을 통해 내적 역량을 평가하고 있으며, 3면접장에서는 인성검사 결과를 참고로 심층평가를 실시하고 있다.

특히 1·3면접장은 지원자 혼자 들어가 1인 면접을 받기 때문에 긴장하지 말고 자신이 작성하여 제출했던 '자기소개서'를 잘 기억하여 자신의 장점을 진솔하게 표현하는 적극적인 자세가 필요하다.

2면접장은 5~6명으로 편성하여 집단면접을 실시하므로 조장이 제비뽑기로 뽑은 개인발표 및 집단토론 주제에 대해 개인이 준비할 시간(20~30분)을 잘 활용하여 집단토론 방식을 이해하고 자기주장을 지혜롭게 발표할 수 있어야 한다.

1면접장(개별면접 25점): 외적 기본자세와 품성평가

구분	열정/적극성	긍정성	외적자세	태도
25점	7점	6점	6점	6점

* 평가항목별 등급:5개 등급 (A~E 등급으로 구분하여 평가)

A: 탁월(100%), B: 우수(85%), C: **보통(70%)**, D: 저조(55%), E: **부적격(40%)**

1) 신체균형과 발성, 발음을 평가한다.
   - 제식동작을 통한 신체균형을 살펴보는데 차려, 열중쉬어, 앉아, 일어서, 뒤로돌아, 우향우 등 기본동작을 연습하기 바란다.

- 발성, 발음은 지원자 번호를 답변할 때 큰소리로 박력 있게 하여 좋은 평가를 받아야 한다. 소리의 크기는 분대장이나 소대장으로 10~30명을 지휘할 수 있는 발성을 할 수 있는 지 평가한다. 발음은 표준말을 사용하여 정확한 표현을 하고 있는지 평가하는 것으로 천천히 명확한 발음으로 표현하는 연습이 필요하다.

2) 문답식 개인면접은 지원자가 작성하여 제출한 '**자기소개서**'에 기록된 내용을 보면서 2명의 면접관(상·원사, 소·중령)이 지원자 1명을 대상으로 10분 동안 열정과 적극성을 평가한다. 면접 진행에 앞서 '열중쉬어, 차렷, 우향우, 좌향좌, 뒤로돌아' 등 제식동작을 시키는 경우가 있다. 이어 지원동기를 물어보는데, 종종 꼬리에 꼬리를 묻는 식으로 진행된다, 예를 들면 지원동기를 물어볼 때 "정예 부사관(장교)이 되어 국가안보를 위해 저의 역량을 발휘하고 싶습니다." 라고 대답하면 "본인의 역량은 무엇이며, 어떻게 그 역량을 발휘할 수 있는가?"라고 되묻는 식이다.

3) AI 면접결과를 면접평가 시 참고자료로 활용하여 지원자의 품성을 평가하고 검증한다. AI(Artificial Intelligence: 인공지능) 면접 내용을 참고하여 면접관이 대면면접으로 지원자를 직접 검증할 수 있는 자리이다. 이러한 데이터가 쌓이면 육군은 "AI 면접결과=대면 면접결과=육군부사관학교 교육성적=야전부대 근무평정" 등을 종합하여 검증과정을 통해 AI 면접을 활용할 것이다.

■ **최근 문답식 개별면접 질문은?**

1. 지원동기를 말해보세요.
2. 자기소개를 1분간 해보시오.
3. 부사관의 정의가 뭡니까?
4. 어떤 부사관이 되고 싶은가요?
5. 부사관을 한다고 했을 때 부모님은 뭐라고 하셨나요?
6. 군인이 되겠다는 꿈은 언제부터 갖게 되었나요?
7. 오전에 체력평가는 어떻게 받았나요?

8. 부사관(장교)의 역할은 뭐라고 생각하나요?
9. 부사관이 가장 갖추어야 할 덕목은 무엇이라고 생각하나요?
10. 임관하면 군 생활의 목표는 무엇인가?
11. 리더십이란 무엇인가요?
12. 리더십을 성공적으로 실천한 사례를 소개해보세요.
13. 부사관(장교)이 되기 위해 노력하고 준비한 사항이 있다면?
14. 본인 성격의 장단점을 얘기해 보세요?
15. 장교가 아니라 부사관을 지원한 이유가 있나요?
16. 단체생활을 하면서 공동의 목표달성을 위해 노력한 성공사례가 있다면 얘기해 보세요.
17. 할아버지가 6·25 참전용사이신데 할아버지로부터 들은 얘기가 있나요?
18. 군인과 경찰이 다른 점은 무엇이라고 생각하나요?
19. 지금까지 살아오면서 가장 힘들었을 때가 언제인가요?
20. 본인의 좌우명을 설명해 보시오.
21. 평소 스트레스가 쌓이면 어떻게 해소합니까?
22. 고등학교시절 결석을 많이 했는데 이유가 있나요?
23. 학교 다니면서 아직 못해봤지만 이건 꼭 해보고 싶다는 것은?
24. 존경하는 인물이 누구인가요?
25. 마지막으로 하고 싶은 말이 있나요?

1. **부사관에 지원한 동기는?**

☞ 부사관이라는 직위는 지휘계통에서 장교의 임무를 지원하고, 명령을 정확히 병사들에게 전달함으로써, 장교와 병 사이를 유연하게 이어주는 지휘관의 업무를 보좌하며, 전투전문가로서 병 기본훈련과목(주특기, 구급법, 장애물, 수류탄, 제식훈련 등) 교관임무를 수행하는 것으로 알고 있습니다. 따라서 ○○○은 부사관이라는 직위에 매력을 느끼고, 군대에서 이러한 직책을 잘 수행할 수 있다는 자신감에 지원하게 되었습니다(전투부사관과: 보병, 포병, 기갑병과로 전방 GOP부대와 해강안부대에 우선 보직되어 근무할 예정임).

2. 왜 전투부사관을 선택했는가?

☞ 저는 고등학교 때부터 군인을 꿈꿔왔고, 대학에 전투부사관과를 선택하였습니다. 누가 뭐라 해도 군인은 보병(포병, 기갑)이 최고라고 생각합니다. 전투부사관과 훌륭한 교수님들의 가르침과 육군부사관학교에서 실시한 병영실습을 통해 제 적성에 잘 맞는 것을 확인하였으며, 열심히 준비하여 군에 꼭 필요한 전투부사관이 되고 싶습니다.

2면접장(발표/토론 20점): 개인 주제발표 및 집단토론 (국가관, 안보관, 리더십, 상황판단)

구분	국가·안보·역사관	리더십	이해·판단력	의사소통	논리성
20점	4점	4점	4점	4점	4점

* 평가항목별 등급: 5개 등급 (A~E 등급으로 구분하여 평가)

A: 탁월(100%), B: 우수(85%), C: 보통(70%), D: 저조(55%), E: 부적격(40%)

개인 주제발표와 집단토론은 5~6명이 1개 조로 편성되며, 조별로 주어진 토론준비실에서 개인 주제발표와 집단토론을 준비할 수 있도록 25분의 시간이 주어진다. A4 용지에 개인 주제발표 및 집단토론 주제 각 1문제가 주어지며, 25분 안에 각자 주제발표 내용을 A4 용지에 작성하고, 또 조원들과 협의하여 집단토론 준비를 마쳐야 한다. 이때 일체의 자료 열람은 허용되지 않으며, 스마트폰 검색도 불가하다. 준비가 끝나면 2면접실로 이동하여 개인 주제발표, 토론 면접 순서로 진행된다. 면접관은 2명(소·중령)이며, V자 형태로 배열된 탁자에서 면접이 이루어진다. 주제발표는 개인별로 3분 동안 하며, 집단토론은 조원들이 마주 보며 주어진 토론주제를 '**찬성과 반대**'로 나눠서 자유롭게 진행된다. 이때 토론 진행자는 조원들이 협의하여 뽑되, 협의가 안 되었을 경우에는 면접관이 지명한다. 토론이 진행되는 동안 면접관은 토론자들을 관찰하여 평가를 실시한다.

■ 최근 개인 주제발표의 주제

1. '평화를 위해서는 전쟁에 대비하라' 이런 말이 있는데, 현재는 평화로운 시대인데 군대가 필요한가?
2. 다이너마이트를 만든 알프레드 노벨의 일화를 예시로 들면서 군인의 가치 있는 삶에 대해 발표하시오.
3. 북한의 인권유린사례를 발표하시오.
4. 북한이 원하는 통일방안은 무엇이라고 생각하는가?
5. 우리나라 최초 여성조종사 권기옥처럼 일제강점기에 독립운동을 하였지만, 후세에 이름조차 남기지 못한 독립운동가들이 많다. 만약 지원자가 일제강점기에 살았다면 어떤 삶을 살 것인지(1분30초) 발표하시오.
6. 일제강점기 독립군, 광복군을 보고 우리나라는 어떤 전통을 계승하고 있으며, 지원자의 각오를 발표하시오.
7. 대한제국에서 군대해산을 보고 군인으로서 각오를 말해 보시오.
8. 군에 양성평등이 이루어지려면 어떤 노력이 필요한가?
9. 대한민국 국군이 세계평화유지에 무엇을 기여하였는가?
10. 이스라엘은 징병제를 실시하고 있는데 한 휠체어를 탄 젊은 청년이 군대 입대를 희망한다. 지원자는 어떻게 생각하는가?
11. 군인에게 가치 있는 삶이란 어떤 삶인가?
12. 군의 특성 6가지 중 한 가지를 선택하여 예를 들어 설명하시오.
13. 베트남전쟁의 교훈을 말해 보시오.
14. 올바른 역사관은 왜 필요한가?
15. 우리의 역사와 문화를 지키고 가꿔 나가야 하는 이유를 발표하세요.
16. 양심적 병역거부에 대해 지원자의 생각을 발표하세요.
17. 이스라엘의 한 청년이 휠체어를 타고 군인이 되고 싶어 지원을 했다. 현재 이스라엘의 의무복무는 남자 2년, 여자 3년이고 모집관은 이 청년에게 굳이 군인을 하지 않아도 된다고 말했다. 하지만 이 청년은 두 가지 목적이 있었기에 꼭 군인을 해야 했다. 첫 번째 목적은 국가에 헌신하기 위해서, 두 번째 목적은 군대를 갔다 와야 취직이 잘 되었기 때문이다.

이러한 내용을 토대로 군인으로서 생활이 무엇인지 발표하시오.

18. 세계 2차대전에서 나치는 유대인 대학살을 하였다. 그때 당시 유대인은 국가가 없는 사람들이었다. 이 사건에 대하여 소감과 국가가 필요한 이유를 발표하시오.
19. 주한미군의 군사훈련을 저지하는 북한의 저의와 한미군사훈련의 필요성에 대해 발표하시오.
20. 북한은 핵실험 및 탄도미사일 발사 실험을 포기하고 비핵화 협상에 참여하고 있다. 남북정상회담에서 '판문점선언', 북미정상회담에서 '싱가폴선언'을 하여 한반도에 평화분위기를 조성하고 있다. 이러한 북한 김정은의 비핵화선언은 믿을 수 있는가?
 지난날 북한군은 목함지뢰를 이용한 DMZ도발, 연평도 포격도발, 천안함 폭침, NLL 무력화를 위한 서해상 도발 등을 해왔다. 이러한 북한의 도발은 협박에 불과한 것인가, 아니면 실제적인 것인가에 대한 자신의 입장을 발표하시오.

■ **최근 집단토론의 주제**

1. B초급간부가 전입 온 지 하루 만에 C작전과장에게 병과를 바꿔달라고 이야기 했다(병과를 바꿔달라고 한 이유는 B가 ○○병과를 위해 ○○대학교의 ○○학과를 나와 모집공고를 보고 군에 지원을 하였는데 군대에 들어오면서 모집공고가 바뀌는 바람에 다른 병과로 배치를 받았다). 이러한 과정 중 C작전과장은 B초급간부에게 훈계를 하였지만, B초급간부는 훈계가 아니라 모욕으로 받아들이고 ○○기관에 모욕을 당했다고 신고했다. 하지만 ○○기관은 모욕이라고 하기에 타당하지 않다고 판단하여 신고는 취소가 되고, B초급간부는 다시 A지휘관에게 병과를 바꾸어 달라고 건의를 하는데 여기서 문제: 만약 지원자가 A지휘관이라면 어떻게 할 것인가?
2. 분대장이라는 가정 하에 주제가 주어졌다. 군에서 체육행사를 하는데 군장 메고 달리기 선수가 지명되었다. A이등병과 C병장인데, A이등병은 체력이 약하며 부대전입 온 지 한 달밖에 안 되었다. C병장은 군장 메고 달

리기를 매우 잘하였으나 허리가 아프다는 이유로 빼달라고 하는 것이다. 이 대회에서 종합우승을 하면 포상금, 휴가, 장기복무 가산점이 있다. 이럴 때 지원자가 분대장이면 어떻게 할 것인가?

3. 실리외교와 균형외교가 중요해지고 있는 상황에서 우리나라는 중국과 일본 중 어느 나라와 협력을 해야 하는가?
4. 지원자는 한 대학교의 부회장 경험이 있는 사람으로, 작년 축제 때 가수를 초청한 것이 장점보다 단점이 더 많았다고 생각했다. 간부들과 축제를 계획하는 과정에서 다수의 학생들은 올해에도 역시 가수를 부르자고 한다. 의사 결정권이 지원자에게 있다면 개인의 입장을 택하겠는가? 아니면 단체의 입장을 택하겠는가?
5. 지원자는 소대원들과 함께 적과 치열한 전투를 벌이고 있다. 이런 전투 상황에서 누군가는 적진으로 침투해야 하는 임무가 생겼는데, 목숨을 걸어야하는 희생이 요구된다. 지원자라면 소대원 중 누구를 보낼 것인가? 아니면 본인이 직접 적진으로 들어가겠는가?
6. 김이병이 훈련이나 임무를 수행할 때 무릎 통증을 느끼는데, 자유시간이나 종교시간에는 무릎 통증을 느끼지 않고 있다. 이때 김이병을 임무수행에서 제외시켜줘야 하나 아니면 임무를 부여해야 하나 상황에서, 대신 김이병이 임무수행을 못하면 다른 소대원들이 해야 된다는 조건이다. 지원자는 어떻게 할 것인가?
7. 나는 1소대 1분대장이다. 지금 북한 지역에서 수색정찰 임무를 수행하고 있는데, 폐가에서 민간인으로 보이는 소년 2명을 발견했고, 그 소년들에게 전투식량을 나눠주고 돌려보냈는데, 잠시 후 다시 만났을 때 북한군 4명과 접선 중이었다. 이러한 일촉즉발의 상황에서 그 소년 2명을 민간인으로 봐야할까 적군으로 봐야 할까?
8. 부모가 자식에게 공부를 강요하는 것이 옳은 일인가? 아니면 부모는 자식에게 공부를 강요하면 안 된다고 보는가? 지원자는 어떻게 생각하는가?
(조원 전원이 강요하면 안 된다는 의사를 표해서, 면접관과 토론을 했다. 면접관이 너무 논리적으로 잘하셔서 조금 당황했다.)

9. 지원자는 부대에서 예산을 담당하고 있으며, 상급부대에서는 지원자부대에서 필요사업 보고서를 제출하면 남은 예산을 지원해 주겠다고 한다. 그러나 상급부대에서 원하는 사업은 지역 주민들의 민원을 해결하는 사업을 원하고, 부대 지휘관은 노후된 K-9 자주포 훈련장을 건설하여 전투력을 증강시키는 사업을 하길 원한다. 이러한 상황에서 지원자는 어느 사업을 선택할 것인가?
10. 오랫동안 취업준비를 해온 A씨는 대기업이지만 계약직에 고용 가능성이 낮은 '가' 대기업 주식회사와 작은 회사지만 직업의 안전성이 보장되는 '나'라는 회사에 둘 다 합격을 했다. 지원자라면 '가' 회사와 '나' 회사 중 어느 회사를 선택할 것인가?
11. 면허가 취소되어 무면허인 한의사 A가 어지러움과 복통을 호소하는 B환자를 응급치료 후 자신의 차에 태워 자신의 병원으로 이송하는 중 경찰에 적발되었는데, A는 간호사에게 인계해 치료하여 B환자의 상태는 호전되었다. A는 환자를 살리기 위한 행동이었으므로 무죄를 주장하는데, 이 상황에서 A는 유죄인가 무죄인가?
12. 실패를 번번히 하면서도 천문학적인 돈을 들여가면서 5차원적으로 우주개발을 해야하는가?
13. 군청에서 저소득층 지원사업으로 6개월간 매달 20만원을 주려고 한다. B할머니는 왼쪽다리가 불편하여 일을 전혀 못하여 소득이 없는 상황이며 결혼한 딸이 1주일에 2~3회 방문한다. C할아버지는 6·25 참전용사로 이혼을 하여 가족 없이 혼자 살고 계시며 폐지를 주워 매달 20만원의 소득이 있다. 지원자는 B할머니와 C할아버지 중 누구에게 지원을 해 줄 것인가?
14. 지원자는 10명의 부하를 거느리고 있는 팀장이다. 훈련 도중 소대장은 A코스로 가자 하는데, A코스로 가면 5시간 걸려 저녁 안에 도착하기 힘들고 부하들의 부상 우려가 있다. 부소대장은 B코스로 가자고 제안한다. B코스는 완만한 길로 3시간 걸리며 용사들도 다 부소대장의 말에 찬성하고 있다. 부소대장은 소대장조와 부소대장조로 나눠서 가자고 제안하고 있다. 지원자는 누구의 제안에 동의할 것인가?

15. 우리나라의 음식들이 SNS나 인터넷, TV 등을 통해 널리 알려져 외국인들에 관심이 증가하고 있다. 우리나라의 술과 안주에 특히 관심이 많은데, 소주와 삼겹살, 치킨과 맥주 중 지원자가 외국인에게 추천하고 싶은 조합은 무엇인가?

■ 유의할 점

25분이라는 준비시간이 충분하지 않기 때문에 장문의 개인 주제 발표를 일일이 읽느라 시간을 낭비하지 말고, 뒷부분에 나오는 지문의 요지를 재빨리 읽고 정확하게 이해한 상태에서 가급적 빨리 주제발표 내용을 작성해야 한다. 집단토론은 자칫 의견이 갈리면 조 전체가 감점을 당할 우려가 있으므로 팀워크를 발휘하여 준비해야 한다. 찬성과 반대로 나눠서 자유롭게 의견을 발표하는 토론으로 진행되어 원원할 수 있다.

■ 실전 면접질문 및 답변자료(예문)

1. **이라크 파병에 대해 어떻게 생각하는가?/지원하겠는가?**

☞ 우리나라는 파병의 역사를 가진 나라입니다. 또한 타국의 파병을 지원받아서 6·25전쟁을 치른 국가입니다. 또한 우방국가의 하나인 미국이 한국에 이라크 파병 요구하는 것은 당연한 일이며, 파병안에 찬성하고 즉시 파병모집을 하여 자이툰부대를 조직하여 이라크에 대한 파병을 하는 것은 매우 타당한 일이라고 생각합니다. 제가 만약에 부사관에 합격하여 해외파병에 대한 모집과 또 이에 대한 조건이 맞는다면, 파병에 동참하여 한국군에 대한 좋은 이미지를 남기고, 미군과 어깨를 나란히 하는 군인으로서의 자부심을 느끼고 싶습니다.

☞ 6·25전쟁 시 한국을 지원한 UN파병국은 16개국(전투병 파병: 미국, 영국, 캐나다, 터키, 호주 등), 국제사회에서 6·25전쟁 시 전투병(16개), 의료지원국(6개: 인도, 이탈리아, 덴마크, 스웨덴, 노르웨이, 독일), 물자/재정지원국(38개) 등 한국을 지원하고 지지한 나라(3개)는 총 63개국임.

2. 상관(신임소대장)이 어려운 업무를 맡겼을 때 대처방법은?

☞ 군의 조직은 상명하복이 존재하는 조직이라고 알고 있습니다. 따라서 먼저 명령에 복종하여 임무를 수행하고, 임무수행을 하다 어려움에 부딪치면(부당하면) 상관에게 적절한 대안을 건의해 볼 것이며, 그렇지 않다면, 최선을 다해 임무완수에 노력할 것입니다.

3. 병 문제 대처 요령(부하가 말을 안 들을 때/무시할 때 대처법)

☞ 부하가 말을 듣지 않을 경우는, 폭력과 폭언을 통한 강제적 통제방법이 아닌, ○○○은 문제의 병과 함께 대화와 서로가 가진 생각을 교환함으로써 그 합의점에 이르도록 노력할 것입니다.

만약 제가 병보다 군 경험이 적다하여 무시를 하게 될 경우는, 그 병들보다 알지 못하는 부분, 잘하지 못하는 부분을 체크하여 보다 완벽하고 모범적으로 임무를 수행할 수 있도록 자기관리를 잘하여 따르도록 하겠습니다.

4. 상관이랑 업무적인 일에서 의견 차이가 났을 때 대처법은?

☞ 상관이라 함은 군에서 저보다 더 많은 경험과 노하우를 알고 또 이에 대처하는 능력이 저보다 월등하다고 믿습니다. 물론 저의 사고와 상관의 업무적인 측면에서 상의한 의견 차이가 난다면, 먼저 상관과 업무에 있어서 약간의 의견을 표명하고, 절충안을 찾되, 상관의 주장에 보다 관심을 표명할 것입니다.

5. 북한의 핵에 대해 어떻게 생각하는가?

☞ 북한은 한국에 가장 위협이 되는 적이며, 그들이 보유하고 있는 핵은 한국군에게 가장 큰 위협이 되고 있으므로 반드시 제거되어야 한다고 생각합니다. 북한이 핵을 보유함으로써 북한이 주장하는 한반도 적화통일로 전쟁위협이 상존하는 것이며, 암적인 존재라고 생각합니다.

그러나, 그 사용에 있어서 정당하고 국제사회에서 인정을 받아 한반도 비핵화가 되지 않는다면, 한국도 핵보유국에 대해 국가전략적으로 판단해야 한다고 생각합니다. 일례로, 인도와 파키스탄의 경우에 미국이 함부로 하지 못하는 것도 이러한 핵보유국이기 때문입니다.

6. 계급의 필요성/계급이 나누어져 있는 이유?

☞ 군대에서 계급은 반드시 필요하며, 군 조직의 효율성을 높이고 일사불란한 명령체계로 전투에서 승리하기 위하여 계급체계가 나눠져 있다고 생각합니다.

여러 군중을 다스리는 리더가 있습니다. 여기에도 명령자와 피명령자라는 단순한 2개의 계급체계로 나누어진다고 생각합니다. 따라서 계급의 구분은 이러한 명령하달에 있어서 매우 유연한 역할을 하는 것이라고 생각합니다. 따라서 계급이 세분화됨으로써, 일반적인/특정한 명령의 하달속도가 빠르고 또한 명령에 대한 피명령자가 해야 할 일이 자연스럽게 정해지는 매우 중요한 매개체라고 생각합니다.

7. 김정은은 미군이 물러가면 제일 먼저 무엇을 생각하는지 아는가?

☞ 한반도 적화통일을 목표로 하고 있는 북한의 경우 미군의 병력감축을 적화통일의 기회로 여길 것이며, 연평도 포격도발과 같은 불법적인 남침행위와 국지전을 통한 한국사회에 불안감을 조성하여 적화통일의 기회로 생각할 것입니다.

과거 월드컵 기간 중 서해교전 발발/대북식량지원 중 강릉 공비 침투와 같은 일련의 사건을 볼 때, 겉으론 화해의 제스쳐를 보이지만 속으론 남침 야욕을 갖고 있는 북한의 속내는 믿을 수가 없는 집단입니다.

8. 평소 자신에게 비춰진 군의 이미지는 어떠한가?

☞ 우리나라는 휴전상태인 분단국가입니다. 저는 군대란 큰 의미에서 국방을 책임지며, 국가안보와 평화를 위해서 반드시 필요한 존재라고 생각합니다. 작은 의미에서는 우리 가족이 편안하게 살 수 있는 것은 군이 지켜주기 때문이라고 생각합니다.

개인적으로 군에서 부사관이 되어 저의 능력을 맘껏 발휘할 수 있는 곳이라고 생각합니다.

9. 감명 깊게 읽은 책의 제목과 내용을 말해보시오.

☞ 동인 문학상을 수상하였던 김훈 작가의 "칼의 노래"를 감명 깊게 읽었습

니다. 이순신 장군의 일생을 소설화한 내용으로써, 어렸을 적 막연하게 알았던 이순신장군에 대한 생각에 많은 변화를 가져온 책입니다.

"눈으로 본 것은 모조리 보고하라. 귀로 들은 것은 모조리 보고하라. 본 것과 들은 것을 구별해서 보고하라. 눈으로 보지 않은 것과 귀로 듣지 않은 것은 일언반구도 보고하지 마라" 이 구절이 지금 기억에 남습니다.

명장으로서 남을 병사를 지휘하는 위치로써 정확한 판단과 내 아래에 있고 나로 인해 목숨을 버려야 할 병사들에게 무엇을 어떻게 하라는 정확하고도 구체적으로 짚어주는 그러한 면모를 보면서 많은 감동을 받았으며, 제가 전투부사관이 된다면 저도 임무수행시에 병사들에게 이러한 합리적이고 정확한 판단에 의거한 명령을 내리는 군인이 되고 싶습니다.

10. 주한미군 철수에 대한 의견은?

☞ 한반도에서 주한미군의 철수는 아직 때가 아니며, 자주국방으로 이어지는 길이 아니라고 생각합니다.

오늘날 주한미군이 주둔하고 있느냐 없느냐의 문제는 국가의 신용도 하락과 연관이 된다고 생각합니다. 미군의 철수로 인한 경제적으로 한국의 사회는 많은 문제가 나타나리라 생각합니다. 투자한 외국자본의 유출과 더 이상의 투자 유치국으로서의 신용 하락으로 인해 국내의 정치적·경제적 문제가 파생하리라 생각합니다. 따라서 미군의 철수에 대해서는 그렇게 낙관적인 입장만으로 생각하지 않습니다.

11. 2019년도 국방예산이 얼마인지 아는가?

☞ 2019년도 국방예산은 작년보다 8.2% 증액된 약 46조 6,971억원으로 알고 있습니다. 유능한 안보, 튼튼한 국방구현을 위해 국방예산은 최근 남북 화해무드 속에서도 북한의 핵과 대량살상무기(WMD)에 대응하는 한국형 3축 체계 구축 등 안보상황과 정부의 안보의지를 반영해 국회에서 3조 5,390억원이 증액되어 편성했습니다. 병 봉급은 병장기준으로 40만5,700원입니다.

12. 최근 일부 정치권에서 주장하고 있는 "모병제 도입"에 대한 의견은?

☞ 현재 우리나라는 분단국가입니다. 국가안보의 중요성을 생각할 때 모병제

도입은 시기상조라고 생각합니다.

우리나라의 안보상황과 국가 재정상태, 인력획득 가능성, 병력자원 수급 전망 등을 종합적으로 고려해 신중하게 접근해야 한다고 생각합니다. 국방부 관계자는 답변에서 "우리 군은 현재 62만 명 정도의 병력을 유지하고 있으며, 적정한 전력유지를 위해 국방개혁 기본계획에 따라 2022년까지 52만2,000명으로 감축하는 것을 착실히 진행 중"이라고 말했습니다. 이는 출산율과 병력자원 수급전망을 종합적으로 고려해 유지가 가능한 인원으로 판단한 규모라고 합니다. 따라서 현재는 현재 병무청에서 적용하고 있는 징병제와 공군, 해병대, 특기병 모집에 적용하고 있는 지원병제를 적용하는 것이 좋다고 생각합니다.

13. **사드 배치에 대한 의견은?**

☞ 한반도에 사드를 배치하여 북한의 위협으로부터 국가안보를 지켜야 한다고 생각합니다.

문재인대통령은 도널드 트럼프 미국대통령과 한미 정상회담을 통해 "한반도에 사드 배치를 포함한 연합방위력 증강 및 확장억제를 통해 강력한 억지력을 유지해 나가기로 했다"고 했습니다. 일부 사드 배치지역 국민들이 반대를 하고 있는 것은 지역이기주의가 앞선 것으로 이는 정부에서 북한의 위협으로부터 국가안보를 지키기 위해 사드의 필요성과 주민들이 요구하는 의견을 수렴하여 충분한 보상을 통해 지역 국민들을 잘 설득하여 국가안보를 지켜야 한다고 생각합니다.

14. **올바른 역사의식은 왜 중요한가요?**

☞ 역사는 과거의 모습이자 현재의 거울입니다. 바꾸어 말하면 역사를 모르고서는 현재의 상황에 대한 현명한 판단이 어렵다는 뜻입니다. 20세기 역사철학자인 카(E. H. Carr)가 "역사란 현재와 과거 사이의 끊임없는 대화"라고 하였습니다.

우리가 역사를 배우는 목적은 과거와 현재를 연결시키고 그 의미를 발견하며 이에 대한 역사적 판단을 올바르게 내리고 민족과 국가의 미래를 전망하는 지혜를 발견하는 능력을 생활화하는 것입니다. 과거 역사적 사례에서 교훈을 얻지 못한다면 우리 미래에도 참담한 결과가 기다리고 있을지 모릅니다. 역사의 실패 원인을 올바로 인식했을 때 과오를 되풀이하지 않게 됩니다. 그러므로 올바른 역사의식은 국가안보와 국가발전의 초석이자 기틀이 된다고 할 수 있습니다.

15. **우리 역사에서 융성했던 시기와 수난을 당했던 시기의 차이는 무엇인가?**

☞ 지정학적으로 해양세력과 대륙세력이 교차하는 전략적 요충지에 위치한 우리나라는 융성했던 시기에는 어김없이 상무정신과 호국정신을 바탕으로 강력한 군사적 능력과 대비태세를 갖추고 있었습니다. 반면 외침에 시달리며 수난을 당했던 시기에는 상무정신이 희박했고, 그로 인해 군사적 능력과 대비태세를 갖추는데 소홀했을 뿐 아니라 국제정세의 변화에도 무감각했었습니다. 융성했던 국운이 기울어져 국가가 패망하거나 민족의 수난이 계속되었던 또 다른 요인으로 내부 분열을 빼놓을 수 없습니다. 내부적인 갈등과 분열은 외부의 침략을 가속화시켰고 외침에 제대로 대응조차 할 수 없게 만드는 것입니다. "힘이 있는 민족은 역사의 주인이 되고 힘이 없는 민족은 역사의 제물이 된다."는 독일의 비스마르크 수상의 말처럼 우리가 역사의 주인공이 되기 위해서는 튼튼한 안보의식과 함께 적과 싸워 이길 수 있는 군사적 능력과 태세를 갖추어야 할 것입니다.

16. **대한민국의 탄생에 대해 발표하세요?**

☞ 35년간의 일제 강점에서 벗어난 우리 민족은 식민통치의 후유증에서 벗어나기도 전에 남북 분단을 맞았습니다. 북한은 소련 주도하에 일사불란하게 공산주의체제 국가를 수립해 나갔습니다. 반면, 남한은 자유민주주의와 시장경제를 바탕으로 한 국가 건설을 모색했습니다. 반세기 이상 지난 지금 자유민주주의와 시장경제체제를 선택한 대한민국은 세계 10위권의 경제대국으로 성장하였지만 북한은 절대빈곤, 정치적 탄압, 인권 유린이 자행되는 최악의 국가로 전락했습니다.

대한민국의 성공은 역경과 고통을 극복하고자 했던 국민들의 의지와 노력과 함께 누구도 경험해보지 못한 체제 실험 속에서 공산주의의 위험성을 간파하고 자유민주주의와 시장경제체제에 대한 확고한 신념을 가진 지도자들이 있었기에 가능했습니다.

이 땅에서 자유민주주의와 시장경제체제가 꽃피울 수 있도록 토대를 마련한 대한민국의 탄생 과정을 통해 우리는 건국의 의의와 우리가 지켜야 할 가치가 무엇인지 명확히 인식해야 합니다.

17. 남북 분단의 책임은 먼저 단독 정부를 수립한 대한민국에 있는 것 아닌가?

☞ 그렇지 않습니다. 북한은 광복 직후인 1946년 2월에 사실상의 정부 기구인 '북조선임시인민위원회'를 구성하여 토지개혁과 주요 산업의 국유화 조치 등을 단행하였습니다. 또한 선거를 통해 한반도에 단일 정부를 세우려는 유엔의 입국을 거부한 것도 바로 북한이었습니다.

북한이 진정으로 한반도에 통일정부를 세우려는 의지가 있었다면 유엔의 감시 하에 공정한 선거를 했어야 했습니다. 그러나 북한이 이미 소련의 사주 아래 김일성을 중심으로 실질적인 공산정부를 수립하였기 때문에 유엔의 제안을 거부한 것이며 남북 분단 책임을 대한민국에 떠넘기기 위해 공식적인 정부수립 발표를 일부러 늦춰서 발표하는 기만적인 행동을 했던 것입니다.

18. 대한민국을 건국하는 과정에 국민들의 의사가 제대로 반영되었는가?

☞ 우리나라는 유엔의 결의에 따라 1948 5월 10일에 우리나라 역사상 최초의 보통선거, 비밀선거, 평등선거, 직접선거를 실시하였습니다. 당시 21세 이상 국민 중 80%가 유권자로 등록하였고 그 중 93%가 투표에 참여하였습니다. 이와 같은 자유총선거로 뽑은 198명의 제헌 국회의위들이 대한민국 헌법을 제정함으로써 국민들의 의사가 제대로 반영되었음을 알 수 있습니다.

19. 대한민국이 정통성을 이어받은 국가라고 하는 이유가 무엇인가?

☞ 대한민국은 3·1독립운동 정신과 대한민국임시정부의 법통을 이어받고 유엔에 의해 유일한 합법 정부로 국제적 승인을 받음으로써 5천 년 역사의 정통성을 계승하였습니다. 또한 태극기, 애국가, 무궁화 등 민족의 상징을

계승하였으므로 대한민국은 역사적·국제적으로는 물론 문화적으로도 정통성을 이어받은 국가임이 분명합니다.

20. 대한민국의 고도성장과 발전에 대해 발표하세요?

☞ 일제 식민통치와 6·25전쟁을 겪으며 지구촌 최빈국으로 전락한 대한민국은 '한강의 기적'을 일궈내며 오늘날 세계 10위권의 경제대국으로 급부상했습니다. 한강의 기적은 온 국민이 가난을 이기고자 혼연일체로 노력했던 불굴의 도전정신과 희생이 있었기에 가능했습니다. 여기에 자립경제의 틀을 갖추고 대외지향적인 수출 주도형 산업화정책을 적극적으로 추진했던 우리 정부와 기업가들이 있었습니다. 경제발전 과정에서 여러 차례 위기를 맞았으나 대한민국은 정부와 기업, 국민이 합심하여 이를 극복해내는 저력을 보여주기도 했습니다.

대한민국은 제2차 세계대전이 끝난 이후 독립한 국가 중 민주주의와 경제발전이라는 두 마리 토끼를 잡는데 성공한 대표적 국가입니다. 그리고 원조를 받는 나라에서 원조를 주는 나라로 그 위상이 격상되었습니다. 이제 우리는 더 큰 대한민국의 발전을 도모해야 합니다. 이를 위해 굳건한 안보태세를 갖추는 것은 우리 군의 몫입니다.

21. 우리나라가 단기간에 초고속 경제성장을 이룩한 요인은 무엇인가?

☞ 우리나라는 일제 강점기의 아픔과 6·25전쟁의 참화를 딛고 단기간에 국가를 재건하고 경제성장을 이룩했습니다.

우리나라가 이처럼 초고속 경제성장을 이룩할 수 있었던 것은 자유민주주의와 시장경제체제를 선택하고 정부와 기업, 국민이 혼연일체가 되어 국론을 결집하고 노력해왔기 때문입니다.

자유민주주의와 시장경제체제를 토대로 국민들은 가난에서 벗어나고자 노력하고 희생했으며, 기업가들은 열정과 개최자 정신으로 경쟁력 있는 기업을 만들었습니다. 또한 정부는 수출주도형 산업화 추진과 경제개발계획 수립에서 알 수 있듯이 효과적이고 적절한 경제발전 정책과 전략을 제시함으로써 국가의 역량을 결집시켰습니다.

22. 성장과 함께 분배도 중요하지 않은가?

☞ 1960년대부터 30여 년간 우리나라는 연평균 8%가 넘는 고도성장을 이루어 냈습니다. 모든 개발도상국의 개발 초기 당면 목표가 그렇듯이 당시 우리나라 또한 성장을 통한 전체적인 국가의 부(富), 즉 파이의 크기를 키우는 것이 최우선 목표였습니다. 국가경제에서 성장을 중시하면 분배가 악화되고, 분배를 중시하면 성장이 저하됩니다. 중요한 것은 성장 없이 분배만 이루어진다면 나눌 수 있는 파이가 줄어들어 결국은 사라진다는 점입니다.

1960~1970년대 당시 우리 경제는 국가의 부를 키우기 위한 성장촉진정책이 가장 시급한 과제였습니다. 과거 개발 초기에는 성장을 제1의 목표로 국가의 부를 키우는데 주력했다면 어느 정도 규모의 경제를 이룬 상황에서는 파이를 키우면서도 복지를 위한 분배에 많은 관심을 기울이는 것이 타당합니다. 오늘날 우리나라가 성장과 분배가 조화를 이룬 가운데 경제 민주화를 위해 끊임없이 노력하고 있는 것도 바로 그 때문입니다.

23. 자유민주주의체제의 우월성에 대해 발표하세요?

☞ 일제 식민통치와 6·25전쟁을 겪으며 지구촌 최빈국으로 전락한 대한민국은 '한강의 기적'을 일궈내며 오늘날 세계 10위권의 경제대국으로 급부상했습니다. 한강의 기적은 온 국민이 가난을 이기고자 혼연일체로 노력했던 불굴의 도전정신과 희생이 있었기에 가능했습니다. 여기에 자립경제의 틀을 갖추고 대외지향적인 수출 주도형 산업화정책을 적극적으로 추진했던 우리 정부와 기업가들이 있었다. 경제발전 과정에서 여러 차례 위기를 맞았으나 대한민국은 정부와 기업, 국민이 합심하여 이를 극복해내는 저력을 보여주기도 했습니다.

대한민국은 제2차 세계대전이 끝난 이후 독립한 국가 중 민주주의와 경제발전이라는 두 마리 토끼를 잡는데 성공한 대표적 국가입니다. 그리고 원조를 받는 나라에서 원조를 주는 나라로 그 위상이 격상되었습니다. 이제 우리는 더 큰 대한민국의 발전을 도모해야 합니다. 이를 위해 굳건한 안보태세를 갖추는 것은 우리 군의 몫입니다.

3면접장(개별면접): 인성평가(합·불합격 판정)

면접관은 사복 정장을 입은 예비역 장군(정책위원) 1명과 군종장교(대위)가 진행하며, 일반적인 질문 외에 1차 필기시험 때 본 인성검사(MMPI－Ⅱ 338문항) 결과와 제출한 자기소개서의 내용에 대한 질문도 한다. 다른 면접장과는 달리 합격 아니면 **불합격**으로 판정한다.

■ 최근 인성평가의 질문

1. 1분 동안 자기소개를 해 보시오.
2. 부사관의 덕목은 무엇인가?
3. 부사관의 역할은 무엇이라고 생각하는가?
4. 최근에 감명 깊게 본 영화나 책은 무엇인가?
5. 군 간부가 된다면 가장 잘할 수 있는 것과 하고 싶은 것은?
6. 가족간에 갈등이 생겼을 때 어떻게 해결을 하는가?
7. 부사관이라는 직업을 왜 선택했는가?
8. 자살을 생각해 본 적이 있는가?
9. 고등학교 때 결석이 많은데 무슨 일이 있었는가?
10. 지금까지 살아오면서 가장 보람을 느꼈던 일은?
11. 군인은 정신력이 중요한데, 지원자의 정신력은 어떠한가?
12. 자기소개서에 '지덕체를 고루 갖춘 부사관(장교)이 되고 싶다'고 했는데, 지덕체를 갖춘 부사관(장교)란 어떤 부사관(장교)라고 생각하는가?
13. 전투부사관학과 동기가 3명이나 왔는데 셋 중에 한 명이 떨어져야 한다면 누가 떨어져야 한다고 생각하는가?
14. 전방에 분(소)대장으로 부임하면 힘들텐데 어떻게 할 것인가?
15. 요즘 스트레스 받는 일이 있는가? 그러면 어떻게 풀 것인가?
16. 친구가 나의 뒷담화 한 것을 알았을 때 어떻게 대처할 것인가?
17. 군인이 되기 위해 갖춰야 할 가장 중요한 덕목은 무엇인가?
18. 성장 과정 중 가족이 지원자에게 어떤 역할을 했는가?

19. 이번에 떨어지면 어떻게 할 것인가?

20. 지원자의 좌우명을 설명해 보시오.

■ 실전 인성평가 질문 및 답변자료(예문)

1. 준비해온 얘기가 있으면 해봐라.

☞ 저에게는 많은 기회가 있었습니다. 육해공군을 선택할 기회가 있었으며 또한 부사관, 장교로 나누어지는 두 갈래 선택의 길에서 자신 있게 전투부사관을 선택하였습니다. 제가 만약 전투부사관이 된다면, 그동안 편안한 밤을 지냈고, 따뜻한 방에서 책을 읽었던 순간에 나 대신에 국방의 의무를 다하고 계셨던 분들의 입장이 되어서 혼신의 힘을 다해 저의 인생에서 가장 멋지고 자랑스러운 기간을 만들고 싶습니다.

2. 마지막으로 하고 싶은 말은?

☞ 저는 군 장학생이 되기 위해 지난 여름방학을 반납하고 대학 기숙사에 들어와 합숙하며, 교수님으로부터 도제교육을 받았습니다. 태어나서 정말 제일 열심히 공부하였습니다. 꼭 합격하여 군에 꼭 필요한 전투부사관이 되고 싶습니다. (도제교육: 교수가 알고 있는 모든 것을 제자에게 가르쳐 준다)

■ 유의할 점

자기소개서를 작성할 때 인성평가에 활용된다는 점을 유의해서 작성해야 하며, 면접 전에 자기소개서 내용을 다시 한번 보고 예상질문에 대한 답변을 준비해야 한다. 또한 필기시험 때 인성검사(MMPI) 시 자살 충동, 폭력 충동, 성격장애 등 군 간부로서 부적격 판정을 받을 소지가 있는 문항은 유의해서 답을 해야 한다.

자기소개서 작성은 이렇게 하세요(참고자료)

자 기 소 개 서 *(육군제시)*

가정 및 성장 환경	우리가정의 장점과 단점을 포함하여 "최대한 상세하게 작성하셔야 합니다." (300자 이내)
성장과정 (학교생활, 동아리활동, 학생회경험, 봉사활동 등)	중학교(포함)이후 가장 보람있었던 경험, 가장 어려웠던 경험을 포함하여 "최대한 상세하게 작성하셔야 합니다." (300자 이내)
자아표현 (성격, 국가관, 안보관, 좌우명, 인생관, 가치관 등)	본인의 장점과 단점, 성격의 장점과 단점, 가치관, 좌우명을 "최대한 상세하게 작성하셔야 합니다." (300자 이내)
지원동기 및 비전과 포부	최대한 상세하게 작성 (300자 이내)

위 내용은 진실만을 충실하게 작성하였음을 고지합니다.

2019년 **00** 월 **00** 일

작성자 성명 **홍 길 동** (서명 또는 날인) 홍길동

자 기 소 개 서*(평가 포인트)*

구 분	우수하게 평가	저조하게 평가
가정 및 성장 환경	• 가훈, 가족 자랑거리 • 안정적인 환경에서 성장 • 우수한 품성	• 갈등상황하 성장 • 평범하고 무난함만 강조
성장과정 (학교생활, 동아리활동, 학생회경험, 봉사활동 등)	• 리더 직책 유경험 • 모범적인 학교생활 • 대내외 표창수상 • 학창시절 간부/대표활동 • 학교 및 사회에 기여한 활동 • 귀감이 되는 자랑거리	• 조직활동, 리더경험 부족 • 장기결석, 징계, 가출 • 특이종교, 편향된 성격
자아표현 (성격, 국가관, 안보관, 좌우명, 인생관, 가치관 등)	• 국가관, 안보관 탁월 • 주요인물 희생정신 이해 • 좌우명 실천이해 공감 • 남다른 봉사활동 경험 • 긍정적인 인생관 • 건전한 종교생활	• 부정적 국가관, 안보관 • 개인 이기주의 • 통상적인 봉사활동 • 부정적인 사회관 • 희생정신 부족
지원동기 및 비전과 포부	• 본인의 적성고려 자발적 지원 • 부모의 적극 후원 • 국가관을 중심 군인의 모습 • 존경하는 군인상 언급 • 본인의 각오	• 타인에 의한 권유 • 가정형편 고려 지원 • 부모설득 지원 • 주관 없는 지원 • 자신의 적성과 무관

위 내용은 진실만을 충실하게 작성하였음을 고지합니다.

2019년 **00** 월 **00** 일

작성자 성명 **홍 길 동** (서명 또는 날인)

☞ **작성방법: 사실위주 명확하게 논리적으로 작성(면접 시 질문이 되어 돌아온다!)**

자 기 소 개 서*(예문 #1)*

가정 및 성장 환경	우리 가정은 **이기적인 사람**이 되지 말라고 하시는 아버지와 항상 **예의 바른 사람**이 되라고 하시는 어머니 밑에서 동생과 함께 자랐습니다. 장점은 **경청**을 잘해주십니다. 고민을 얘기하면 언제나 경청해주시고 조언을 해주십니다. 제가 부사관이 되어 분대장 역할을 수행할 때 병사들의 고민과 의견을 경청하고 바로 실행하겠습니다. 단점은 우직한 사람이 되길 원하시는 부모님이 내색을 잘해주지 않으십니다. 우직함은 주변상황에 쉽게 휘둘리지 않습니다. 제가 분대장이 되어서 혼란한 상황에서도 우직함으로 분대원들에게 믿음을 주는 부사관이 되겠습니다.
성장과정 (학교생활, 동아리활동, 학생회경험, 봉사활동 등)	제가 보람찼던 경험은 대학생활 중에 **대전보훈요양원에서 봉사활동**을 한 것입니다. 요양원 일손돕기 봉사를 하며 국가에 헌신봉사하신 분들을 뵙고 담소를 나누며 군인의 마음가짐을 배웠습니다. 저도 군인이 되어 나라에 헌신봉사하고 군인을 꿈꾸는 학생들에게 이 마음가짐을 전해주고 싶습니다. 제가 어려웠던 경험은 **학과의 임원직을 수행**하며 동기들의 의견을 조율하는 것이었습니다. 성장환경이 다른 친구들의 의견을 모으는 것은 쉽지 않았지만 성공적인 의견조율을 해내며 제가 부사관이 되어 부하들을 이끌어 리더십을 발휘해야 할 때 큰 도움이 될 것입니다.
자아표현 (성격, 국가관, 안보관, 좌우명, 인생관, 가치관 등)	저의 좌우명은 **역지사지**입니다. 포괄적이고 이타적인 부모님에게 자라 남을 먼저 생각합니다. 저의 장점은 타인의 관점에서 생각하는 습관이 있습니다. 의견을 말할 때 상대방의 의도를 충분히 이해한 뒤 포괄적인 의견을 냅니다. 단점은 자기주장이 약합니다. 포괄적으로 의견을 내려면 자기주장을 굽혀야 하기 때문입니다. 저의 성격은 **밝고 긍정적**입니다. 저는 항상 긍정적인 사고를 하도록 돕습니다. 단점은 한 가지 일에 심하게 몰두하는 것입니다. 일에만 몰두하여 다른 일을 잊는 경우가 있지만 할 일에 순서를 정하여 메모를 해두면서 극복하고 있습니다.
지원동기 및 비전과 포부	저는 중학교 때부터 군대에 관심이 많아 군대와 관련된 독서를 많이 했고 국방TV 시청도 즐겨했습니다. 군대에 대해 긍정적인 생각과 저의 성격이 군대가 맞는다고 생각하여 망설임 없이 부사관을 지원하였습니다. 제가 보병을 택한 이유는 많은 사람과 소통하며 저의 긍정적인 에너지를 퍼뜨릴 수 있다고 확신하기 때문입니다. 보병은 병사들과의 소통으로 작전을 잘 전파하는 것이 전쟁의 승패를 좌우한다고 생각합니다. 제가 부사관이 된다면 병사들의 의견을 경청하고 애로사항을 앞장서서 조치하는 늘 **병사와 소통하는 마음**으로 근무하는 부사관이 되겠습니다.

위 내용은 진실만을 충실하게 작성하였음을 고지합니다.

2019년 **00** 월 **00** 일

작성자 성명 **홍 길 동** (서명 또는 날인) 홍 길 동

자 기 소 개 서*(예문 #2)*

가정 및 성장 환경	어린 시절, 아버지는 저에게 남을 배려할 수 있도록 **역지사지**를 가르쳐 주셨고, 항상 긍정적으로 생각하고 행동해라라는 말씀을 해주셨습니다. 저는 성장하면서 남에게 사소한 한마디와 행동 하나하나를 하기전에 남의 입장이 되어 생각해보고 행동하는 습관이 생겼습니다. 이 습관이 생기면서 주변에 친구들이 많아진 것을 느낄 수 있었습니다. 평소에 힘든 일들이 생겨도 항상 긍정적으로 먼저 나서서 도와줌으로써 친구들과 좋은 관계를 유지할 수 있었습니다. 배려하는 마음을 가지고 누군가를 이끌 수 있는 리더십의 일부를 배울 수 있었습니다.
성장과정 (학교생활, 동아리활동, 학생회경험, 봉사활동 등)	**대전보훈요양원**을 방문하여 몸이 불편하신 분들이 사용하시는 샤워실을 청소하고 그분들의 손과 발을 닦아드리는 봉사활동을 하였습니다. 우리나라를 위해 위국 헌신을 하여 국민의 생명과 국가의 안보를 지켜주시다가 몸이 불편해지신 것을 생각하며 존경스럽다는 마음이 들었고, 이 분들이 계셨기에 군 간부를 꿈꿀 수 있는 지금의 내가 있구나라는 생각이 들어 봉사하는 내내 감사한 마음으로 임하였습니다. 봉사가 끝나고 이제는 조국을 지키기 위해서는 내가 힘써야겠다고 생각하였고, 이번 봉사를 통해 저의 꿈에 한걸음 다가간 것 같아 뿌듯하였습니다.
자아표현 (성격, 국가관, 안보관, 좌우명, 인생관, 가치관 등)	저는 낙천적인 성격으로 **친화력**이 뛰어납니다. 사람들과의 대화에 있어서 항상 긍정적인 자세를 유지했습니다. 자연스레 좋은 대인관계가 형성됨을 느꼈고, 많은 사람들에게 사교성을 인정받아, 하는 일들에 자신감이 생겨 도전하고 싶은 것들이 많아졌습니다. 도전을 하려면 두려움을 떨쳐낼 수 있는 나의 의지와 결단이 가장 필요하다고 느꼈습니다. 그래서 저는 의지력과 결단력 있는 오늘을 살기 위해 **"절대 어제 같은 오늘은 없다"**라는 좌우명을 지었습니다. 어제보다 자신 있는 도전으로 정상을 바라보는 오늘을 살 수 있는 군 간부가 될 것입니다.
지원동기 및 비전과 포부	**국립대전현충원**을 방문해 봉사활동을 하고 나라 국방에 대한 강연을 듣고 국가 안보를 지키고 국민의 생명과 재산을 보호할 수 있는 군인의 꿈을 갖게 되었습니다. 그래서 대학에서 군사 관련 역사와 무기체계 등을 공부하고, 제가 부사관이 적성이 맞는다고 느꼈습니다. 또한 체력운동을 매일매일 하고 **태권도 3단 단증**을 취득했습니다. 부하들에게 태권도를 가르치고 체력운동을 꾸준히 하도록 이끌 수 있는 군 간부가 될 것입니다. 제가 군에 가서 유사시 내가 먼저 나아가 부하들을 이끌 수 있는 전투 부사관이 되기 위해 지원하였습니다.

위 내용은 진실만을 충실하게 작성하였음을 고지합니다.

2019년 **00** 월 **00** 일

작성자 성명 **홍 길 동** (서명 또는 날인) 홍길동

자 기 소 개 서*(예문 #3)*

가정 및 성장 환경	저는 **책임감 있는 삶**을 살아왔습니다. 가족들은 모두 항상 책임감 있게 행동하고, 저 역시 자연스럽게 책임감 있게 행동하는 것을 보고 배우며 자랐습니다. 그러다 보니 책임감 있게 행동하는 것이 얼마나 중요한 것인지 알게 되었고 모든 일에 책임감을 가지고 행동하며 자라왔습니다. 사례로 고등학교 때 남들이 꺼려하는 청소하기 힘든 구역을 맡아 책임감 있이 단 하루도 빠지지 않고 꾸준히 청소를 하여 고등학교 1~2학년때 **봉사상을 표창**받기도 했습니다.
성장과정 (학교생활, 동아리활동, 학생회경험, 봉사활동 등)	고등학교시절 **학급반장과 선도부**를 했던 경험이 있습니다. 반장으로서 등교 길에 친구들을 깨워 같이 등교하고 학교생활은 선도부장 활동을 하며 교칙을 준수하며 모범적으로 생활하였습니다. **대전 보훈요양원**에서의 봉사활동은 제 기억속에 오래남는 경험이었습니다. 보훈요양병원에 계시는 대다수의 어르신분들이 6.25 참전용사 이셨습니다. 다만 아쉬운 점은 어르신들과 얘기를 많이 못한 것이 아쉬움으로 남지만 할아버지께서 제가 열심히 봉사활동을 하는 것을 보시고 **"학생같은 사람이 군인되면 참 좋겠어"**라는 말을 듣고 군인에 대한 관심을 갖게 되었습니다.
자아표현 (성격, 국가관, 안보관, 좌우명, 인생관, 가치관 등)	저는 **합기도 유단자**입니다. 고등학교 늦게 시작하였지만 끊임없는 노력으로 도대표 선수생활을 하였고 그 결과로 전국대회 은메달을 쟁취하였습니다. 도장에서 사범님을 대신하여 애들을 가르치며 리더십을 기르고 여러 사람 가르치는 방법을 길렀습니다. 분대장이 되어 이러한 저의 능력을 발휘하여 분대원들의 전투능력을 향상시키고 강한 군사력에 이바지하도록 노력하겠습니다. 좌우명은 **실패를 두려워 하지말라** 입니다. 무엇이든지 성공이 있으면 실패가 있기 마련입니다. 하지만 실패가 무서워 도전을 못한다면 이룰 수 있는 게 없습니다. 실패를 한다면 실패한 이유를 다시 되짚어 보고 문제점을 보안해서 도전한다면 이루지 못할 게 없습니다. 이런 의지를 가지고 대한민국 육군 부사관이 되어 실패를 두려워 하지 않고 도전하는 강한 정신력을 지닌 부사관이 되고 싶습니다.
지원동기 및 비전과 포부	저는 **합기도 2단과 태권도1단**입니다. 육군은 국가방위에 중심이며 특공보병은 두 다리로 뛰는 병과입니다. 건강한 저에게는 최상의 병과입니다. 뛰면서 땀흘리고 운동하는 것을 좋아하고 걸어서 새로운 길을 찾아 가는 것을 좋아해서 특공보병에 지원했습니다. 저는 다른사람 앞에서 발표하는 것을 좋아하고 남을 가르칠 때 보람을 느끼기 때문에 육군부사관학교 교관이 되고싶습니다. 그러기위해서는 부사관학교에 입교해 상위권으로 임관하는 것이 첫 번째 목표이며 두 번째로는 부사관학교 교관이 되면 **최전방 GOP부대에서 전투부사관**에 경험을 살려 제가 알고 있는 모든 지식을 부사관후보생들에게 가르쳐주고 부족한 부분을 보완해주고 잘하는 점은 칭찬을 하여 그 누구보다 강인하고 존경받는 최고의 전투부사관을 배양하고 싶은 꿈이 있습니다.

위 내용은 진실만을 충실하게 작성하였음을 고지합니다.

2019년 **00** 월 **00** 일

작성자 성명 **홍 길 동** (서명 또는 인) 홍길동

부사관 상(像)

"군 전투력 발휘의 중추"로서
국가에 대한 헌신과 봉사의 자세로
부여된 역할에 정통하도록 전문성을 구비하고,
충만한 전사기질로 전투에서 승리하고
부대전통을 계승 · 발전시키는 부사관

부사관의 행동강령

"나는 자랑스러운 육군 부사관이다."

하나, 나는 전술전기를 연마하여 부하들과 함께
전투에서 승리를 이끌겠다.
하나, 나는 전투기술을 행동으로 보여주고
부하들이 숙달하도록 훈련시키겠다.
하나, 나는 전투 장비를 효율적으로 관리하여
상시 전투 준비태세를 유지하겠다.
하나, 나는 장교를 성실히 조력하고
솔선수범으로 군기를 유지하겠다.
하나, 나는 지휘관을 중심으로 화합 · 단결하고
조직에 헌신하는 기풍을 진작하겠다.

"정통해야 따른다."

부사관학교 교훈

충용
(忠勇)

충용은 위국헌신의 충성과 진정한 용기로써 군인이 갖추어야 할 최고의 정신덕목이다.
『필생즉사 필사즉생(必生則死, 必死則生)』의 충무공 정신이요.
육탄 10용사 정신이므로 모든 부사관은 충용의 군인관을 우선적으로 확립해야 한다.
이에 따라 부사관 학교의 애칭을 "충용대"라 하였다.

인애
(仁愛)

인애는 유사시 부하로부터 위국헌신의 충성과 진정한 용기를 발휘하게 하는 "상하동욕자승(上下同欲者勝)"의 원동력이다.
따라서 모든 장병은 진정한 상하 골육지정의 사랑과 존중을 실천해야 한다.

신의
(信義)

신의는 『화합 · 단결』의 결실을 맺는 원동력이다.
전장에서 충용, 인애를 실현시키는 핵심임을 명심하고, 전 장병은 자기 자신의 정직을 바탕으로 상하 동료, 전우를 최선을 다해 섬겨야 한다.

제4장

주제별 학습자료(개인발표 및 집단토론)

국가관[1)]

1. 국가란 어떤 의미입니까?

☞ 국가의 구성 요소는 영토·국민·주권이며, 국가의 역할은 국민의 안전 보장과 삶의 질을 향상시키는 것이며, 어떠한 경우에도 내가 지켜야 할 가족과 같은 존재이다.

2. 국민의 군대란 어떤 의미입니까?

☞ 국민의 사랑과 신뢰를 받는 군대라는 의미이며, 군대는 국민의 생명과 재산을 보호하는 신성한 임무를 수행하는 국민의 군대가 되어야 한다.

3. 우리나라 역사 중 가장 자랑스러운 것은?

☞ 홍익인간의 건국이념, 수·당나라와 몽골의 침략을 물리친 호국 정신, 3·1운동을 통한 민족 항쟁, 의병–독립군–광복군으로 이어지는 민족 수호의 역사를 자랑스럽게 생각한다.

4. 대한민국의 정통성은?

☞ 3·1운동의 정신과 임시정부의 법통은 계승했다는 의미에서 역사적 정통성을, 자유민주주의와 시장경제 체계를 표방하고 있다는 면에서 정치

1) 김정필, 「장교·부사관선발 면접 필수노트」, 시대고시기획, 2017, pp.25~45. 참고하여 재정리.

적 정통성을, 유엔과 미국을 비롯한 50여 개국으로부터 승인 받았다는 점에서 국제적 정통성을 갖추고 있다.

5. 대한민국의 영토의 범위는?

☞ 대한민국 헌법 제3조에 우리 영토는 "한반도와 그 부속 도서로 한다."고 명시되어 있다. 따라서 북한 전 지역과 독도도 우리의 영토에 속한다.

6. 독도 영주권 주장 및 위안부 문제 등 일본의 역사왜곡에 대한 견해는?

☞ 독도는 삼국사기, 동국여지승람, 일본총독부 공식문서 등에서 우리 영토라는 사실이 명백하게 밝혀졌으며, 일본군이 조선 여성을 강제로 동원하여 성적 노리개로 삼았다는 것은 생존해 계시는 위안부 할머니들의 생생한 증언, 당시 일본의 전쟁 문서 등에서 명백하게 밝혀진 역사적 사실이다. 우리 국민들은 반성할 줄 모르고 뻔뻔하게 구는 일본의 역사 왜곡에 대해 단호하게 대응해야 한다고 생각한다.

7. 중국이 주장하는 동북공정이란?

☞ 동북공정이란 중국의 동북지역, 특히 고구려·발해 등 한반도와 관련된 역사를 중국의 역사로 만들기 위한 역사왜곡 프로젝트이다. 중국은 고구려를 자기네 소수민족으로 역사를 왜곡하여 한강 이북지역이 역사적으로 자기네 땅이라고 주장하고 있다. 이는 한반도가 통일되며 중국과 영토분쟁의 소지가 있는 만큼 중국의 역사왜곡에 대해 온 국민이 단결하여 단호하게 대처하여야 한다.

8. 남북통일은 꼭 필요한 것인가?

☞ 훼손된 민족의 정체성 회복, 대결 구도 청산에 따른 안보 위협 해소, 국가 발전의 새로운 원동력 확보, 남북 구성원 모두의 자유와 인권·행복 보장 등을 위해 남북통일은 반드시 이루어야 할 국가적 과제이다.

9. 북한이 주장하는 고려민주연방제란?

☞ 남북이 서로 다른 사상과 제도 위에 연방공화국을 만들자는 것으로, 한반도 적화통일을 실현하기 위한 대남 전술에 불과하다. 선결요건으로 국가보안법 철폐, 주한미군 철수, 정전협정을 폐기하고 평화협정 체결, 공산당합법화 등을 주장하고 있기 때문에 고려민주연방제는 절대 수용할 수 없는 것이다.

10. '6·25전쟁은 북침'이라는 주장에 대한 본인의 생각은?

☞ 6·25전쟁은 김일성이 스탈린의 사주를 받아 한반도 공산화를 위해 남침했다는 것은 북한군의 정찰명령 1호, 후루시초프와 스탈린의 회고록 등에서 입증된 역사적 사실로, 북침설은 일고의 가치도 없는 것이다.

11. 국가보안법 철폐 주장에 대한 본인의 생각은?

☞ 국가보안법 철폐는 북한이 한반도 적화통일을 하기 위해 지속적으로 주장하고 있는 것이다. 국가보안법이 철폐되면 이적 행위를 해도 처벌할 수 있는 법적 근거가 사라지게 되므로 국가보안법 폐지는 북한의 대남 적화전략에 휘말리는 것이다.

12. 해외 파병에 대한 본인의 생각은?

☞ 국제사회의 도움을 받아 6·25전쟁의 비극을 극복한 우리가 이제 국제사회에 적극적으로 기여하는 것이 바람직하며, 국위 선양과 국가 이익을 위해 적극적으로 해외파병을 한다고 생각한다.

13. 군인의 정치 개입에 대한 본인의 의견은?

☞ 군인은 정치에 개입해서는 안 된다. 군인복무기본법에도 군인은 정당이나 그 밖의 정치 단체의 결성에 관여하거나 가입할 수 없도록 규정되어 있다.

14. 방산 비리에 대한 본인의 의견은?

☞ 국가안보를 위협하는 이적 행위, 국민의 군대로서 신뢰를 잃는 행위, 군인의 명예를 훼손하는 행위로 절대 있어서는 안 될 일이다.

15. NLL에 대한 지원자의 의견은?

☞ NLL은 북방한계선으로 서해 5개 도서와 북한지역과 중간선을 기준으로 설정되어 60여 년 동안 북한 스스로 인정하고 준수하여 왔습니다. 최근 북한 NLL을 분쟁화 하여 북한에게 유리한 해상경계선을 설정하려고 하는 의도와 해산물 확보의 경제적, 정치적, 효과를 노리고 있어 더욱 감시를 강화해야 한다고 생각합니다. NLL에서 북한의 침략행위는 단호하게 응징해야 한다고 생각합니다.

안보관

1. 김정은의 조선노동당 위원장, 국무위원회 위원장 취임의 의미는?

☞ 당과 군의 장악하여 1인 독재 체제를 완성한 것으로 풀이되며, 권력을 독점한 김정은은 앞으로도 계속 북한 주민의 삶은 외면한 채 핵실험 및 탄도미사일 발사 등 대남적화 전략과 무자비한 정적 숙청으로 권력 유지에 몰두할 것이다.

2. 북한의 핵무기 개발 목적은?

☞ 한반도 적화통일, 김정은 독재 정권 유지, 경제난과 식량난 등으로 인한 주민 불만을 잠재우기 위한 내부 결속용이다.

3. 우리에게 가장 큰 위협이 되는 적은?

☞ 북한군이며, 김정은 정권과 이를 지원하는 북한군은 우리의 생존과 번영을 위협하는 적이다.

4. 김정은 정권의 성격은?

☞ 김정은 정권은 1인 독재, 일당 독재, 3대 세습 봉건 왕조체제로 정통성이 결여된 정권이다.

5. 북한군의 취약점은?

☞ 1인 지휘통제 체계. 노후화된 무기체계, 정보 능력 열세, 인민군 병사들의 영양 부족 등으로 인한 사기 저하이다.

6. 북한군의 비대칭 위협이란?

☞ 핵 및 화생무기 등 대략 살상무기(WMD), 미사일 및 장사정포, 특수부대, 사이버전부대 등이다.

7. 북한이 주한미군 철수, 국가보안법 철폐, 한미 연합훈련 중지를 지속적으로 요구하는 이유는?

☞ 우리의 안보 능력과 대비태세를 약화시켜 한반도를 적화통일하기 위한 대남 적화전략의 일환이라고 생각한다.

8. 북한의 NLL 침범, 핵무기로 선제타격 등의 도발과 위협에 대한 우리의 대응 자세는?

☞ 각자의 위치에서 상시 전투준비태세를 완비하고, 강인한 교육·훈련을 통해 적 도발 시 단호하게 대응하여야 하며, 이를 위해 대적관 확립을 위한 정신무장이 중요하다.

9. 북한의 핵실험과 탄도미사일 발사의 의도와 목적은?

☞ 한반도 적화통일, 김정은의 1인 독재체제 유지, 경제난 등 내부 불만으로 인한 정권 붕괴를 방지하기 위한 목적이다.

10. 핵·경제 병진 노선이란?

☞ 김정은이 핵무기 새발을 절대로 포기하지 않겠다는 정책이며, 주민의 삶을 전혀 고려하지 않고 국제 사회로부터 스스로를 고립시키는 무모한 정책이라고 생각한다.

11. 최근 북한의 고위 장성 및 해외 근로자 대량 탈북 현상에 대한 본인의 생각은?

☞ 핵실험과 탄도미사일 발사 등 대남 적화전략 야욕으로 인한 격심한 경제난과 공개처형과 무자비한 숙청 등 인권 유린에 대한 두려움과 불안감 때문에 발생한 것이라고 생각하며, 이러한 대량 탈북 현상은 더욱 가속화될 것이라고 생각한다.

12. 우리나라 국방비 규모는 어느 정도인가?

☞ 2019년 우리나라 국방비는 46조 6,971억원이며, 이 중에서 전력건설을 위한 방위력개선비는 15조 3,733억원으로 알고 있다. 이는 전년 대비 13.7% 증액된 것이며, 한국형 3축체계, 차세대 무기체계를 전력화하기 위해 5조 691억원을 확정하였다.
한국형3축체계란? 국방부 핵심과제인 '킬체인'과 '한국형미사일방어(KAMD)', '한국형대량응징보복(KMPR)' 등이다.

13. 미국 도널드 트럼프 대통령이 한국에 대해 동맹국으로서 무임승차 하고 있다며 한국이 주한미군의 주둔 비용을 전액 부담하게 하겠다는 공약을 내세웠는데, 이에 대한 본인의 생각은?

☞ 한국은 매년 1조 389억원 정도의 방위비 분담금을 지원하고 있다. 방위비 분담 문제로 한·미 동맹 체제의 근간이 흔들리지 않도록 유의해야 한다.

14. 주한미군 철수에 대한 본인의 생각은?

☞ 주한미군은 한반도 대북 억제의 핵심 전력이며, 북한의 김정은 정권이 6차례나 핵실험을 하는 등 안보 위협이 고조되고 있는 상황에서 주한미군 철수는 국가 안보에 전혀 도움이 되지 않는다.

15. 주한미군 사드 배치, 제주 해군기지 및 평택 미군기지 건설 등과 같은 국책 사업에 지역 주민들의 반대가 심했는데, 이에 대한 본인의 생각은?

☞ 주한미군 사드 배치 등의 국책 사업은 현존하는 북한의 위협에 대비하기 위한 것이므로 지역 이기주의로 인해 사업에 차질이 생겨서는 안 될 것이다. 대신 정부와 지역주민들 간에 원활한 협상을 통해 추진되어야 하며, 북한의 도발 위협이 고조되고 있는 시점에서 국민들의 안보 의식 제고를 위해서도 꼭 추진되어야 한다고 생각한다.

16. 전시작전통제권 전환 연기에 대한 본인의 생각은?

☞ 북한의 핵실험 등 한반도에서 안보 위협이 가중되고 있는 상황에서 지금 당장 전시작전통제권을 전환하는 것보다 조건이 성숙될 때 추진하는 것이 바람직하다고 생각한다.

17. SOFA란 무엇인가?

☞ 'Status of Forces Agreement'의 약자로, '주둔군 지위협정' 혹은 '한·미 행정협정'이라고 하며, 우리나라에 주둔하고 있는 미군의 법적 지위를 규정한 것으로 한국과 미국 간에 체결된 협정이다. 주한미군의 범죄와 환경오염 등의 문제가 최근 주요 쟁점 사항이다.

18. NLL이란?

☞ 북방한계선(NLL, Northern Limit Line)은 1953년 유엔군 사령부가 정전협정 체결직후 서해 5도(백령도~대청도~소청도~연평도~우도)를 따라 그은 해상 경계선을 말한다. 그런데 북한은 서해 NLL의 경우 유엔사가 일방

적으로 선언했을 뿐이라며 이를 인정하지 않고 있다.

19. 국방부, 합참, 한·미 연합사, 육·해·공군 본부의 역할은?

☞ 국방부는 군령권과 군정권을 행사하는 행정부이며, 합참은 군령권을 행사하는 최고 작전사령부이며, 육·해·공군 본부는 전쟁지속능력 보장과 교육훈련 등 군정권을 행사하는 각 군 본부이다.

20. 육군의 편성은?

☞ 육군본부와 지상군 작전사령부(강원도·경기도 지역 담당) 및 육군제2작전사령부(후방지역 담당) 예하에 군단, 사단, 연대, 대대, 중대, 소대, 분대로 편성되어 있다.

군인정신

1. 군인의 가치관에 대해 말해 보시오?

☞ 한 마디로 '군인정신'이라는 맥락으로 귀결된다. 진정한 군인정신은 명예, 충성심, 용기, 필승의 신념, 임무 완수, 애국·애족심이다.

2. 군인에게 충성심이란?

☞ 충성이란 '진실한 마음으로 자신의 정성을 다하는 것'을 의미한다. 충성은 군인의 가장 중요한 덕목이며, 진정한 충성은 국가에 대한 충성, 상관에 대한 충성, 임무에 대한 충성으로 이어진다고 생각한다.

3. 군 간부의 가장 중요한 덕목은?

☞ 애국심, 충성심, 희생정신, 책임감, 군사 전문성, 도덕성 등이다.

4. 상관이 부당한 지시를 할 경우에 어떻게 하겠는가?

☞ 군인은 상관의 명령에 복종해야 할 의무가 있으므로 일단 지시에 따르고, 상관의 지시가 도저히 이해가 안 갈 경우에는 대화와 소통을 통해 상관의 의도를 정확하게 이해하려고 노력할 것이다.

5. 과도한 업무 스트레스로 탈영하고 싶을 때 어떻게 하겠는가?

☞ 먼저 내가 무엇이 부족한가를 돌아보고 좀 저 도전적으로 적극적인 마음가짐으로 군 생활을 한다면 스트레스를 줄일 수 있을 것이다. 업무로 인해 스트레스가 쌓일 때, 일을 피하지 말고 차라리 즐기겠다는 마음을 가지면 탈영과 같은 극단적인 선택은 하지 않을 것이다.

6. 잦은 야근 등 상관으로부터 감당하기 어려울 정도의 업무를 요구받았을 때 어떻게 하겠는가?

☞ 군대 생활이 힘든 이유는 육체와 정신이 약하고 업무에 정통하지 못하기 때문일 것이다. 따라서 강한 정신력과 체력 단련, 군사 전문 지식을 함양하기 위해 적극적으로 노력할 것이다.

7. 우리나라 국군통수권자는 누구인가?

☞ 우리나라 국군통수권자는 대통령이다.

8. 얼마 전 육군 대위가 SNS에서 대통령을 비방한 사건이 발생했는데, 이에 대한 의견은?

☞ 대통령은 국군 통수권자이기 때문에 대통령을 비방하는 것은 곧 상관을 비방하는 것이므로 군인복무기본법에 저촉되는 것이다. 이런 이유로 그 대위는 군법에 회부되어 처벌을 받은 것으로 알고 있다.

9. 군내 집단행동에 대한 본인의 생각은?

☞ 군내 집단행동은 용납될 수 없다. 군인복무규율에 집단으로 상관에게 항의하는 행위나 집단으로 정당한 지시를 거부하거나 위반하는 행위를 금지하고 있다.

10. 군복을 입는 것을 자랑스럽게 여기는가?

☞ 군복은 신성한 국방의 의무를 수행할 자격을 갖추고 신체적으로나 정신적으로 건강한 사람만이 입을 수 있기 때문에 매우 자랑스러운 것이라고 여긴다.

11. 간부로서 군 복무의 의미는?

☞ '위국헌신(爲國獻身) 군인본분(軍人本分)'이라는 글귀에서처럼 안보와 국민의 생명을 지키는 신성한 임무를 수행함으로써 국가와 사회로부터 높은 가치를 인정받을 수 있다는 점에서 큰 의미가 있다고 생각한다.

12. 육군의 5대 가치관은?

☞ 충성, 용기, 책임, 존중, 창의 등이 있다.

13. 이순신 장군에게 본받아야 할 점은?

☞ 국가와 민족에 대한 진정한 충성심, 어떤 악조건 하에서도 전투를 승리로 이끈 임무완수의 정신 및 희생정신을 꼽을 수 있다.

14. 대학에서 부사관이 되기 위해 무엇을 배우고 있는가?

☞ 전쟁사, 군리더십, 무기체계론, 국가안보론, 군대윤리, 군사학개론, 군사법, 상담심리론, 태권도, 국방체육 등 군사학 전공과목과 군부대 현장실습 및 인성교육 등을 통해 부사관으로서 갖추어야 할 올바른 품성과 국가관, 안보관, 리더십 배양을 위해 매진하고 있다.

15. 학과 교수님이 면접 준비를 위해 어떤 도움은 주었는가?

☞ 우리 학과 교수님은 저의 롤모델입니다. 군사학 박사이신 ○○○교수님과 전 육군 주임원사를 역임하신 ○○○교수님께서 군 간부로서 갖춰야 할 덕목과 군사학분야의 전문지식을 가르쳐주셨으며 면접 진행방법, 자세 및 태도 등 면접 일반에 대한 깊이 있는 강의를 해주셨고, 또 주제 발표와 집단 토론 면접에 대비하여 개념 노트를 작성하는 방법을 알려주셨고, 여름방학기간 학생들과 함께 실전면접 연습을 지도해 주시는 등 많은 도움을 주셨습니다.

리더십

1. 군 조직의 특성은?

☞ 군은 임무 완수를 우선하며, 적을 격멸하고 국민의 생명과 재산을 보호하며, 명령에 대한 절대복종, 엄정한 군 기강, 단결 및 협동을 중시한다.

2. 부사관(장교)로 임관한다면 어떻게 부하들을 통솔할 것인가?

☞ 계급에 의존하거나 권위가 아니라 자발적 복종을 유도하고, 부하들과 동고동락하며, 솔선수범하고, 말보다 행동이 앞서는 리더십을 발휘할 것이다.

3. 만약 부하가 명령과 지시를 따르지 않는다면 어떻게 조치할 것인가?

☞ 상명하복의 기강을 확립하기 위해 법과 규정에 의거 엄중하게 조치하고, 명령과 지시를 따르지 않는 근본적인 이유를 정밀하게 진단한 후 합리적인 대책을 강구할 것이다.

4. 알아듣게 말을 해도 지시에 따르지 않고, 똑같은 잘못을 반복하는 부하가 있다면 어떻게 조치하겠는가?

☞ 법과 규정에 의거 엄정하고 단호하게 조치할 것이다. 필요하다면 규정에 따라 얼차려를 줄 수도 있다. 아울러 무엇을 잘못했는지 자세하게 설명해주고, 재발 방지를 위한 정신 교육을 강화할 것이다.

5. 부하들이 나를 따돌린다면 어떻게 할 것인가?

☞ 내게 주어진 책임을 다하지 못할 때 부하들로부터 따돌림을 당할 수 있다. 따라서 계급이나 권위 대신 희생정신, 솔선수범, 말보다 행동으로 부하를 통솔하고, 군사 전문성 향상을 위해 더 많이 노력해야 할 것이다.

6. 부하에게 자살 징후가 보이면 어떻게 조치할 것인가?

☞ 목숨이 달린 긴급 사항이므로 먼저 상급자에게 보고하고, 감시 및 관찰 강화로 자살을 방지해야 하며, 면담과 소통을 활성화하는 등 지속적으로 자살을 예방할 수 있도록 노력해야 할 것이다.

7. 소대 내에서 성추행이 발생할 경우 어떻게 하겠는가?

☞ 우선 법과 규정에 의거해 엄중하고 단호하게 처벌하고 면담, 취약 시간대 불시 순찰, 사고 예방 및 군법 교육 등 예방 활동의 강화를 위해 노력해야 할 것이다.

8. 군 기강 확립을 위해 '구타는 필요악' 이라는 주장에 어떻게 생각하는가?

☞ 구타 및 가혹 행위, 언어폭력, 인격모독. 성희롱, 성추행 및 성폭행 등은 어떤 이유로도 정당화될 수 없다, 구타는 악성 사고를 유발하는 근본적인 원인이며, 구타로 군기강을 세운다는 발상 자체가 잘못된 것이다.

9. 군 장학생으로서 친구가 불량배에게 얻어맞고 있다면 어떻게 할 것인가?

☞ 먼저 친구를 보호하기 위해 모든 노력을 다할 것이다. 폭력으로 맞대응할 경우 심각한 문제를 일으킬 수 있으므로 경찰 혹은 주변 사람에게 도움을 요청하고, 친구와 함께 가능한 빨리 자리를 피해서 폭력 사건에 휘말리지 않도록 해야 한다.

10. 군대 생활에 적응하지 못하는 신병이 있다면 어떻게 지도할 것인가?

☞ 면담과 소통을 자주해서 애로 사항을 파악해 조치해 주고, 마음에 맞는 후견인을 선정하여 빨리 적응하도록 도움을 주는 등 마음의 안정을 찾을 때까지 특별 관리 프로그램을 운영할 것이다.

11. 구타 및 가혹 행위 등 병영 부조리 해결 방안은?

☞ 병영 부조리는 뿌리 뽑지 못하면 독버섯처럼 퍼질 수 있다는 마음가짐으로 부단한 색출 활동을 멈추지 말아야 할 것이며, 그 외에도 정신교육 및 사고 예방 교육을 강화하여 병영 부조리를 사전에 차단해야 할 것이다.

12. 선 조치 후 보고란?

☞ 긴급 사항이 발생할 경우 먼저 즉각 대응한 후 상급 부대에 보고하는 개념이다. 특히 북한군의 도발이나 인명 손실이 우려되는 사고가 발생할 경우 선조치 후보고 개념을 적용하여 즉각적으로 행동해야 할 것이다.

13. 군내 병사들의 휴대폰 사용 통제에 대한 의견은?

☞ 군사 보안이 취약해질 우려가 있으므로 각별한 유의가 필요하다고 생각한다. 이런 문제점이 해결될 수 있다는 전제 하에 병사들의 휴대폰 사용은 사회와의 단절감 등을 해소할 수 있는 장점이 있으므로 적극적으로 검토해 볼 필요는 있다고 생각한다.

개인에 관한 질문

1. 1분 정도 자기소개를 해 보시오.

☞ 자신의 강점, 각오와 의지 등을 포함해야 한다.

2. 지원 동기는?

☞ 군인이라는 직업의 가치와 각오 및 다짐 등을 포함해야 한다.

3. 본인의 장점과 단점은?

☞ 장점: 정신력과 체력이 강함, 긍정적이고 적극적인 마음가짐, 책임감이 강함, 말보다는 행동을 중요시함, 존중과 배려의 마음 등

단점: 추진력이 너무 강해 다소 무리를 하는 경향이 있음. 남의 부탁을 거절하지 못하는 성격 등(고치기만 하면 오히려 장점이 될 만한 내용으로 답변한다)

4. 인생관은?

☞ 헌신, 봉사, 희생 등을 포함해야 한다.

5. 가치관은?

☞ 헌신, 봉사, 희생 등을 포함해야 한다.

6. 군대 생활의 목표는?

☞ 주임원사가 되는 것이 군 생활의 목표라는 등 출세 지향적인 답변을 하지 않도록 유의한다.

7. 좌우명은?

☞ 존중, 배려, 협력, 봉사, 헌신 등을 포함해야 한다.

8. 본인의 이미지를 한마디로 표현한다면 어떤 것인가?

☞ 존중, 배려, 협력, 봉사, 헌신, 희생 등을 포함해야 한다.

9. 존경하는 인물은?

☞ 왜 존경하는지에 대한 이유까지 설명할 수 있도록 준비한다.

10. 취미는?

☞ 동적인 취미와 정적인 취미 2가지를 제시한다.

11. 감명 깊게 읽은 책 혹은 영화는?

☞ 영화 혹은 책의 줄거리를 기초로 답변한다.

12. 요즘 젊은이들의 가장 큰 고민은?

☞ 졸업 후 취업에 대한 걱정, 자기가 하고 싶은 일을 하면서 살 수 있을까라는 고민을 가장 많이 하는 듯하다. 다행히 자신은 부사관(장교)이 되겠다는 뚜렷한 목표가 있어 이런 고민은 하지 않는다.

13. 체구가 왜소한데 군 생활을 제대로 할 수 있겠는가?

☞ 체구는 왜소해 보이지만 육체적으로나 정신적으로 건강하다고 자부한다. 지난 1년 동안 한 번도 아픈 적이 없었고, 또 매일 체력단련을 하고 있어 어느 누구보다 잘 할 자신이 있다.

14. 고등학교 성적이 안 좋은데, 부사관이 될 수 있겠는가?

☞ 고등학교 때 공부보다 운동이나 동아리 활동 등에 치중하다 보니 성적이 좋지 않다. 하지만 전투부사관과에 입학한 이후 그 누구보다도 열심히 학업에 임하고 있어 유능하고 멋진 군 간부가 될 자신이 있다.

15. 고등학교 때 결석을 많이 했는데, 그 이유는?

☞ 사춘기 때 잠시 중심을 잃고 방황한 탓에 결석을 많이 했다(질병 등 다른 사유가 있다면 솔직하게). 지금은 전투부사관과에 입학하여 군 간부가 되기 위해 군사학, 정신력, 체력 등을 연마하면서 그 어느 누구보다도 성실하게 생활하고 있다.

16. 죽마고우의 여자 친구가 나와 사귀자고 한다면 어떻게 하겠는가?

☞ 좋은 친구를 잃고 싶지 않으며, 죽마고우의 여자 친구를 사귄다는 것은 도덕적으로 옳지 않기 때문에 단호하게 거절할 것이다.

17. 전국의 많은 부사관과 중에서 지금 대학에 입학한 이유는?

☞ 홈페이지와 직업군인인 친척 및 재학생 선배들에게 문의해 본 결과 ○○대 전투부사관과 군 간부양성 프로그램이 좋고, 특히 경륜과 식견이 뛰어난 교수님들이 학생들을 친자식들처럼 지도하고 계신다는 말을 듣고 입학하였다.

18. 마지막으로 하고 싶은 말은?

☞ 강점, 열정, 신념 및 각오를 1분 정도 피력할 수 있도록 준비한다.

최근 사회 이슈

1. 주한미군의 사드(THAAD)배치에 대한 본인의 생각은?

☞ 북한의 핵무기와 탄도미사일 위협이 고조되고 있는 현재 상황을 고려할 때 주한미군의 사드 배치는 국가 안보에 절대적으로 필요하다고 생각한다.

2. **브렉시트란?**

☞ 영국이 유럽연합(EU)로부터 탈퇴한다는 신조어이다. 영국은 브렉시트로 고립주의로 빠져들고 있다는 비판이 많은 이때에 우리 경제가 타격을 입지 않도록 지혜와 단결이 필요하다.

3. **최근 도서 지역 여교사가 주민들로부터 성추행을 당한 사건이 발생했는데, 이에 대한 생각은?**

☞ 사회뿐 아니라 군내에서 어떠한 이유로도 성희롱, 성추행 및 성폭행은 허용되어서는 안 되며, 이와 관련하여 장병들에 대한 교육을 강화하여 군내에서 만큼은 이런 일이 발생하지 않도록 철저한 예방 대책을 갖추고, 만약 이런 일이 발생한다면 법과 규정에 의해 엄중하게 조치해야 한다고 생각한다.

4. **최근 해병대에서 선임병이 후임병에게 토할 정도로 많은 음식을 강제로 먹이는 '음식고문' 사건이 발생했는데, 어떻게 생각하는가?**

☞ '음식고문'은 교묘한 가혹 행위로 절대로 허용될 수 없는 것이다. 군인복무기본법과 병영생활 행동강령에도 식고문과 같은 가혹 행위는 어떠한 경우에는 금지된다고 명시하고 있다. 재발 방지를 위해 법과 규정대로 단호하게 조치해야 할 것이다.

5. **양성 평등에 대한 의견은?**

☞ 남녀의 차별이 없는 사회가 건강하고 발전된 사회이다. 군 발전을 위해 이와 같은 기본원칙을 지켜야 한다고 생각한다.

6. **여군에 대한 의견은?**

☞ 군 조직에서 여성이 잘할 수 있는 일이 많이 있을 것으로 생각하며, 군에서 여성 인력을 적극적으로 활용한다면 군 발전에 큰 도움이 될 것이라 생각한다.

7. **미투 운동(Me Too movement)에 대한 의견은?**

☞ 우리 사회에서 성문제는 상호 존중되어야 하고 양성평등의 사회로 정착되어야 한다고 생각한다. 사회적으로 갑의 위치에서 약자에게 행해지는 성폭력 등은 우리 사회에서 하루 속히 사라져야 한다고 생각한다.

8. **'국방 헬프콜(SOS)' 전화에 대해 들어 봤나요? 어떻게 생각하세요?**

☞ 국방부가 군내에서 발생하는 병영생활 고충상담, 구타 가혹행위나 자살고민, 성폭력신고, 방위사업비리 신고 등 예방활동으로 2013년부터 '국방 헬프콜(SOS) 전화 1303'를 설치하여 24시간 365일 운영하는 제도이다. "혼자 힘들어 하지 마세요! 여러분 곁에는 항상 누군가가 있습니다." 주 목적은 군내 자살사고를 예방하기 위해 시작되었다고 생각한다.

9. **군에서 용사들이 핸드폰을 자유롭게 사용할 수 있다는 것에 대해 어떻게 생각하나요?**

☞ 용사들이 군생활을 하면서 핸드폰을 사용할 수 있다는 것에 대해 찬성한다. 걱정되는 것도 있지만, 사용규정을 정하고 교육한다면 실보다 득이 많다고 생각하며, 용사들이 군 복무를 긍정적으로 받아들이고 임무수행을 잘 할 수 있게 하는 방법 중에 하나라고 생각한다.

10. **최근 동해안에서 발생한 북한 목선의 해상판 '노크귀순'에 대해 어떻게 생각하는가?**

☞ 국민들은 우리 영해와 영토를 똑바로 지키지 못한 것에 대해 불안해하고 있다. 해군, 해양경찰, 육군의 해안경계태세에 만전을 기해 우리 바다와 우리 땅에서 생활하고 있는 국민들이 불안해 하지 않도록 협력하여 잘 지켜야 한다고 생각한다. 특히 군은 국민의 생명과 재산을 보호하는 것을 사명으로 하고 있기에 철통방어 임무를 수행해야 한다고 생각한다.

제5장
군 간부 정신자세(임관종합 평가)

군은 정신전력교육 기본교재를 발간하여 새로운 형태의 교육을 실시하고 있다. 군 간부로 임관하는 양성교육과정에서 '임관종합평가' 정신교육은 매우 중요한 교과목이며, 불합격될 시 임관하지 못하는 사례가 발생하고 있다.

부사관·장교는 용사들을 교육시킬 수 있는 교관자격을 갖춰야 하기에 양성교육과정부터 교관화수업을 통해 교관능력을 부여하고 있다. 과목의 중요성을 인지한 학군협약대학에서는 선행학습으로 학생들에게 발표능력 향상을 위해 다양한 맞춤식 교육을 진행하고 있다. 물론 면접시험에서 개별질문 및 집단토론 주제로 등장하고 있다.

■ 임관 종합평가(육군부사관학교 사례)

과제 #3: 자유민주주의 체제의 우월성*(평가 예문)*

평가기준	**합격/불합격 판정(10개 요소 중 7개 이상 합격**, A: 매우탁월 90%, B: 탁월 80%, C: 우수 70%, D: 불합격)		
구분	평가요소	항목	비고
내용숙지 및 신념화	① 이념으로서의 자유민주주의		
	② 자유와 평등 상호 견제하여 조화		
	③ 정치제도로서의 자유민주주의		
	④ 3권분립에 의한 견제와 균형		
	⑤ 자유민주주의의 이념적, 윤리적 우월성		
	⑥ 북한 공산주의의 이념적, 윤리적 우월성		
	⑦ 자유민주주의 현실적 제도적 우월성		
	⑧ 자유민주주의는 인류가 선택한 최상의 정치제도		
발표능력	⑨ 객관적 사실에 근거한 논리적이고 설득력 있는 발표 (5~6분: 질의 응답 포함)		
교수법	⑩ 교수능력 구비자세, 동작, 습벽유무, 목소리, 발음, 사용언어, 문맥연계성, 청중호응, 자료참고, 자료상태		
평가결과	점수: / 합격/불합격 / 평가관 / 계급:	성명:	서명:

■ 국가관

대한민국은 민주공화국이다.

대한민국의 주권은 국민에게 있고 모든 권력은 국민으로부터 나온다.

＜대한민국 헌법 제1조＞

• **제1주제: 대한민국이 우리에게 소중한 이유**에 대해 발표하세요.[2]

▸ **들어가며**

'나라를 위해 목숨을 바치는 것이 군인의 본분(爲國獻身軍人本分)'

안중근 의사가 뤼순 감옥에 수감된 후 순국 직전 옥중에서 남긴 최후의 유필이었다.

을사늑약으로 외교권을 빼앗기고 경술국치로 국가까지 잃어버렸지만, 나라를 되찾기 위한 우리 선조들의 노력은 계속되었다. 수많은 독립투사들이 목숨까지 바쳐가면서 되찾고자 했던 나라는 대한민국으로 태어났다.

대한민국의 발전은 눈부시다. 대한민국은 제2차 세계대전 이후 신생독립국가들 가운데 어떤 국가도 이루지 못했던 민주주의와 경제성장을 동시에 이루어냈다. 서구 선진국들이 200년 이상 걸려 이룩한 민주주의와 경제적 번영을 우리는 불과 반세기만에 달성한 것이다. 여기에 그치지 않고 대한민국은 G20국가의 일원으로서 전 세계의 경제와 문화를 이끄는 주요 국가로 성장하였다.

이 주제에서는 국가가 어떻게 구성되며 국가를 지키는 힘은 무엇인지를 살펴보고 대한민국의 가치는 무엇이며 왜 지켜야 하는지를 알아보자.

▸ **본론**

I. 국가란 무엇인가?

가. 국가의 형성

나. 국가의 구성요소

다. 국가의 기능과 역할

2. 국가를 지키는 힘은 무엇인가?

가. 국가가 없을 때는 어떤 일이 일어날까?

2) 대한민국 국방부, 「정신전력교육 기본교재」(대전: 국군인쇄창), 2019. pp.7~8.

나. 국가에 대한 권리와 의무

다. 건전한 애국심과 호국정신

라. 자주국방을 위한 방위역량 결집

3. 대한민국을 왜 지켜야 하는가?

가. 대한민국을 지켜야만 할 이유

나. 자유민주주의 국가로서 대한민국의 진정한 가치

▸ 결론

대한민국은 한반도 공산화 위협 속에서 자유민주주의와 시장경제체제를 선택, 세계 속의 중심국가로 발전하였다.

국가는 특정한 지역에 사는 사람들이 모여 만든 공동체이다.

그러나 단순히 가깝기 때문에 모여서 국가가 만들어지는 것이 아니라 공동의 가치와 이익을 추구하는 강력 하고도 궁극적인 공동체이다. 그리고 대한민국은 자유민주주의와 시장경제를 바탕으로 만들어진 국가이다.

대한민국은 일제강점으로 인한 국가상실의 쓰라린 경험을 바탕으로 모든 국민이 자유롭고 평등하며 행복한 민주국가로 탄생했다. 북한의 6·25 남침으로 국가를 또다시 잃을 위기를 맞았지만, 애국심과 헌신을 바탕으로 치열하게 싸워 나라를 되찾았다. 전후에는 미국과 UN의 지원 속에서 탈식민지 시대의 이상적인 독립국가로서 경제적으로 급속히 성장해왔으며, 정치적으로도 성숙한 민주국가로 발전해왔다.

대한민국은 민주주의와 경제발전을 동시에 이룬 경이적 성과를 거두었다. 그러나 급격히 고조된 북핵 위기로 인하여 또다시 대한민국의 번영과 생존이 위협받고 있다. 대한민국의 소중함을 각성하고 국가에 대한 책임감과 국민에 대한 연대의식을 바탕으로 할 때 진정한 애국심이 발휘될 수 있다.

• **제2주제: 자랑스러운 우리 역사**에 대해 발표하세요.[3]

▸ 들어가며

6·25전쟁 직후 국가를 유지하기에도 어려울 정도였던 우리 대한민국은 60여 년이 지나 세계10위권의 강국으로 자리매김한 것은 세계사적으로도 경이로운 사례이다. 이는 갑작스러운 국내외적 환경이나 상황의 변화에만 기인한 것은 아니었다. 수천년 동안 동아시아 지역의 주요 국가로서 오랜 역사의 경험을 통해 축적된 경험과 생존력이 큰 역할을 하였다. 우리 역사를 보면 우리가 가진 환경과 상황을 어떻게 활용하였는지에 따라 좌절과 영광이라는 완전히 상반된 결과를 가져온 것을 알 수 있다.

우리 역사는 동시에 한반도와 주변 지역만의 역사가 아니라 동아시아 여러 지역과의 활발한 교류를 통해 발전한 역사임을 기억할 필요가 있다. 기원전 2333년 홍익인간(弘益人間)의 이념 으로 고조선이 건국된 이래 우리는 주변 국가의 여러 문화를 적극적으로 받아들임과 동시에 새로운 문화를 만들어 주변 국가에 전하기도 하였다. 이를 통해 동아시아 지역 발전의 한 축을 담당하였을 뿐 아니라 우리의 문화도 발전시킨 경험이 있다.

여러 다양한 역사적 경험을 통한 강인한 생명력과 적극적인 개방을 통한 우수한 문화 창조력은 오늘날 세계적 선도국가로 대한민국이 성장하는데 좋은 자양분이 되었다. 세계 각국에 우리의 문화가 소개되고 각 분야에서 한국인이 활약하고 있음은 이를 잘 보여준다.

이 주제에서는 외세의 계속되는 침략 속에서도 강인한 생명력을 유지하며 찬란한 역사와 문화를 지켜온 저력을 살펴보고, 우리가 직면한 과제와 도전을 극복하고 번영과 평화를 이끌어가기 위한 우리의 자세를 알아보자.

▸ 본론

I. 우리 역사의 현장

2. 우리 민족의 대외항쟁과 강인한 생존력 유지

가. 고구려의 대 수·당 전쟁과 자주성의 확보

나. 고려의 대 거란 전쟁과 동북아 평화의 주도

다. 고려 중기 몽골과의 40년 전쟁

라. 고려 말 조선 초기 북방 영토 확장과 만주 남부 지역의 회복

마. 조선의 대외적 시련과 극복

---

3) 상게서. pp.31~32.

3. **세계로 뻗어나간 우리 문화와 과학기술**

가. 삼국시대 대외 교류

나. 통일신라와 발해의 대외 교류

다. 고려의 도자기 제작기술과 인쇄술

라. 세종의 훈민정음 창안과 문화의 확대

4. **세계를 감동시킨 대한민국과 한류문화**

가. 세계의 선도국가로서 대한민국의 위상

나. 찬란한 문화유산과 한류문화의 확산

▸ 결론

여러 다양한 역사적 경험을 통한 강인한 생명력과 적극적인 개방을 통한 우수한 문화 창조력은 오늘날 세계적 선도국가로 대한민국이 성장하는데 좋은 자양분이 되었다.

대륙세력과 해양세력이 교차하는 동아시아의 전략적 요충지인 한반도 일대에 자리 잡은 우리나라는 지난 수천 년 동안 주변 세력과 경쟁하면서 강인한 생존력을 보여주었다. 중국 주변의 민족 중에는 한때 중국 대륙을 정복하고 제국을 건설한 경우도 있었지만 결국 중국 문화에 동화되어 그 흔적을 찾기 어려운 경우도 적지 않다. 이에 비해 우리는 국가의 힘이 약할 때에는 주변 국가의 침입을 당하기도 하였지만 결국 이를 극복하고 독립을 지켜왔다. 국력이 충실해질 때에는 적극적으로 영토를 확장하였을 뿐만 아니라 동아시아의 한 주역으로서 이 지역 평화를 지키는 데에도 크게 기여하였다. 또한 주변 지역의 여러 문화를 적극적으로 받아들여 새로운 문화를 창조하고 이를 다시 주변 지역으로 전파하여 동아시아 일대의 문화 수준을 향상시키는 데에도 적지 않은 기여를 하였다. 오랜 역사를 통해 확인된 강인한 우리의 생존력과 문화 창조력은 일제 강점기와 6·25전쟁이라는 우리 역사의 가장 어려운 상황에도 불구하고 오늘날 대한민국이 세계 10대 강국으로 성장하는 밑거름이 되었다.

대한민국은 세계적 경제대국, 문화강국으로 성장하였지만 오늘날 우리가 직면한 과제와 도전은 적지 않다. 그러나 지난 역사를 통해 확인할 수 있듯이 어려움을 극복하고 번영과 평화를 이끌었던 우리의 역량과 경험은 예상되는 미래의 도전을 충분히 극복할 수 있을 것이다. 오늘날 대한민국의 안보를 담당하고 있는 우리는 국토의 방위와 국가의 번영, 그리고 이 지역 평화를 책임진 주역임을 잊어서는 안 된다.

• **제3주제: 자유민주주의와 시장경제 체제**에 대해 발표하세요.[4)]

▸ 들어가며

대한민국은 임시정부 헌법인 임시헌장에 '대한민국은 민주공화제로 함'이라 하여 우리 역사상 최초로 민주공화제를 도입함으로써 민주적 정치체제인 민주공화국으로 성립되었다. 아울러 국민의 재산권과 경제활동의 자유를 보장하는 시장경제체제를 채택하였다. 오늘날 우리는 개인의 자유와 재산권을 존중하고 그것을 국가체제의 기본원리로 채택한 민주주의와 시장경제체제가 인간의 물질적 복지와 정신적 행복을 증진하는 올바른 방향이었음을 알고 있다.

모두가 골고루 잘 산다는 공산주의의 이상은 자유와 합리적 이기심이라는 인간의 본성과 맞지 않았다. 계급·당·국가를 우선하는 전체주의 관료제적 지배체제하에서 개인의 자유로운 정신과 창의성은 억압되었으며 결과적으로 모두가 빈곤해지고 말았다. 1980년대 이후 소련·중국과 같은 주요 공산주의 국가들이 시장경제체제로 전환했고 세계 공산주의를 선도했던 소련은 해체되고 말았다. 그러나 북한은 아직도 공산주의 체제를 고수하고 있으며 그에 따라 정치적 억압과 경제적 빈곤이 계속되고 있다. 반면 대한민국은 6·25전쟁 직후 세계 최빈국 수준에서 현재는 세계 10위권의 경제대국으로 성장하였다. 이는 우리가 민주주의와 시장경제체제를 바탕으로 한 결과 오늘날과 같은 안정과 번영을 이루게 된 것이다.

이 주제에서는 인간을 존중하는 민주주의, 시장경제체제와 고도성장, 그리고 우리의 더 나은 미래를 위한 과제를 살펴보면서 자유민주주의 체제의 우월성을 명확히 이해하고 체제 수호에 대한 신념을 확고히 하게 될 것이다.

▸ 본론

I. '민주공화국'으로서 대한민국의 정체성

2. 인간을 존중하는 자유민주주의 체제

가. 인간의 존엄성

나. 자유권

다. 평등권

라. 복지이념과 사회정의

---

4) 상게서. pp.51~52.

3. **자유민주주의의 우월성**

가. 이념적 우월성

나. 인간의 보편적 사상 구현

다. 윤리적 우월성

라. 자기반성을 통한 문명사적 발전 추구

4. **시장경제체제와 고도성장**

가. 시장경제체제의 우월성

나. 대한민국 고도성장의 요인

▸ **결론**

자유민주주의 체제가 추구하는 인간의 존엄성, 자유, 평등, 복지 등에 대한 개념을 이해 하고 자유민주주의 체제에 대한 자긍심을 갖는다.

광복 이후 대한민국의 성공은 모든 국민의 노력과 헌신으로 얻은 결과이지만 동시에 우리가 역사적으로 축적한 문화적 저력과 독립을 준비하였던 선조들이 있었기 때문에 가능한 것이었다. 일제강점기와 6·25전쟁을 겪으면서 세계 최빈국이었던 우리나라는 정부 주도하에 국민적 열정과 노력으로 세계 10위권의 경제강국이 되었다. 아울러 4·19혁명, 5·18민주화운동, 6·10항쟁 등 여러 민주화의 노력을 통해 국민이 국가의 주인인 주권자임을 확인받고 주권자로서 민주화를 상당한 수준으로 향상시켰다. 그러나 세상에는 밝음과 함께 어둠이 있기 마련이다.

1960년대 이후 급속한 산업화의 과정에서 우리의 민주주의는 상당 부분 유보된 것이 사실이다. 그리고 경제성장의 이면에는 대기업 위주의 경제성장, 불평등한 소득분배 및 소득격차의 문제, 각종 부정과 비리, 자연 파괴와 환경오염 등이 나타나 이제는 이러한 부정적인 측면이 경제성장을 저해하는 요인으로 지적되고 있다.

민주화의 과정에서도 적지 않은 문제점이 나타났다. 우리는 광복 직후 민주 시민의식이 미처 확립되지 못한 상태에서 자유민주주의를 국가 이념으로 하는 서구식 민주정치 제도를 도입하였다. 그러나 경험이 부족하고, 민주시민 의식이 성숙하지 않아 비민주적인 제도와 관행이 지속되기도 하였다. 정치적 상황에 대한 주체적인 인식이나 행동이 결여되어 낮은 투표율 등 시민의 정치적 무관심으로 나타났다.

민주화 이후 한국의 시민들은 국민이 주권자라는 올바른 정치적 신념 아래 정치에 관심을 갖고 선거 이외에 언론, 시민단체, 정보화 매체 등을 통해 지속적으로 정치에 참여하고 국가의 정책에 대해서도 전문성을 바탕으로 공익적인 감시를 계속하여 한국의 민주화는 시민의 적극적인 노력에 의해 한 단계 발전하고 있다.

산업화의 과정에서 나타난 여러 문제점은 단기간 고도성장의 과정에서 파생된 불가피한 부작용이라고 할 수 있다. 이러한 문제를 해결하기 위해 민주화의 과정을 통해 그동안 많은 노력을 기울여 왔고 상당한 성과를 거둔 것도 사실이다. 여러 문제점이 드러나고 수정되어 가고 있는 모습은 우리 사회가 채택하고 있는 민주주의라는 매우 합리적인 체제에 의해 지속적이고 다양하게 개선되어 가고 있음을 잘 보여주고 있다.

우리 대한민국이 걸어온 길은 가난과 절망을 풍요와 희망으로 대치하고 민주주의를 꽃피운 세계에서 유래를 찾아보기 어려운 역사였다. 자유민주주의와 시장경제체제를 통해 끊임없는 개선과 도전을 가능하게 한 것이 오늘날 우리가 누리는 안정과 번영, 행복의 발판이라고 할 것이다. 어려움 속에서도 할 수 있었다는 기억과 성공신화는 불확실한 미래의 도전을 극복할 수 있는 토대가 될 것이다.

• **제4주제: 우리가 꿈꾸는 대한민국의 미래**에 대해 발표하세요.[5)]

▸ **들어가며**

광복 이후 70년이 넘는 시간 동안 대한민국은 세계사적으로 유례를 찾아보기 어려울 정도의 빠른 성장을 거듭해 왔다. 그러나 그 시작에는 분단이 있었으며, 성장의 과정에서도 많은 시련과 갈등이 있어 왔다. 갈등의 양상은 현재 우리 사회에 아직 해결되지 않은 채 남아있으며, 대한민국의 국격을 떨어뜨리는 원인이 되고 있다. 새로운 도약이 필요한 현 상황에서 어떤 가치를 중점적으로 추구할지 고민이 필요하다. 추구하는 가치에 따라 우리가 맞이할 대한민국의 미래가 달라지기 때문이다.

통일은 우리의 염원이고 숙원이다. 분단으로 인해 대한민국은 한 가족끼리도 만날 수 없는 슬픔을 겪었으며, 끊임없는 안보 위협을 받아왔다. 통일을 통해 대한민국은 하나의 공동체를 회복할 수 있으며, 또 한번의 도약을 위한 동력을 얻게 된다. 하지만 통일 또한 마찬가지로 우리가 어떤 통일을 추구해야 하는가에 대한 고민이 선행되어야 한다.

이 주제에서는 대한민국이 추구하는 더 정의롭고 자유로운 국가상과 그런 국가로 발전하기 위해 필요한 과제를 살펴보고, 통일의 가치와 바람직한 통일에 대해 알아볼 것이다.

▸ **본론**

1. 품격 있는 민주사회

가. 또 다른 대한민국 도약의 필요성

나. 실질적 민주주의의 확립

다. 정의로운 사회의 건설

라. 도덕과 윤리에 바탕을 둔 사회 건설

마. 개방적인 다문화 사회

2. 통일의 필요성과 교훈

가. 분단의 문제점과 통일의 당위성

나. 통일 한국을 위한 노력

다. 군사적 신뢰구축과 한반도의 항구적 평화체제를 위한 남북군사합의서

라. 통일 비용과 통일 편익

3. 세계로 뻗어가는 통일 대한민국

---

5) 상게서. pp.75~76.

가. 통일의 사례로 본 바람직한 한반도 통일

나. 통일한국의 미래상

▸ **결론**

자유민주주의와 시장경제체제를 근간으로 하는 통일을 통해 대한민국이 재도약할 수 있음을 인식한다.

"준비하지 않는 국가, 기업, 개인에게 미래는 없다. 미래는 준비하는 자의 것이고, 성공은 실천하는 자의 것이다." 9·11 테러를 예측했던 미래학자 피터 슈워츠의 말이다. 희망찬 미래를 맞이하기 위해서는 철저한 준비와 실천적 노력이 필요하다. 현재를 명확히 파악하고 구체적인 미래상을 그리는 것은 우리가 미래를 위해 어떤 준비와 어떤 노력을 경주해야 할지 알려준다.

광복 이후 대한민국은 경제 성장과 민주화라는 두 마리 토끼를 동시에 잡는데 성공하며 빠르게 성장해왔다. 현재 대한민국은 세계 10위권의 경제대국으로 발전 하였으며 인권을 존중하는 민주주의 사회가 되었다. 하지만 궁극적으로 대한민국이 꿈꾸는 미래는 통일한국이다. 한반도의 통일을 통해 우리는 70여 년의 분단을 딛고 진정한 민족공동체를 완성할 수 있다. 하지만 통일이 무조건적으로 좋은 것은 아니다. 진정한 민주주의와 시장경제 체제에 기반을 둔 통일만이 통일 대한민국을 세계에 우뚝 선 선도 국가로 만들어 줄 것이다. 1945년 분단된 이래 우리는 통일을 위해 많은 노력을 기울여 왔다. 그 성과로 나타날 통일 한국은 현재 대한민국이 가지고 있는 지리적, 정치적 차원의 한계를 뛰어넘어 다시 도약할 수 있게 될 것이다.

희망적인 미래를 위해서는 안정적인 현재가 기반되어야 한다. 안정적인 현재 속에서 우리는 미래를 준비하고, 그 미래를 성취하기 위해 실천할 수 있다. 통일은 우리에게 절실한 염원이고 시대적 과제이지만, 그 앞에 막중한 과제가 있음을 간과해서는 안 된다. 대한민국의 발전 또한 마찬가지이다. 우리 군은 정부의 정책을 강력한 힘으로 뒷받침함은 물론, 한반도에서 어떠한 형태로든 충돌이나 전쟁이 발생하지 않도록 확고한 억제력을 확보해야 한다. 대한민국의 미래에 주춧돌이 되는 것은 튼튼한 안보이며, 튼튼한 안보의 기반이 되는 것은 흔들리지 않는 굳건한 군대임을 잊어서는 안 될 것이다.

■ 안보관

"평화를 바라거든 전쟁에 대비하라." <배제티우스>

"지피지기 백전불태"(知彼知己 百戰不殆) <손자>

• **제5주제: 대한민국의 안보를 위협하는 세력**에 대해 발표하세요.[6)]

▸ **들어가며**

손자(孫子, B.C.544~496)는 「손자병법」 제3편에서 "적을 알고 나를 알면 백번을 싸워도 위태롭지 않다(知彼知己 百戰不殆)"라고 했다. 또한 "적을 알지 못하고 나를 알면 한번 이기고 한번 지게 되며, 적도 모르고 나도 모르면 싸울 때마다 반드시 위험에 빠진다."고 했다.

급변하는 한반도 정세 속에서 우리 대한민국을 위협하고 있는 요인이 무엇인지 명확하게 알지 못하면 나라를 수호하지 못하는 비극을 초래할 수 있다는 말이다. 그러나 우리를 위협하는 적의 실체와 의도를 명확히 알고, 강한 군사력과 국민적 단합으로 대응태세를 공고히 하면 다양한 위협으로부터 국가를 수호하고 국민을 지킬 수 있다는 중요한 교훈을 던져주고 있다.

제5주제에서는 우리를 위협하는 적을 알고 대응태세와 능력을 갖추는 한편, 초국가적·비군사적 위협에 대해서도 철저히 대비하고자 한다.

▸ **본론**

1. 국가안보와 적

가. 국가안보와 적의 정의

나. 우리를 위협하는 적

다. 북한의 도발

2. 동북아 지역의 갈등과 불안

가. 상호협력과 갈등의 병존

나. 동북아 지역의 영토분쟁

다. 한반도 주변국 동향

6) 상게서. pp.101~102.

라. 군사력 증강

마. 지역 내 위협요인 대응방안

3. 새로운 위협의 증가

가. 새로운 위협으로 인한 안보 불확실성 증대

나. 초국가적·비군사적 위협 사례

▸ 결론

달라지고 있는 국제정세와 안보환경을 정확하게 진단하여 무엇이 우리를 위협하고 있는가를 파악하고 대응태세를 공고히 한다.

대한민국의 국가 이익과 가치를 위협하는 세력은 당연히 우리 국군의 적이다. 우리의 국가안보를 위협하는 세력은 이전에는 명백하게 식별이 가능했으나, 최근에는 영원한 친구나 영원한 적도 없는 모호한 위협으로 나타나거나, 전혀 새로운 유형의 위협으로 등장하기도 한다.

협력과 갈등이 함께 나타나는 동북아 지역의 상황도 우리 군에게 위협으로 작용하고 있다. 동북아 국가들 간의 경제적 상호의존성은 증가하지만 반대로 군비경쟁과 핵개발, 영토, 역사 문제 등 정치·안보 갈등이 증가하는 '아시아 패러독스'는 우리 군이 경계해야할 위협이다.

최근에는 초국가적이고 비군사적인 새로운 위협으로 인해 국가 안보가 위협받는 상황도 나타났다. 전쟁, 무력도발, 국경분쟁과 같은 군사적 위협으로부터 국가 이익과 가치를 지키는 전통적 안보에서 테러, 사이버공격, 감염병, 기후변화 등 새로운 유형의 위협으로부터 국가의 생존과 운영, 국민의 생명과 재산을 지키는 포괄적 안보 개념이 필요해졌다.

따라서 우리 국군의 철통같은 준비로 적의 위협을 원천봉쇄하고, 무력도발에 대해서는 철저한 대응으로 국가안보가 위협받지 않도록 해야 한다. 그리고 '아시아 패러독스' 처럼 상황이 계속 변화하고, 잠재적인 위협이 존재하는 정세 속에서도 우리 국군이 국가안보의 최후의 보루라는 점을 명심해야 한다. 새롭게 등장하는 위협에 대해서는 국군의 유연하고 효율적인 운영을 통해서 대비해나가야 한다.

• **제6주제: 북한군 군사전략과 군사능력**에 대해 발표하세요.[7]

▸ 들어가며

북한군이 대한민국 안보의 가장 큰 위협요인이라는데 모두가 인식을 같이하지만, 그들이 지닌 능력에 대해서는 해석이 제각각이다.

제대로 알지 못하면서 적을 과대평가하거나 또 근거 없이 과소평가하지 않으려면 북한군이 얼마나 위협적인가를 정확하게 분석한 후 이에 맞는 대응전략을 수립해야 한다. 특히 최근 관심사로 부상하고 있는 북한 핵전력을 판단하여 우리 군의 대비태세를 갖추는 것은 매우 중요한 과제이다. 북한군을 알아야 이길 수 있기 때문이다.

이 주제에서는 북한의 군사전략과 군사력 현황을 파악하는데 중점을 둔다. 핵·미사일 능력과 생·화학무기 능력, 장사정포 능력과 특수전 부대 능력도 분석한다. 또 북한군이 갖고 있는 특성을 파악하여 우리와 다른 점이 무엇인지를 검토한다.

▸ 본론

I. 북한군의 군사전략

가. 4대 군사노선 및 총력전

나. 속전속결전, 선제기습전, 배합전

2. 북한군의 군사지휘체계

3. 군사력 현황

가. 병력 규모

나. 지상군

다. 해군

라. 공군(항공/반항공사령부)

마. 전략군

바. 예비병력

4. 북한의 비대칭 위협

가. 핵폭탄 및 탄도미사일 능력

나. 생·화학무기 능력

다. 장사정포 능력

7) 상게서. pp.119~120.

라. 특수전부대 능력

▸ **결론**

북한군의 군사전략과 군사지휘체계, 군사력 현황 등을 인식하고, 북한군의 비대칭 위협 능력에 대한 대응방안을 강구한다.

정전협정 이후 북한군은 끊임없이 군사력을 증강하면서 전쟁수행능력을 강화해왔다. 4대 군사노선을 채택하여 '전민 무장화', '전국 요새화', '전군 간부화', '전군 현대화'를 추구하며 군사력을 지속적으로 증강시켜 왔으며, 속전속결전, 선제기습전, 배합전을 중심으로 하는 군사전략을 유지하는 가운데, 다양한 전략·전술을 모색하고 있다. 북한은 정권세습 이후에도 군사분계선(MDL), 북방한계선(NLL) 등 접경지역에서의 군사행동을 통해 주도권 장악을 시도하는 한편, 선별적인 재래식 무기 성능 개량과 함께 핵·대량살상무기, 미사일·장사정포, 특수전부대 등 비대칭 전력을 증강시켜 왔다.

북한군은 유사시 비대칭 전력 위주로 기습공격을 시도하여 유리한 여건을 조성한 후 조기에 전쟁을 종결하려 할 가능성이 크다. 그리고 전략적 환경 변화에 따라 한반도 비핵화 및 평화체제 구축 과정에서 비핵화 협상 진전 여부 등에 따라 변화를 모색할 가능성도 있다.

이러한 상황에서 우리 군은 북한군 능력을 정확하게 파악하고 이에 맞는 효과적인 대응방안을 마련해야 한다. 우리 국군의 군사력과 굳건한 한미동맹에 대한 신뢰를 바탕으로 강한 교육훈련을 실시하고, 철저한 대비태세를 유지함으로써 언제 도발이 일어나더라도 싸우면 이길 수 있다는 자신감을 가져야 한다.

• **제7주제: 북한군의 실상**에 대해 발표하세요.[8)]

▸ **들어가며**

분단 이후 남·북한은 서로 이질적인 삶을 살아왔으며, 생각하는 방식과 생활양식도 큰 차이가 있다. 체제가 작동하고 있는 기본 원리도 다르고, 가치와 이념 또한 우리와는 거리가 멀다. 다분히 우리 중심적으로 북한을 보고 평가하다보니, 실제의 북한을 과소평가하기도 하고 그 반대로 해석하기도 한다.

북한 전반을 정확히 알고 북한체제가 어떻게 작동하는지를 알아야 대북정책도 효과적으로 실행할 수 있고 북한의 행동에 적절한 대응 방안도 수립할 수 있다. 특히 북한사회 내부가 어떻게 돌아가는지를 알아야 최근 일어나고 있는 변화 양상이 갖는 의미를 찾아낼 수 있고, 북한체제의 변화를 유도할 수 있다.

본 주제에서는 북한체제의 특성을 파악하고 북한주민들의 최근 실상을 보고자 한다. 또 북한의 인권실태를 검토하여 북한체제가 안고 있는 문제를 진단한다. 변화하지 않는 북한의 모습과 함께 변화하고 있는 북한사회를 조명하면서, 북한체제의 변화 가능성을 예측해 본다.

▸ **본론**

I. 북한체제의 특성

가. 수령 및 일당 독재체제

나. 중앙집권적 계획경제체제

다. 사회주의 대가정 체제

2. 최근 북한주민 경제생활

가. 시장을 통한 생계유지

나. 핸드폰을 통한 정보 유통

다. 전력난 실태

3. 북한의 인권실태

가. 인권침해 실태

나. 인권침해 구금시설

---

8) 상계서. pp.133~134.

4. **달라지고 있는 북한사회**

가. 시장화

나. 주민의식의 변화

▸ **결론**

변하지 않는 북한과 변화하고 있는 북한의 모습에서 북한 실상을 파악하고, 북한의 변화 가능성을 판단하여 대응전략을 모색한다.

외부 정보를 철저하게 차단하고, 높은 폐쇄성을 유지해 왔기에 생존할 수 있었던 북한체제가 이제 서서히 변하고 있다. 당에 대한 충성과 함께 먹고사는 것에도 민감한 북한주민들은 새로운 소식과 정보에 귀를 기울이고 있다.

그러는 사이 국가와 당국에 대한 충성과 신뢰는 점점 더 약화되고, 북한체제의 가장 두드러진 특성인 폐쇄성도 예전과 다르게 약화되고 있다. 핵으로 김정은의 권위와 정통성을 유지한다 해도 북한사회 자체가 예전과 다르게 변하고 있는 상황을 북한 지도부가 어떻게 차단할 것인지 관심을 가지지 않을 수 없다.

2017년 한국은행이 북한 경제성장률을 3.9%까지 보았으나 지속적 성장은 더 이상 내다보기 힘들며, 갈수록 심화되고 있는 북한사회의 양극화가 사회의 불만 요인으로 확산될 가능성이 적지 않다. 특히 권력을 이용해 이권을 챙기는 관료들의 부패가 확산 되면서 새로운 이권창출을 놓고 경쟁하는 먹이사슬이 더욱 확산될 것으로 예상된다.

체제의 이완과 변화를 단속하는 기제가 아직까지는 작동하고 있지만, 점차 그 힘을 잃어가고 있다. 활성화되는 시장을 북한 당국이 마음만 먹으면 통제할 수 있다는 해석도 설득력을 잃어가고 있다.

이런 북한실상을 토대로 우리는 어떤 대응전략을 추진하고 대북정책을 전개해야 하는지를 고민해야 한다. 정확한 상황판단에 기초하고, 역량과 의지가 뒷받침된 목표가 분명한 전략이 수립되면 북한의 변화를 유도하여 우리가 바라는 미래를 만들어 갈 수 있다. “북한을 알면 통일이 보인다.”는 신념 아래 북한체제의 변화를 향한 우리의 노력과 실천이 필요한 때가 바로 지금이다.

• **제8주제: 튼튼한 안보를 위한 우리의 자세**에 대해 발표하세요.[9)]

▸ 들어가며

외부의 위협으로부터 국가 주권과 영토를 지키고 국민안전을 확보하는 것은 국가안보의 기본이다. 분단국가인 우리나라의 안보는 남북관계의 변화로부터 큰 영향을 받는다. 또 지정학적으로 동북아 국제정세와도 밀접하게 연관되어 있다. 더욱이 오늘날에는 국가간의 세력 다툼이나 군사적 대결로 인한 전통적인 안보위협 외에 초국가적 위협의 확산에 따른 안보 불확실성도 증대되고 있다.

이런 불안한 상황 속에서 튼튼한 안보는 국가존립의 기반이자 남북관계의 발전과 한반도 평화정착의 토대라고 할 수 있다. 그럼에도 우리 내부에서는 안보에 대한 관심이 줄고 있고, 안보 불감증을 우려하는 이야기가 자주 회자된다. 안보는 숨 쉬는데 필요한 공기처럼 중요한 요소인데도 불구하고 그 중요성을 절실하게 느끼지 않는다는 것이다.

나라가 있어야 국민이 있는 법이다. 우리 국민이 대대손손 살아가야할 나라의 안위를 위협하는 요인에 대한 방비를 제대로 세우지 못하면 또다시 나라를 잃는 참극을 반복하게 된다. 따라서 안보는 선택이 아닌 필수라는 마음으로 튼튼한 안보태세를 구축해나가야 한다. 이런 문제의식 아래 이 주제에서는 우리를 지키는 안보가 얼마나 소중한가를 점검하면서 점증하는 위협에 대처하면서 안보를 수호하는 방안을 모색하고자 한다.

▸ 본론

I. 나라가 있어야 국민이 있다

가. 나라를 잃으면 모든 것을 잃는다

나. 나라가 있어야 국민이 있다

다. 국방이 흔들리면 나라를 잃는다

2. 전방위 안보위협 대비 튼튼한 국방태세 확립

가. 확고한 군사대비태세의 유지

나. 우리 군의 핵·대량살상무기 대응체계 구축

다. 전력난 실태

3. 한미동맹과 국가안보

가. 한미상호방위조약 체결

---

9) 상게서. pp.149~150.

나. 한미동맹의 기여

다. 상호보완적 한미동맹 발전

라. 굳건한 한미동맹 기반 위에서 전시작전통제권 조기 전환

4. **포괄적 안보협력 강화**

가. 주변국과의 전략적 협력 강화

나. 전방위적 안보협력 추진

▸ **결론**

우리를 지키는 안보가 얼마나 소중하고 중요한가를 깨닫게 하고, 점증하는 위협에 대처하면서 안보를 수호하는 방안을 모색한다.

우리는 역사적 사례를 통해 국민의 생명과 재산을 지키고 삶의 터전을 확보하는 국방의 중요성에 대해 살펴보았다. 국방을 소홀히 했던 국가의 국민은 크나큰 고통을 겪어야 했다. 냉엄한 국제사회에서 '우리 국방은 우리 스스로 책임진다.'는 자세로 강력한 안보태세를 구축하는 것은 우리의 필수과제라 할 수 있다. 그럼에도 불구하고 안보와 국방이 중요성에 대한 이해와 의지만으로 이루어질 수는 없다. 태세와 능력까지 갖추었을 때 비로소 우리는 국가를 지켜낼 수 있다.

따라서 우리는 다양한 안보위협에 효과적으로 대응하기 위해 군을 중심으로 전방위 안보태세를 확립해야 한다. 특히 북한군의 국지적·전면적 도발 위협과 핵·대량살상무기 위협에 대한 대응능력을 갖추어 전쟁을 억제하고, 북한군이 도발한다면 싸워 이길 수 있어야 한다.

여기에 우리는 지난 60여 년간 대한민국 안보의 핵심축인 한미 연합방위태세를 바탕으로 중국·일본·러시아 등과의 협력을 강화하고, 나아가 유엔 등 국제사회와 유기적으로 협력해 나감으로써 북한의 위협을 관리하고 역내 안보불안 요인에 적극적으로 대처해 나가야 한다.

■ 군인정신

"국군은 국민의 군대로서 국가를 방위하고 자유민주주의를 수호하며 조국의 통일에 이바지함을 그 이념으로 한다."

<군인복무기본법 제5조(국군의 강령) 1항>

"죽고자 하면 살 것이요, 살고자 하면 죽을 것이다."

<충무공 이순신(李舜臣, 1545-1598)>

• **제9주제: 국가와 군대**에 대해 발표하세요.[10]

▸ **들어가며**

1905년 대한제국의 외교권을 박탈한 을사늑약(乙巳勒約)이 체결된 이후 일제(日帝)가 취한 가장 중요한 조치는 군대를 해산시키는 일이었다. 1907년 8월 1일 오전 8시 동대문 훈련원 연병장에 대한제국의 군인들이 소집되었다. 일제는 훈련을 핑계로 속여 군인들을 집합 시켰다. 여기에 모인 군인들은 총과 계급장을 빼앗겼다. 일본군들에게 둘러싸인 채 무장해제 당한 것이다. 군대를 해산 당한 대한제국의 운명은 불 보듯 뻔했다. 3년 후 대한제국은 결국 일제에 국권을 빼앗기면서, 우리 국민들은 35년간의 나라 잃은 고통을 감당해야 했다.

'군대 없는 국가는 존재할 수 없다'는 것을 잘 보여주는 역사적 경험이다. 국민의 생명과 재산, 그리고 자유를 지키는 것이 국가의 존재 의의라고 한다면, 외부의 위협으로부터 국가를 지키는 군대야말로 필수불가결한 존재이다. 근대국가의 헌법에 국민의 기본적 의무로서 병역의무를 명시한 이유도 여기에 있다. 나라마다 병역제도는 달리 선택한다고 해도, 병역의무 자체는 국민이 감당해야 할 첫 번째 의무인 것이다.

왜 군대가 필요한지, 국방의 의무는 어떤 의미가 있는지, 왜 젊은이들이 의무 복무를 해야 하는지 살펴보고자 한다. 또한 대한민국 국군으로서 사명이 무엇인지, 어떻게 발전해 왔는지를 간략히 알아보면서 국가의 근간으로서 군대의 중요성을 되새기고자 한다.

10) 상게서. pp.167~168.

▸ **본론**

1. 군대의 필요성과 존재 의의

가. 군대가 없으면 나라도 없다

나. 어떻게 전쟁을 막을 것인가

2. 국방의 의무와 국군의 사명

가. 시민의 헌법적 의무

나. 다양한 병역제도와 의무병제

다. 국군의 이념과 사명

3. 국군의 탄생과 발전

가. 대한민국 국군의 정신적 뿌리, 구한말 의병과 독립군 그리고 광복군

나. 대한민국 국군의 탄생

다. 6·25전쟁과 교훈

라. 한미상호방위조약의 내용과 가치

마. 베트남 전쟁 참전의 역사적 의미

바. 자주국방의 기반조성

▸ **결론**

군대의 필요성을 인식하고, 국방의무와 국군의 사명에 공감하며, 국군의 탄생과 발전과정을 이해한다.

'군사(軍事)는 나라의 큰일이다. 생사와 관련된 것이며 존망을 결정하는 것이니 살피지 아니할 수 없다(兵者 國之大事 死生之地 存亡之道 不可不察也).' 「손자병법」은 이렇게 작되고 있다. 전쟁이 일어나지 않으면 좋겠지만 이것은 우리의 노력과 의지로 가능한 일은 아니다. 우리가 할 수 있는 일은 적의 도발을 막아낼 수 있을 정도의 강력한 군사력을 보유하고 철저한 교육훈련을 통해 그 어떤 적이라도 격퇴할 수 있는 전투력을 확보하는 것이다.

대한민국 국군은 바로 이러한 국토방위를 위해 존재한다. 국민의 군대로서 우리 국군은 국토방위와 자유민주주의 체제 수호, 국제평화 유지와 조국의 평화적 통일에 이바지하는 역사적 사명을 다해야 한다. 무엇보다 위협적인 재래식 전력과 핵·미사일과 같은 대량살상무기를 보유한 북한의 군사위협에 대응해야 한다. 우리 병사들이 사랑하는 가족과 헤어져 군복무에 임하는 것도 바로 이러한 현실적 위협 때문이다. 이것은 대한민

국 국민으로서 헌법적 의무를 다하는 것이기도 하다.

우리 국군은 창설 초기 열악한 장비와 예산부족으로 숱한 어려움을 겪었다. 북한의 남침의도가 포착되었지만 충분히 대비하지 못한 상황에서 6·25전쟁을 맞이한 것이다. 개전 초기 우리 국군은 붕괴 직전까지 내몰렸지만 미군을 비롯한 유엔군의 도움으로 전열을 정비할 수 있었다. 개전 2개월 만에 낙동강 방어선까지 밀렸지만 9월 인천상륙작전을 기점으로 전세는 역전되었다. 3년간의 전쟁에서 우리 국군이 열세였던 시기는 개전 초기 3개월에 불과했다. 전쟁을 대비하는 데는 실패했지만 결국 북한 침략군을 몰아낸 빛나는 승리로 기억해야 할 이유다.

휴전 후에도 우리 국군은 북한의 계속된 도발에 대비하면서 발전을 거듭하여 이제는 유엔평화유지군의 일원으로 세계 평화에 기여하고 국위를 선양하는 막강한 군대로 성장했다. 우리나라가 자유민주주의를 발전시키고 세계 10위 경제 강국으로 성장할 수 있었던 것도 우리 국군이 든든하게 휴전선을 지켜 왔기 때문에 가능한 일이었다. 지역 국가들은 군사적 우위와 영향력을 확대하기 위해 군비증강에 주력하면서 양자 및 다자관계를 통해 자국의 이익을 유지·확장하는 외교정책을 펼치고 있다. 중국의 경우, '중국몽'을 제시하면서 주변국과의 영토분쟁에서 절대 물러서지 않을 것임을 천명하고 있고, 이어도를 둘러싼 방공식별구역(KADIZ) 문제도 분쟁의 소지로 남아 있다. 우경화하고 있는 일본 또한 평화헌법 개정을 통해 전쟁이 가능한 '보통국가'를 완성하기 위한 여정을 본격화 했다. 러시아도 여러 영역에서 미국과 갈등을 야기하면서 북한 비핵화에 대해선 소극적 태도를 보이고 있다. 급변하는 동북아 정세 속에서 우리를 지키는 강력한 군사력이 바로 미래의 안보와 직결된다 할 것이다.

우리 군은 철저한 군사대비태세를 통해 북한의 군사위협을 억제하고, 도발 시 응징할 수 있는 힘을 구비해야 한다. 나아가, 남북군사합의서를 이행하는 과정에서 군사적 신뢰를 구축하고 위협을 소멸시키는 노력을 해야 한다. 이와 함께 아시아 패러독스처럼 상황이 계속 변화하고, 모호하고 잠재적인 위협이 존재하는 정세 속에서도 우리 국군은 대한민국의 안보를 지키기 위해 스스로 대응체계를 확립해 나가야 한다. 동시에 한미동맹을 굳건히 하고, 미래지향적으로 활용하는 방안도 모색해야 한다. 새롭게 등장하는 위협에 대해서는 국군의 유연하고 효율적인 운영을 통해 대비해 나가야하며 전통적 안보에 초점을 둔 국군의 인력과 조직을 새로운 위협에도 대응할 수 있도록 전문성을 키워 나가야 한다.

• **제10주제: 군대조직의 특성과 군대윤리**에 대해 발표하세요.[11]

▸ 들어가며

군 생활을 더 잘하기 위해 군대조직은 어떤 특성을 갖고 있으며 우리 장병들은 군인으로서 어떤 지위를 갖고 있는지 이해하는 것이 중요하다. 우리 군에서는 병사들을 '군복 입은 시민'으로 간주한다. 군복이 상징하는 군대의 특성을 수용하지만 민주시민으로서의 기본권 또한 유지된다는 의미다. 병사들의 경우 국방의무를 다하기 위해 가족의 품에서 벗어나 동료 전우들과 함께 생활하며 전투역량 함양을 위한 교육훈련에 임하게 된다.

본과에서는 이러한 군인의 지위와 권리를 바탕으로 올바른 군대조직의 특성을 살펴보고자 한다. 군대조직이 다른 조직과 어떻게 다른지 이해한다면, 올바른 병영생활의 지침을 발견할 수 있기 때문이다. 군대조직의 특성상 개인의 자율성은 제약될 수밖에 없다. 군대조직이 특수한 만큼 군대에서 기대되는 행동방식은 일반 사회와 다르다. 특히 유사시 군인이 맞닥뜨리게 될 전투상황은 인간이 경험하는 그 어떤 상황과 다르기 때문에 이에 대한 이해가 필요하다. 군대조직이 특수할 수 밖에 없는 것도 바로 목숨을 건 전투상황에 대비해야 하기 때문이다. 군은 특수한 조직이긴 하지만 보편적 원리 또한 중요한 요소라는 점을 인식할 필요가 있다.

군대는 전쟁을 수행하는 조직이기 때문에 그에 부합하는 군대윤리가 강조된다. 군대의 특수성에서 군인이 준수해야 할 의무가 도출된다. 그 가운데 명령에 대한 복종이 가장 중요한 의무다. 이 주제에서는 새로운 시대정신에 부합하는 명령의 의미를 살펴보고, 복종의 한계에 대해서도 이해할 필요가 있다. 전쟁을 수행해야 할 군인으로서 전쟁법의 내용과 딜레마도 무시할 수 없다. 이러한 논의를 바탕으로 참군인의 자세를 설정할 수 있을 것이다.

▸ 본론

I. 군복 입은 민주시민

가. 기본권 보장

나. 기본권의 제한

11) 상게서. pp.193~194.

2. **군대조직의 특성과 보편적 가치**

가. 군대조직의 특성

나. 전투상황의 특수성

다. 보편적 가치의 중요성

3. **군인의 의무와 윤리적 판단**

가. 군인의 의무

나. 명령에 대한 전향적 자세

다. 명령과 복종의 한계

라. 전쟁법 준수의 딜레마

▸ 결론

군복 입은 시민의 의미를 이해하고, 군대조직의 특성을 파악하여 올바른 조직원리를 발견하며, 군대윤리의 내용과 적용원리를 생각한다.

군복무는 건강한 대한민국 남성이라면 누구나 담당해야 하는 의무이며, 복무기간 동안 군인의 삶을 살게 된다. 이 과정에서 우리 병사들은 군복 입은 시민으로서의 정체성을 분명히 인식하는 것이 필요하다. 군대조직이 사회조직과 다른 점은 분명하지만 기본적으로 우리 국가질서 안에서 운영하는 것이기 때문에 자유민주주의의 보편적 원리를 넘어설 수 없다. 군인으로서 직무상 시민적 권리 일부가 유예되는 것이 불가피한 현실이지만 상호존중의 민주적 가치를 내면화해야 한다.

군대가 담당하는 과업이 엄중한 만큼 조직적으로도 매우 특수하다. 국가의 존망이 걸린 전쟁수행을 담당하는 조직인 만큼 군인은 어떤 일이 있어도 기필코 임무를 완수하고야 말겠다는 굳은 결의를 갖고 있어야 한다. 상관의 명령에 복종한다는 것은 상관으로부터 부여받은 임무를 수행하는 형식이다. 군조직의 가장 중요한 특성이 임무 완수라고 한 것도 군인이 가져야 할 책임감을 강조하기 위한 것이다. 결연한 임무수행의 의지와 능력이야말로 참군인의 가장 중요한 자격이다. 무한한 희생과 헌신이 요구되는 이유도 군인이 감당해야 할 과업이 특수하기 때문이다. 목숨을 건 임무라도 명령이 떨어지면 반드시 완수하겠다는 철저한 상명하복의 정신이야말로 참군인의 자세인 것이다.

그러나 시대변화에 부합하는 상명하복 정신 또한 필요하다. 상관으로부터 명령이나 지시를 기다리며, 수동적으로 복종하는 방식은 21세기 시대정신과 부합하지 않는다. 상관으로부터의 일방적인 지시에 따라 움직이기보다 보다 자발적이고 창의적으로 자신에게 주어진 임무를 수행하는 것이 현대를 살아가는 참군인의 적극적인 태도인 것이다. 군대의 특수성을 강조하며 보편적 가치를 무시해서도 안 될 것이다. 결정이나 명령이 엄중한 만큼 충분히 합리적이어야 한다. 맹목적 획일성 보다 하위 단위의 자율성을 인정하고 살려나가는 것이 궁극적으로 전투력 향상에도 도움이 된다는 것을 인식해야 한다. 인간존중의 정신 또한 도덕적으로 타당할 뿐만 아니라 강한 전우애의 바탕이 된다. 명령에 대한 절대적 복종의 중요성은 아무리 강조해도 지나치지 않다. 하지만 21세기 참군인은 복종의 한계에 대한 윤리적 감수성을 키울 필요가 있다. 직무와 무관하거나 타당하지 않은 명령에 대해서는 의견을 개진할 수 있는 용기를 갖추고 있어야 한다. 전쟁법의 내용도 숙지해야 하며, 전투상황에서 발생할 수 있는 딜레마에 대해서도 생각할 수 있는 시간을 가져야 한다. 명령에 복종만 하면 되던 시대는 지났다. 보다 자발적이며 창의적인 임무 수행과 함께 윤리적 감수성까지 갖추는 것이 21세기에 기대하는 참군인의 모습인 것이다.

• **제11주제: 이기는 군대와 참군인의 자세**에 대해 발표하세요.[12)]

▸ **들어가며**

2010년 11월 23일 북한이 연평도 일대에 대한 포격도발을 자행했다. 북한군은 연평도에 170여 발의 해안포와 곡사포, 122㎜ 방사포로 무차별 포격했던 것이다. 6·25전쟁 이후 북한이 우리 영토를 직접 타격하여 군인과 민간인을 사망케 한 최초의 사건이다. 북한군은 우리 군의 사격훈련을 빌미로 포사격을 감행했던 것이다. 이 당시 우리 해병대 용사들이 보여준 임전무퇴의 정신은 우리 군이 지향해야 할 군인정신의 대표적 사례로 여겨지고 있다. 서정우 병장은 마지막 휴가를 떠나기 위해 부두에서 배를 기다리고 있었다. 북한의 포격이 있자 그는 휴가를 포기하고 부대로 달려왔다. 그러던 중 적의 포탄에 맞아 전사했다. 당시 부대에서 근무 중이던 임준영 상병은 북한의 포격이 있자 대응사격을 위해 K-9 자주포 진지를 향해 뛰어갔다. 포탄이 떨어지고 불길이 치솟는 상황이었다. 불길이 임 상병에게 미치면서 방탄모 외피에 불이 붙었고 불길은 턱 끈을 타고 내려왔다. 그러나 임 상병은 불길에는 신경 쓰지 않고 오로지 대응사격에 집중했다. 그 어떤 위험에도 자신의 임무를 완수하겠다는 강인한 책임감을 발휘한 것이다. 바로 이러한 헌신적 책임감이 이기는 군대를 만든다. 이 과에서는 이기는 군대의 요건을 살펴보고 정신전력의 중요성을 되새기고자 한다. 보이지 않는 힘인 정신전력이 보이는 힘을 이기는 법이다. 정신전력의 핵심인 군인정신의 구체적 내용을 살펴봄으로써 참군인이 견지해야 할 자세가 어떤 것인지 이해할 수 있을 것이다.

▸ **본론**

I. 이기는 군대의 특성

가. 승리를 위한 삼위일체

나. 군인정신의 구분

2. 이기는 군대의 조건: 조직 차원의 가치

가. 군기

나. 사기

다. 단결

라. 교육훈련

---

12) 상게서. pp.217~218.

3. 참군인의 자세: 개인 차원의 가치

가. 명예 존중

나. 투철한 충성

다. 진정한 용기

라. 필승의 신념

마. 임전무퇴의 기상

바. 헌신적 책임완수

사. 애국애민의 정신

아. 군인정신과 군인의 사명

▸ 결론

이기는 군대의 특성을 이해하고, 이기는 군대의 조건을 파악하여, 참군인의 자세가 무엇인지 되새긴다.

이기는 군대는 강력한 정신전력으로 무장한 군대이다. 객관적 전력에서 우세하다고 전쟁에서 이기는 것이 아니다. 오히려 전력의 열세에도 불구하고 투철한 정신력으로 싸워 승리를 이끈 수많은 역사적 전투가 있음을 잘 알 수 있다.

정신전력을 강화하는 가장 기본적인 방법은 교육을 강화하는 것이다. 정신력이 돋보인 사례를 많이 보여주고 어떤 의미가 있는지, 실제 전과와는 어떻게 연결되었는지를 사실적으로 분석하여 교육하면 군인정신의 중요성을 인지할 뿐만 아니라 내면화에도 도움이 될 것이다. 인지적 자각과 도덕적 각성의 단계를 거쳐야 내면화가 이루어진다. 군인정신은 상황이 발생했을 때 발현될 수 있기 때문에 자각과 각성으로 이어지는 내면화 과정을 반복함으로써 군인정신을 강화해야 할 것이다.

이런 점에서 실질적인 교육훈련은 정신전력 수준을 확인하고 강화시킬 수 있는 중요한 과정이다. 실제 전투훈련을 실시하면 각 부대의 군기나 사기, 단결 수준을 평가할 수 있다. 개인 차원의 가치도 전투훈련을 통해 개별 병사들의 책임완수 의지와 능력에 의해 확인될 수 있기 때문에 교육훈련은 정신전력 수준을 파악할 수 있는 가장 좋은 방법인 것이다.

실전과 유사한 훈련일수록 전투상황에서 필수적인 정신전력을 강화하는데 도움이 될 것이다. 혹독한 훈련을 경험한 병사들은 강한 전우애를 형성하게 된다. 훈련이 힘들수록 함께 고생한 전우들을 아끼고 배려하는 마음이 생기게 되는 것이다. 교육훈련을 통해 전투능력에 자신감이 붙을수록 부대의 사기는 올라가고 임무를 수행할 수 있는 자신감도 고양되며, 주어진 임무를 완수할 수 있는 책임감도 강화되는 것이다. 군인정신의 고양이 전투력을 강화시키고, 전투력의 강화는 다시 정신전력의 확대로 이어지는 선순환 구조가 형성된다면 이것이 바로 이기는 군대의 특징이다. 참군인은 바로 이러한 군인정신과 탁월한 전투력으로 무장한 군인인 것이다.

• **제12주제: 미래로 향하는 선진 국군**에 대해 발표하세요.[13)]

▸ **들어가며**

대외 안보환경의 변화와 함께 과학기술의 급속한 발달, 국민의식의 변화 등은 지금 우리 군에게 새로운 변화를 요구하고 있다. 북한의 위협이 상존하는 가운데, 안보위협이 다변화되고 불확실성이 증대되고 있으며, 여기에 국방여건이 제한되면서 이를 극복하기 위한 「국방개혁 2.0」은 더 이상 지체할 수 없는 국민의 명령이자 시대적 소명이 되고 있다. 북한의 완전한 비핵화와 항구적인 평화정착 이전까지 불확실성은 증대되고 있고 주변국의 영향력 확대와 군비경쟁 심화로 잠재적 위협은 증가하고 있으며, 초국가적·비군사적 위협이 확산되고 있다.

이러한 상황에서 인구감소로 인한 병역자원 부족 현상이 가속화되고 인권 존중과 복지향상에 대한 국민적 요구는 증대되고 있다. 그리고 국방 분야의 충분한 재정지원 제한과 4차 산업혁명 시대의 과학기술은 전장환경을 근본적으로 변화시키고 있다. 우리 군은 이러한 변화에 적극 대응하기 위해 「국방개혁 2.0」을 강력하게 추진함으로써 정예화된 조직과 강력한 군사력을 가진 강군을 건설하고 '자율과 책임'의 조직문화를 조성하여 국민으로부터 신뢰받는 선진 병영문화를 정착시켜 나가야 한다. 이와 함께 진정한 국민주권의 시대정신을 반영하여 정치적 중립 의무를 준수하고, 사회와 국민의 눈높이에 부합하는 인권 및 복지를 구현하며, 군 복무를 개인적 희생이 아닌 자기계발과 발전의 계기로 만들기 위한 노력들도 진행 중이다.

따라서 이 주제에서는 우리 군이 이러한 환경변화 속에서 대한민국을 수호하고 국민의 안전과 생명을 보호하며 나아가 세계평화에 기여하기 위해 어떻게 변화하고 있는지를 알아볼 것이다. 또한 우리 군이 지향하는 미래 선진 국군의 모습은 어떠한지 살펴보고자 한다.

▸ **본론**

I. 강력한 국방개혁 추진으로 한반도 평화를 뒷받침하는 강군 건설

가. 안보환경

나. 국방여건

다. 「국방개혁 2.0」의 추진

---

13) 상게서. pp.243~244.

2. **국민으로부터 신뢰받는 선진병영문화 정착**

가. 강한 전투력은 인권이 보장된 병영문화 속에서 창출

나. 장병 복지 향상 및 복무여건의 획기적 개선

다. 장병 복지 향상 및 복무여건의 획기적 개선

라. 군인복무기본법 제정

마. 미래지향적 병영문화

3. **개인의 발전을 위한 군대**

가. 가치관 형성과 사회 적응력 배양

나. 육체적 정신적 성숙

다. 자기계발의 기회

라. 국가와 사회로부터의 인정

4. **세계로 나아가는 국군**

가. 유엔의 평화유지활동

나. 다국적군 평화활동

다. 국방교류협력활동

라. 해외파병의 성과

마. 4차 산업혁명시대의 전쟁

▸ 결론

바람직한 병영문화의 방향을 이해하고, 군 복무를 개인적 발전과 계발의 기회로 인식하여, 세계로 나아가는 우리 군의 모습을 되새기며, 현대전양상과 전략적 분대장의 중요성을 이해한다.

병사들도 달라져 한다. 현대전에 부합하는 전투역량을 갖추는데 노력해야 하지만 서로에 대한 배려와 존중의 마음가짐을 가져야 한다. 결국 병영생활의 주체는 병사들이며, 전우이자 동료로서 서로를 존중하고 배려할 때 보람찬 군 복무가 가능하다. 군 복무는 말 그대로 신성한 국방의 의무다. 민주공화국의 시민으로서 당연히 감당해야 할 일이다. 반드시 해야 할 군 복무라면 보다 적극적으로 영위할 필요가 있다. 자신에게 주어진 임무에 대해서는 책임지고 완수하겠다는 굳은 결의를 가져야 한다. 성숙한 인간으로서 책임감만큼 중요한 것도 없다. 생각이 다르고 살아온 환경이 다르다 해도 병사 개개인은 자신에게 부여된 임무를 충실히 수행하는 책임감 넘치는 젊은이가 되어야 한다는 점에

는 어떤 차이도 없다. 병영생활에서부터 교육훈련, 더 나아가 유사시 전투상황에서도 병사 각자가 자신에게 주어진 임무를 충실히 수행할 때 더 나은 병영생활이 보장될 수 있다.

보람찬 군 복무를 위해서는 자기계발의 끈도 놓지 말아야 한다. 군 복무를 단절의 시간이 아니라 자기계발과 발전의 계기로 만드는 것은 병사 개개인의 의지와 노력이다. 근무시간에는 업무에 최선을 다해야 하지만 근무 이외 시간을 활용할 경우 자기계발의 기회를 충분히 가질 수 있다. 지휘관들도 병사들의 자기계발에 적극적으로 나서야 한다.

군 복무를 학습과 경력의 단절이 아니라 자기계발의 새로운 계기로 활용할 때 군 업무에도 보다 충실할 수 있기 때문이다. 교육훈련 과정을 통해 신체적으로나 인격적으로 성장할 수 있는 좋은 기회를 가질 수 있는 것과 마찬가지로 업무 외 여가시간을 활용한 자기계발도 결코 무시할 수 없는 군 복무의 장점이 될 것이다.

4차 산업혁명의 부합하는 군 전력구조의 변화 역시 거시적으로 추진해야 할 과제이다. 과학기술은 상상하기 어려운 속도로 발전하고 있으며 어디까지 발전할 수 있을 지는 상상하기 어렵다. 이미 초보적인 수준이지만 로봇이 전투에 활용되고 있으며 이러한 경향은 더욱 확대될 것이다. 4차 산업혁명의 물결이 우리 사회와 군대를 근본적으로 변화시킬 것이라는 진단이 나오고 있다.

이런 변화에 맞서 우리 군도 전향적으로 변해야 한다. 미래전의 변화에 부합하는 전략적 사유와 교리의 개발, 무기체계의 확보가 중요하다. 북한의 핵개발과 미사일에 대응할 수 있는 방어전력 확보가 무엇보다 급선무이고 미래를 준비하는 지혜 또한 중요하다.

6·25전쟁 당시 유엔군의 도움이 결정적이었던 것처럼 해외평화유지활동에도 보다 적극적으로 참여할 필요가 있다. 세계화 시대를 맞아 우리 국격에 맞는 해외평화유지활동을 통해 국가의 위상을 드높일 뿐 아니라 경제적 효과 또한 적지 않기 때문이다.

육군의 5대 가치관이란?

캄캄한 밤중에도 뱃사공이 길을 잃지 않고 부두를 찾아오는 것은 불을 밝혀 주는 등대가 있기 때문이다. 탐험가가 방향을 잃지 않고 목표 지점을 향해 전진할 수 있는 것은 나침반이 있기 때문이다. 등대와 나침반은 바른 길을 안내하는 길잡이다.

이와 마찬가지로 육군의 모든 구성원들이 동일한 목표를 향해 한 방향으로 나아가도록 길잡이 역할을 해주는 것이 바로 '**육군 5대 가치관**'이다.

육군의 5대 가치관인 **충성, 용기, 책임, 존중, 창의**는 육군의 모든 구성원들을 하나로 결집시켜주는 공통의 신념체계이다. 우리가 "무엇을 위해 군복무를 하고, 어떤 군인이 되어야 하며, 어떤 행동을 하여야 하는가"를 결정해 주는 지표이자 기준이다. 이는 과거·현재·미래를 초월하여 평시든 전시든 어떤 상황에서도 이등병으로부터 장군에 이르기까지 육군의 모든 구성원들에게 변함없이 적용되는 육군의 핵심가치이다.[14)]

충성(忠誠)이란 뭘까요?

"마음에서 우러나오는 정성을 다하라"

육군의 모든 구성원은 국가와 국민을 위해 충성을 다할 것을 맹세했다. 충성은 군인의 의무이다.

충성은 대가를 바라지 않는다. 왜냐하면 진정한 충성은 참 마음에서 우러나오는 것이기 때문이다. 어떤 조건을 달거나 마지못해 행하는 것은 진정한 충성이 아니다.

참 마음이란 개인의 사사로운 이익이 아닌 참다운 가치에 대해 헌신하고자 하는 마음이다. 군인의 참다운 가치는 국가와 국민이다. 국가와 국민을 위해 기

14) 육군본부, 「참 군인의 길」, 2012. p.6.

께이 자기 자신을 희생하고 헌신하는 것이 진정한 충성이다.

국가로부터 위임받은 정당한 권한을 행사하는 상관의 명령에 자발적으로 복종하는 것은 곧 국가에 대한 충성이다.

상관은 주어진 권한 범위 내에서 부하들을 공정하고 인격적으로 다루며, 스스로 육군가치관에 따라 행동할 때 부하들의 참다운 충성을 얻을 수 있다.

충성스러운 군인은 상관의 명령이나 자신이 수행하는 임무가 국가와 국민을 위한 가치 있는 일이라는 신념으로 정성을 다해 성실히 수행한다.

충성스런 군인에게 일은 가치 있고 즐거운 것이지만, 그렇지 못한 사람에게 일은 그저 고통일 뿐이다.

충성스런 군인은 부대와 자신의 운명이 하나임을 인식하여 '너와 내가 아닌 우리'라는 공동체 의식을 갖고 부대의 승리를 위해 최선을 다한다.[15]

자신의 정성을 다함(忠)과 참된 마음(誠)이 결합한 것으로 '참된 마음으로 자신의 정성을 다하는 것', 즉 자기의 모든 힘과 마음을 다하는 것을 의미한다. 충성은 정성됨과 공평무사함을 말하며, 충실(忠實)과 선의(善意)를 중히 여긴다.

충성은 국가와 나의 존재를 동일시하는 가치관으로서, 가치관 중에서도 으뜸이 되는 군인의 가치관이며, 충성의 대상은 국가, 상관, 임무에 대한 충성으로 구분된다.

충성(忠誠)의 한자어가 갖고 있는 의미는 '충(忠)'은 신뢰와 믿음(Faith)을 뜻하고, '성(誠)'은 성실함과 진실함(Sincerity)을 뜻한다. '충'은 '가운데 중(中)'과 '마음 심(心)'의 합성어로, 이는 좌우로 치우치지 않고 넘어지지 않으며 자기의 근본된 마음을 바탕으로 일하며 살아간다는 뜻이다.

전통적 충성의 개념은 신라 화랑의 세속오계(世俗五戒)의 사군이충(事君以忠)에서 보는 바와 같이 신하가 임금을 받드는 도리로서 충절(忠節)의 의미가 강하다. 따라서 오늘날 충성이라는 말이 국가와 민족, 그리고 상관 등에 대한 충성으로 사용되는 것은 그 본원적인 의미에 가깝다고 할 수 있다.

"조국을 위해 내 모든 것을 바칠 기회가 가장 많이 주어져 있는 곳이 바로

---

15) 상게서. p.13.

군대이며, 이 군대의 울타리 속에 내가 생활하고 있음은 다시없는 영광이요 기쁨인 까닭에 오늘도 창밖으로 내다보이는 조국의 하늘은 저리도 푸르며 새소리조차 눈물겹도록 행복하게 들리는 것 아닌가!"라는 어느 노장의 고백은 현재 내가 처한 이 상황과 내가 걷는 이 길을 어떻게 걸어가야 할 것인가를 잘 말해주고 있다.

용기(勇氣)란 뭘까요?

"두려움에 용감히 맞서라"

용기란 두려움을 모르는 것이 아니라, 비록 두렵지만 그것을 억누르고 자신의 임무를 완수하는 것이다. 두려움이 없다면 용기도 있을 수 없다. 용기는 두려움 속에서 나오기 때문이다.

어떤 위험이나 공포의 상황에 직면할 때, 인근은 누구나 두려움을 가는다. 그럼에도 불구하고 정의를 위해 두려움에 용감히 맞서는 것이 진정한 용기이다.

용기는 불의에 타협하지 않고 원칙과 가치를 확고히 지키는 의지이다. 일의 결과에 상관없이 그것이 옳은 일이기 때문에 행하는 것이다. 아덴만 여명 작전에서 용기를 발휘했던 석해균 선장은 이렇게 말했다. "죽을지도 모른다는 생각에 처음엔 마음의 갈등이 있었지만 불의에 대항해야 한다는 각오가 생기니 죽음도 무섭지 않았다"

용기 있는 군인은 위기의 상황에서 부상이나 죽음에 대한 두려움에도 불구하고 위험을 무릅쓰고 자신의 임무를 완수하는 군인을 말한다. 용기 있는 군인은 시기와 장소, 옳고 그름을 분별하여 행동하는 인내력을 갖고 있다. 옳지 않은 일인데도 용감하게 행동하는 것은 용기가 아니라, 만용이다. 전후사정을 살피지 않고 무턱대고 나서는 것은 어리석은 행동이다. 사소한 시비로 주먹질을 하는 동료들의 싸움에 끼어들어 난투극을 벌이는 것은 용기가 아니라 분별없는 행동일 뿐이다.[16]

16) 상게서. p.35.

용기는 도덕적 용기와 육체적 용기로 구분된다. 도덕적 용기는 '불의와 부정을 보면 참지 못하고 타협하지 않으며, 유혹을 과감히 물리치는 지조'이다. 육체적 용기는 '위험에 직면했을 때 이에 굴하거나 위축되지 않고 당당히 맞서는 것'이다 따라서 진정한 용기란 시비(是非)를 가릴 줄 아는 냉철한 판단력과 결과에 대해 옳은 것은 옳다 하고, 그른 것은 그르다 하며, 또 옳은 것을 지키고 그른 것을 물리치기 위해 목숨까지 내걸고 필요한 결단과 조치를 감행하는 자세와 그 행위이다.

인도의 영웅 간디는 말할 수 있는 용기, 행동할 수 있는 용기, 고난을 감수할 수 있는 용기, 모든 것을 버리고 홀로 남을 수 있는 용기를 진정한 용기라고 하였다. 특히 군인에게 있어서는 육체적 용기와 도덕적 용기가 다 발휘돼야 한다. 치열한 전투 속에서도 정신적, 육체적으로 극한적인 어려움을 극복할 수 있고, 자신의 업무상 잘못한 부분을 시인할 수 있으며, 상관의 잘못된 판단에 대해 직언할 수 있는 용기를 가져야 한다.

임무를 수행하며 잘못된 것은 잘못되었다고 말할 줄 아는 용기를 가져야 한다. 하급자가 잘못된 부분을 은폐하거나 허위 보고를 한다면 전시나 위급한 상황 시에는 엄청난 문제를 일으킬 수 있다. 또한 상급자는 자신의 잘못된 부분을 명령으로 밀어붙이거나 상급자의 말을 무조건 받아들이는 '예스맨'의 하급자를 만들지 않도록 각별한 관심을 가져야 한다.

따라서 용기의 가치를 함양하기 위해서는 건전한 도덕성으로 무장하고, 강인한 체력을 유지해야 하며, 특히 악조건 하에서 임무를 수행하는 군인에게 용기는 필수적인 가치라고 하겠다.

책임(責任)은 뭘까요?

"주어진 임무를 끝까지 완수하라"

책임은 자기에게 주어진 임무를 남에게 전가하지 않고 끝까지 완수하는 것이다. 그리고 그 일의 결과가 잘못되었을 때에는 어떠한 불이익도 기꺼이 감수하는 것이다.

조직 구성원들이 각자 자신의 임무를 완수했을 때 최상의 성과를 거둘 수 있다. 만일 자신의 임무를 다른 사람에게 전가한다면 그 임무는 물론 다른 사람의 임무까지도 충실히 수행할 수 없게 된다. 이처럼 무책임한 사람은 조직에 피해를 주고 목표 달성을 방해하므로 모두에게 신뢰받지 못한다.

군인의 책임은 반드시 수행해야 할 절대적인 것이다. 개개인의 책임완수는 부대의 승패를 좌우하고 더 나아가 국가의 운명과 직결되기 때문이다. 그러므로 군인은 생명을 바쳐서라도 기필코 임무를 완수하겠다는 강한 책임감이 요구된다.

책임 있는 군인은 임무를 완수하지 못하거나, 부정적인 결과를 초래했을 때에는 도덕적, 법률적으로 어떠한 불이익도 기꺼이 감수한다. 이를 회피하거나 다른 사람에게 전가하는 것은 군인으로서 무책임하고, 비굴한 행동이다.

축구선수들이 각자의 위치에서 역할을 다하지 못한다면 팀웍이 무너지고 경기에서 패하고 만다. 마찬가지로 군인도 계급과 직책에 따라 부여된 책임을 다하지 못한다면 전투력을 발휘하지 못하고 끝내 패하고 말 것이다.

각자 자신의 책임을 완수할 때만이 부대는 최상의 전투력을 발휘할 수 있고 전투에서 승리할 수 있는 것이다.[17]

군인으로서 임무는 선택할 수 없으나 임무 수행을 위한 수단과 방법은 얼마든지 선택할 수 있으므로 선택한 것에 대해서는 반드시 책임을 지도록 해야 한다. 그리하여 '책임을 다하는 군인, 책임 앞에 충직한 군인상'을 국가와 국민 앞에 각인시킬 수 있도록 노력해야 한다.

존중(尊重)이란 뭘까요?

"내가 귀한 만큼 남도 귀하게 대하라"

존중은 모든 사람이 인격적으로 동등한 존재라는 것을 인정하고 상대방의 입

17) 상게서. p.59.

장에서 배려하는 것이다. 사람은 누구나 자기 자신이 가장 귀한 존재라고 생각하고, 또 그렇게 대해 주기를 원한다. 이는 계급 고하를 막론하고 누구나 갖고 있는 기본적인 욕구이다.

내가 귀하다는 것은 곧 상대방도 귀하다는 것이다. 그래서 모든 사람은 인격적으로 평등하며, 누구나 동등하게 존중받을 권리가 있다.

존중은 나와 다른 사람의 차이를 인정하는 것으로부터 출발한다. 사람은 각자 자라온 환경과 경험, 학력, 종교, 생각과 가치관 등이 다르다. 서로의 '차이'를 인정하고 내 입장이 아닌 상대방의 입장에서 이해하고 배려할 때 존중의 마음은 싹튼다.

가는 말이 고와야 오는 말이 곱다. 내가 상대방을 존중할 때, 비로소 상대방도 나를 존중해 주는 것이다. 상대방을 존중하지 않으면서 상대방이 나를 존중해 주기만을 바라는 것은 지극히 이기적인 생각이다.

상대방에 대한 최고의 존중은 칭찬과 격려이다. 이는 상대방의 자존감을 최고로 높여주어 자발적으로 임무를 수행하도록 이끄는 마력을 갖고 있다.

사람은 인격적으로 존중받는다고 느낄 때 비로소 마음의 문을 연다. 그래서 존중은 상호 신뢰의 기초가 된다. 서로를 존중하는 조직은 구성원 간에 강한 신뢰감이 형성되어 무쇠처럼 단단한 단결력을 발휘할 수 있다.[18]

존중이란 '타인뿐만 아니라 자신도 높이고 중하게 여김'으로써 사람의 명예와 생명의 존엄, 그리고 가족, 친구, 전우들을 귀하게 여기고 그들의 권리를 소중히 여기는 태도이며, 타인을 존중하는 것뿐만 아니라 자기 존중도 포함된다. 따라서 인간은 권리와 책임을 지닌 한 개인으로서 자신에 대한 인식과 인간의 존엄성을 인정하고 타인을 배려하며 민주 시민으로서 법과 질서를 존중할 수 있어야 한다.

군에서 존중은 긍정적인 자아관을 가지고 부하와 동료들을 인격적으로 대우하는 것이며, 언어에 있어서도 강압적으로 윽박지르기보다 따뜻하고 부드러운 말을 사용하고 인정과 칭찬을 함으로써 조직 구성원 모두가 자발적으로 조직에

18) 상게서. p.81.

충성하도록 하는 것이다.

이와 같은 의미에서 존중은 군 조직뿐만 아니라 모든 조직 사회에서 반드시 개인에게 필요한 가치라고 할 수 있다. 특히 군에서의 존중의 가치는 구성원간 상경하애(上敬下愛), 신뢰 구축, 인화 단결 등으로 조직의 활성화를 이루게 한다. 이것은 결국 군심(軍心) 결집으로 이어져 새롭고 건전한 군대 문화 창조와 대한민국을 지키는 초인류 육군이 될 것이다.

창의(創意)란 뭘까요?

"고정관념을 깨고 발상을 전환하라"

찰스 다윈은 "지구상에서 살아남은 종족은 가장 강한 종족이 아니라, 변화에 가장 잘 적응한 종족이다"라도 말했다. 지식정보화 사회는 변화의 속도가 매우 빠르다. 변화를 예측하고 끊임없이 새롭게 혁신하는 자만이 경쟁에서 살아남을 수 있다.

우리 군도 군사과학기술의 획기적인 발전으로 인하여 전쟁수행 방식이 급속히 변화하고 있다. 무기체계 및 지휘통신체계가 첨단화·네트워크화가 되고, 일하는 방식에서도 혁신적인 변화를 요구하고 있다.

혁신의 기초는 창의에 있다. 창의는 과거의 관행과 고정관념을 깨는 '발성의 전환'으로부터 시작된다. 항상 문제의식을 갖고 평범하고 일상적인 것들을 새로운 각도에서 관찰해 보고, 독창적이고 새로운 방법을 찾아내는 능력을 길러야 한다. 창의는 전문지식을 기반으로 한다. 기존의 지식을 응용하거나 이를 새롭게 결합할 때 비로소 창의가 발휘될 수 있다. 창의는 자신의 일을 즐기는 사람, 열린 생각을 갖고 남의 의견을 경청하는 사람, 실패를 두려워하지 않는 도전정신을 가진 사람에게서 나온다.

시시각각 변화하고 모든 것이 불확실한 전투현장에서 창의성의 발휘는 전승을 보장하는 기초가 된다.

따라서 군에서는 새로운 생각이나 의견, 변화를 추구하는 정신으로 군의 제한된 자원을 효과적으로 활용할 수 있고 저비용 고효율 달성할 수 있으며, 전장이 확대되고 상황이 빠르게 전개되는 미래 전장 환경에 대비하는데 반드시 필요한 가치관이 창의이다. 이러한 창의는 장병들이 군 생활을 인생의 공백 기간이 아니라 자기개발을 위한 최적의 기간으로 인식하여 건전한 민주시민으로 발전하는 데 필요한 가치관이라 하겠다.

어떤 특정한 고정된 사고에 집착함이 없이 자신의 주변에서 일어나고 있는 상황을 충분히 파악하여 자유롭고 독창적인 착상을 할 수 있는 지휘관만이 승리할 수 있다. (롬멜)

존경하는 인물은 누구인가요?

수험생들은 1·2면접장에서 이러한 질문을 받게 된다. 수험생 중 30%는 '아버지'를 존경한다고 답한다. 본인을 이 세상에 태어나게 하여 주시고 키워주셔서 오늘이 있게 해주신 아버지를 존경하는 수험생에 마음은 이해한다. 그렇지만 면접관이 묻고 있는 의도에 맞는 좋은 답변은 아니다.

수험생이 선정한 존경하는 인물은 수험생의 올바른 품성과 가치관을 정립하는데 영향을 준 존경하는 인물을 제시하고, 본인의 삶에 어떠한 영향을 주었으며, 군 간부가 되어 그 분의 가르침을 받들어 어떻게 하겠다는 다짐을 얘기할 수 있었으면 더 좋을 것 같다.

군 간부가 될 수험생들에게 우리 역사에서 존경 받는 몇 분을 소개한다.

세종대왕

세종대왕을 존경하는 이유는 백성을 위해 한글을 만들어 오늘날까지 자랑스러운 우리말 한글을 사용할 수 있게 하신 분이시며, 32년 동안 왕위를 지키시고 54살에 돌아가실 때까지 '성실함의 끝판왕'으로 오롯이 백성을 사랑하는 깊은 마음과 뛰어나 창의력, 그리고 성실한 노력에 존경의 큰 절을 드리고 싶은 심정이다.

세종대왕은 조선왕조 제4대 왕(재위 1418~1450)으로 인재를 고르게 등용하여 이상적 유교정치를 구현하였다. 훈민정음(訓民正音)을 창제하고 측우기와 같은 과학 기구를 제작하는 등 백성들의 생활에 실질적으로 도움이 되는 문화 정책을 추진하였다.

1446년에 훈민정음을 반포함으로써 한자(漢字)를 모르는 백성들도 어려운 한자에 의존하지 않고 쉽게 뜻을 전하고 이해할 수 있게 하였다. 이로써 우리 민족으로 하여금 세계에서 가장 과학적인 문자를 소유하도록 하였다.

대외정책은 주변국과 평화로운 관계를 유지하면서 영토확장에 진력하였다. 여진족(女眞族)과의 관계는 무력으로 강경책을 쓰거나 회유하는 화전(和戰) 양면책을 썼는데, 두만강 유역의 여진에 대응하기 위해 김종서(金宗瑞)로 하여금 6진(六鎭)을 개척하여 국토를 확장하였다(1432). 압록강 유역의 여진에 대응하기 위해서는 최윤덕(崔潤德)·이천 등으로 하여금 4군(四郡)을 설치하였다.

또한 남해안 백성들을 약탈하여 노략질하는 왜구를 진압하기 위하여 1419년 이종무(李從茂)장군으로 하여금 왜구의 소굴인 쓰시마섬(대마도)을 정벌한 뒤 쓰시마 도주(島主)로부터 사죄를 받았다.

우리 대한민국의 자랑인 세종대왕을 존경하며, ○○○이 된다면 그 정신을 이어받아 국민의 생명과 재산을 지키는 군 간부가 되겠다.

충무공 이순신 장군

백의종군하며 국가에 충성한 이순신 장군을 존경한다. 충무공 이순신 장군은 임진왜란이 일어나자 24시간 융복(군복)을 입고 살았고, 모친의 부음(訃音)을 들었을 때도 억장이 무너져 내리는 슬픔을 가눌 수 없었지만, 왜군의 거동이 심상치 않다는 전황을 듣고 모친의 장례에도 참석치 못한 채 전장으로 향했다. 또한 전장에서 부인이 위급하다는 전갈을 받고서도 "나라가 이 지경에 이르렀는데 다른 일을 생각할 겨를이 없다"고 난중일기에 적어 선공후사(先公後私)의 전형을 보여주었다.

원균의 모함으로 삼도수군통제사의 직위를 상실했음에도 불구하고 권율장군의 휘하에서 백의종군하며 국가에 헌신하였다. 어느 장수가 고급 지휘관의 위치에서 그 부대의 말단 병사로 강등되어 전투에 참가하라는 명령을 받았을 때 진정 충성으로 복종할 수 있겠는가? 이것이 바로 충무공 이순신 장군의 국가에 대한 충성심이다.

그 후 충무공 이순신 장군은 삼도수군통제사로 다시 복직되어 명량해전을 승리로 이끌었고, 마지막 전장인 노량해전을 앞두고 "원수를 무찌른 다면 이제 죽어도 여한이 없겠습니다"라고 무릎 꿇고 하늘에 맹세하기도 하였다. 마침내 노량해전이 시작되어 화살이 비 오듯 오가는 가운데 적의 총탄 하나가 그의 가슴을 파고들었다. 그러나 충무공은 이에 아랑곳하지 않고, "지금 싸움이 한창이니 내가 죽었다는 말을 하지 말라"고 부하들에게 명한 뒤 장렬한 최후를 맞이하였다.[19)]

사적인 일보다 국가의 일을 우선하여 생각하고 백의종군하면서도 국가에 대한 충성심이 변하지 않으며, 죽는 순간까지 위국헌신의 군인본분을 다한 충무공 이순신 장군이야말로 국가에 대한 충성의 표상이라 생각한다.

○○○시험에 합격하여 군 간부가 되면 이순신 장군의 정신을 이어 받아 국가안보를 책임지는 참 군인이 되겠다.

必死則生(필사즉생) 必生則死(필생즉사)

죽고자 하면 살 것이고, 살고자 하면 죽을 것이다.

〈난중일기〉

안중근 장군(의사)

위국헌신(爲國獻身) 군인본분(軍人本分)의 표상, 대한의군 참모중장 안중근장군을 존경한다.

안중근 장군은 한말의 독립 운동가로 삼흥학교(三興學校)를 세우는 등 인재 양성에 힘썼으며, 만주 하얼빈에서 침략의 원흉 이토 히로부미(伊藤博文)를 처단하고 순국하였다.

---

19) 육군본부, 「육군가치관 및 장교단정신」, 2010. p.10.

안중근 의사는 1909년 동의 11명과 죽음으로써 구국 투쟁을 벌일 것을 손가락을 끊어 맹세하고, 동의단지회(同義斷指會)를 결성하였다. 그해 10월 침략의 원흉 이토 히로부미가 러시아 재무상(財務相) 코코프체프(Kokovsev)와 화담하기 위하여 만주 하얼빈에 온다는 소식을 듣고 그를 처단하기로 결심하였다.

1909년 10월 26일 일본인으로 가장, 하얼빈역에 잠입하여 역 플랫폼에서 러시아군의 군례를 받는 이토 히로부미를 처단하고 현장에서 러시아 경찰에게 체포되었다.

일본 관헌에게 넘겨져 뤼순(旅順)의 일본 감옥에 수감되었고, 이듬해 2월 14일, 재판에서 사형이 선고되었으며, 3월 26일 형이 집행되어 순국하셨다.

안중근 장군께서는 "내가 죽은 뒤에 나의 뼈를 하얼빈 공원 곁에 묻어두었다가, 우리 국권이 회복되거든 고국으로 반장(返葬)해 다오. 나는 천국에 가서도 마땅히 우리나라의 국권회복을 위해 힘쓸 것이다. 대한독립의 소리가 천국에 들려오면 나는 마땅히 춤을 추며 만세를 부를 것이다."[20]

군 간부가 되어 안중근 장군의 '위국헌신 군인본분' 정신으로 국가안보를 책임지겠다.

맥아더(Douglas MacArthur) 장군

오늘날 자유민주주의 대한민국이 있게 맥아더 장군을 존경한다.

맥아더 장군은 1950년 6월 25일 한국 전쟁이 일어나자 국제연합군(UN군) 최고사령관으로 임명되었다. 일본에서 자신의 전용 비행기인 바탄(Bataan)기를 타고 한반도정찰을 감행하였다. 수원에 착륙하여 이승만 대통령을 만나고 한강 이남의 정세를 직접 정찰하였다. 한반도에 주둔하는 미국 육군 제24, 25사단이

20) 육군본부, 「군인복무규율 길라잡이」, 2014. p.19.

방어전을 펼쳤고 일본에 주둔하는 제8군을 한반도로 이동시켰다. 불리한 한반도 정세를 전환하기 위해서는 인천 상륙 작전이 필요하다는 점을 본국에 설득하였고 7월 25일 미국 합참을 통해 승인을 받았다. 1950년 9월 15일 바닷물이 차올라 만조가 되는 날, 인천 상륙 작전을 감행하여 전세를 역전시켰고, 인민군을 압록강 국경까지 몰아내는 데 성공하였다. 그러나 중공군의 개입으로 다시 후퇴를 하게 되자, 그는 만주 폭격과 중국 연안 봉쇄, 대만의 국부군(國府軍)의 활용 등을 주장하였고, 이로 인한 해리 트루먼 대통령과의 대립으로 1951년 4월 11일 사령관에서 해임되었다. 상·하원 합동연설에서 "노병(老兵)은 죽지 않는다, 다만 사라질 뿐이다."라는 명언을 남겼다.

맥아더 장군의 지휘하에 진행된 인천 상륙 작전은 워싱턴 등 군부의 반대에도 불구하고 전투를 성공적으로 지휘, 전쟁의 양상을 뒤바꿔 놓았다. 최측근들은 인천은 조수간만의 차가 커서 위험하다며 군산으로 상륙 지점을 변경할 것을 제한했지만 맥아더의 신념은 확고했다. 막상 작전 돌입단계에 이르러서 주요간부끼리'Go/No go(작전 실행/중지) 회의'를 했다. 당시 주한 미 해군사령관은 이 작전을 반대했다. 미국 군부는 군산 상륙작전이 효율적이라고 여겼기 때문이다. 그러나 맥아더는 "이건 내 고집대로 해야겠으니 따라와 달라."고 말하며 인천을 선택했다. 인천상륙작전에 대해 중국의 마오쩌둥은 예측하고 있었다. 그래서 수차례 김일성에게 경고했지만 김일성은 듣지 않았다. 결국 미군은 단 한 명의 사상자도 없이 월미도를 차지하여 인천항을 점령할 수 있었고, 이후 이어진 첫날 전투에서도 미군의 사망자는 20명에 불과했다.

결국 작전은 성공하였고, 맥아더의 작전을 제대로 간파하지 못한 북한군은 이 작전에 의해 인천을 빼앗긴 이후 1.4후퇴 때까지 연전연패했다. 실제로 김일성은 한국 전쟁의 실패 원인으로 '인천 상륙 대비 실패, 서울 조기 포위 실패, 춘천 조기 점령 실패' 등의 3가지를 꼽은 바 있다.

백선엽 장군

"내가 물러서면 너희가 나를 쏴라" 다부동 전투 승리로 낙동강 방어선을 지킨 제1사단장 백선엽 장군을 존경한다.

백선엽 장군의 국군 제1사단은 북한군 주력이 지향된 다부동 축선에서 8월 13일~28일까지 전차로 증강된 북한군 3개 사단을 상대로 치열한 전투를 벌였다. 특히 다부동이 돌파될 위기상황에서는 미군 2개 연대와 국군 제8사단 제10연대까지 증원하여 적의 공격을 격파하였다. 국군 제1사단은 매일 평균 600~700여 명의 병력 손실이 발생할 정도로 전투가 치열하였으나 학생신분으로 자원입대한 학도병과 신병 보충을 통해 다부동을 지켜낼 수 있었다.

사단장 백선엽 장군은 적의 공격을 받아 후퇴하고 있는 현지로 달려가 격전에 지친 병사들을 세워놓고 훈시했다.

"우리는 여기서 더 이상 후퇴할 장소가 없다. 더 후퇴하면 곧 망국이다. 우리가 더 갈 곳은 바다밖에 없다. 대한의 남아로서 다시 싸우자. 내가 선두에 서서 돌격하겠다. 내가 후퇴하면 너희들이 나를 쏴라."

사단장은 돌격명령을 내리고 선두에 서서 돌격을 감행했고 병사들의 함성이 골짜기를 진동했다. 그리고 고지를 재탈환했다. 미 27연대장 마이켈리스 대령은 "사단장이 직접 공격에 나서는 것을 보니 한국군은 신병(神兵)이다."라고 감탄했다.[21)]

이러한 백선엽 장군의 정신을 이어받아 군 간부가 되어 조국을 지키는 충성심으로 국가안보를 책임지는 군인이 되고자 한다.

---

21) 육군본부, 「육군가치관 및 장교단정신」, 2010. p.11.

김종오 장군

북한군 2군단장과 2·12사단장을 보직해임 시킨 6·25전쟁의 영웅 김종오 장군을 존경한다.

김종오 장군은 6·25 전쟁 당시에는 제6사단장으로서 춘천, 홍천 방면으로 공격해 오는 북한 공산군의 진격을 5일 동안이나 지연시킴으로써 공산군의 남침계획에 큰 차질을 가져오게 하였다. 춘천 북방에서 북한군을 격퇴하려는 기존의 계획에 얽매이지 않고 상황의 변화에 따라 적의 주력이 지향된 곳에 예비대와 포병을 적시적으로 전환 및 집중 운용하여 방어의 종심과 화력을 보강함으로써 전투수행여건을 보장해주었다. 열세한 전투력에도 불구하고 제6사단이 최소의 희생으로 최대의 전과를 얻을 수 있었던 것은 사단장 주도하에 적의 약점을 공략하기 위한 선택과 집중, 지속적인 방어력 발휘를 위한 예하부대간의 유기적인 협조 등이 잘 이루어졌기 때문이었다. 김일성은 춘천－홍천 전투의 작전실패 책임을 물어 제2군단장과 제2·12사단장을 해임하였다.

충청북도 음성에서는 북한 공산군 15사단 48연대를 기습해 사살 1천 명, 포로 97명과 수많은 장비를 빼앗는 등 개전 이래 최대의 전과를 올렸으며, 이 전공으로 7월 육군 준장으로 승진했다. 같은 해 9월 낙동강 방어선에서 반격작전에 나선 김종오 사단은 10월 26일 초산을 점령, 한만(韓滿) 국경에 최초로 태극기를 꽂았다.

1952년 휴전 회담에서 군사 분계선 확정 문제를 두고 막바지 줄다리기를 하고 있을 때 전방의 제9사단장으로 임명되어, 중공군 정예 사단들과 백마고지를 두고 10일 동안 24번이나 계속된 뺏고 빼앗기는 혈전을 지휘하였다. 이 전투 끝에 중공군을 완패시킴으로써 휴전 회담에도 큰 정치적 영향을 끼치게 하였다.[22]

---

22) 육군군사연구소, 「1129일간의 전쟁」, 2010. p.2.

선택과 집중으로 전투에서 승리한 6·25전쟁 영웅 김종오장군의 정신을 이어받아 국가안보를 책임지는 군 간부가 되겠다.

김영옥 대령

아름다운 영웅 김영옥 대령을 존경한다.

김영옥 대령은 자기 이익보다 가치와 임무완수에 헌신한 명예로운 군인이다.

김영옥은 제2차 세계대전 당시 병사로 입대 후 장교로 임관하여 각종 전투에 참가하였다. 프랑스의 십자 무공훈장과 레지옹도뇌르훈장 등 최고 훈장을 받았으며 제2차 세계대전 종전 후 소령으로 전역하였다.

이후 아버지의 나라인 한국에서 6·25전쟁이 발발하자 1950년 대위로 재입대하여 통역장교나 정보장교가 아닌 전투장교로서 파병을 요청하였다. 미군 최초의 유색인 대대장으로서 중부전선에서 60㎞나 전선을 북상시켰으며 최전방 대대장으로 있으면서도 전쟁고아 수백 명을 보살피기도 하였다.

6·25전쟁이 종전될 무렵 연대장인 맥캐프리가 김영옥에게 "특별 무공훈장을 주겠다"고 하자 "훈장 하나 받는다고 더 명예로워지는 것도 아닌데 괜히 신경 쓰실 것 없습니다."라며 사양했다. 1972년 대령으로 예편한 후에는 평생 전쟁고아나 사회적 약자를 돕는 일과 한미 관계 발전을 위해 진력하였다.[23]

이러한 아름다운 영웅 김영옥 대령의 정신을 이어받아 대한민국의 자랑스러운 군 간부가 되고 싶다.

23) 육군본부, 「군인복무규율 길라잡이」, 2014. p.30.

포병의 영웅 김풍익 소령

포병의 영웅 김풍익 소령을 존경한다.

1950년 6월 26일 새벽, 김풍익 소령이 지휘하는 포병학교 교도2대대는 2사단에 배속되어 의정부 부근 금오리에서 105밀리 포 5문으로 포진지를 구축하고 있었다.

26일 오전 7시 30분 북한군은 수십 대의 전차를 앞세우고 포천 축석령에서 아군 방어진지로 공격해 왔으며 아군의 주 방어선은 돌파되어 대부분의 병력들이 분산된 채 후퇴하기 시작해 김풍익 소령이 지휘하는 병사들의 사기가 급격히 저하되었다. 그러자 김 소령은 "모두 진정해라. 지금 전방에 배치되어 있던 부대는 후퇴를 하고 있지만 우리는 후퇴하지 않는다. 우리는 끝까지 여기에 남아서 북한군의 전차와 대결할 것이다. 북한군의 전차를 격파하는 것은 보병이 아니라 바로 우리 포병의 임무다."라고 하며 병사들의 동요를 막았다.

얼마 후 북한군은 20여 대의 전차를 앞세우고 도로상에 나타나 105밀리 곡사포 5문이 북한군 전차에 집중사격을 가하였으나, 북한군의 전차는 여전히 전진해 왔다. 이와 같은 상황을 목격한 대대장 김 소령은 성능이 좋은 6번포를 끌어내어 포대장 장세풍 대위와 함께 포대원을 대동하고 전방으로 이동하였다.

도로커브가 있는 곳에 포를 방렬하고 대기하면서 북한군의 선두전차가 산모퉁이를 돌면서 측면을 노출시키게 되었을 때, 전차와 거리는 불과 50미터, 제1탄을 발사하여 궤도를 명중시켰다. 북한군의 전차는 비틀거리면서 길옆으로 기울어졌다. 그러나 북한군의 후속 전차가 발사한 집중포화에 대대장 김풍익 소령 이하 6번포 포대원 전원이 장렬하게 전사하였다.

김풍익 소령이 죽음을 두려워하지 않고 책임을 완수하려는 숭고한 군인정신은 오늘날 전 육군의 귀감이 되어 높이 추앙되고 있다.[24)]

---

24) 육군본부, 「육군가치관 및 장교단정신」, 2010. p.22.

포병 000이 되려는 000는 김풍익 소령의 위국헌신 정신을 이어받아 국가안보를 책임지는 군 간부가 되고 싶다.

강재구 소령

살신성인 부하사랑을 실천한 강재구 소령을 존경한다.

강재구 소령은 1960년 육사 16기로 임관하여 맹호사단 1연대 10중대장으로 근무하고 있었다. 당시 맹호사단은 월남파병부대로 지정되어 파병에 대비하여 맹훈련 중이었다.

1965년 10월 4일 강재구 대위는 강원도 홍천 부대주둔지 수류탄 훈련장에서 중대원들에게 수류탄 투척훈련을 시키고 있었다. 순서대로 한 명씩 실제 수류탄을 던지는 훈련이었다.

훈련은 순조롭게 진행되었고 이윽고 박해천 일병의 차례가 돌아왔다. 박일병은 안전핀을 뽑고 수류탄을 쥔 손을 뒤로 제쳐 앞으로 던지려 했다. 그러나 너무 긴장한 나머지 그만 실수로 수류탄을 놓쳐 버리고 말았다. 수류탄은 땅에 떨어져 중대원들이 밀집해 있는 곳으로 굴러가고 있었다. 실로 일촉즉발의 순간이었다. 강 대위는 이것저것 생각할 겨를 없이 재빠른 동작으로 몸을 날려 수류탄 위로 몸을 던졌다.

바로 다음 순간 천지를 진동하는 폭발소리와 함께 강 대위의 몸은 몇 갈래로 찢어지며 살점과 피를 사방으로 뿌렸다.

29세의 꽃다운 나이에 자신의 죽음으로 부하들의 생명을 구한 강재구 소령은 실로 그는 부하사랑의 표상으로 우리 가슴속 깊이 영원히 남아 있다.[25)]

강재구 소령의 살신성인 정신을 이어받아 국가안보를 책임지는 육군 장교가 되고 싶다.

---

25) 육군본부, 「초급간부 자기개발서 리더십」, 2018. p.45.

연제근 상사

형산강 돌격대장 연제근 상사를 존경한다.

연제근 상사는 3사단 22연대 1대대 분대장으로 6·25전쟁에 참전하였으며, 1950년 9월 17일 형산강 도하작전에서 12명의 돌격대원을 이끌고 적 진지를 무너뜨리기 위해 몸에 수류탄을 매달고 돌진하던 중 적의 기관총에 집중사격을 받아 장렬히 전사하였다.

그의 투혼에 힘입어 22연대는 형산강을 건너 포항을 확보할 수 있었고 국군은 연제근 상사의 전공을 기려 2계급 특진과 을지·화랑 무공훈장을 추서하였다.

육군에서는 그를 추모하기 위해 2011년부터 '제근상'을 제정하여 부대발전을 위해 헌신한 장기근속 모범 부사관을 포상하고 있다.[26)]

연제근 상사의 돌격정신을 이어받아 전투에서 승리하는 육군 전투부사관이 되고 싶다.

김만술 상사

베티고지의 영웅 김만술 상사를 존경한다.

1953년 7월 제1사단 11연대는 연천 북방에 있는 임진강 너머 베티고지에서 적과 치열한 교전을 전개하였다.

중대장은 2소대장인 김만술 상사에게 전술적 요충지인 "베티고지를 사수하라"라는 명령을 하달하였다. 현지 방어소대와 임무를 교대한 2소대

26) 육군본부, 「참 군인의 길」, 2012. p.128.

는 진지를 보수하고 적의 야간 침투에 대비했다. 어둠이 깔리기 시작하자 중공군이 야간공격을 위해 고지 아래까지 진출하였다. 34명의 소대원과 함께 베티고지를 지키고 있던 김만술 상사는 중공군 2개 대대와 수차례 공방전을 벌이면서 13시간 동안 치열한 혈전을 벌였다.

김만술 상사는 죽음을 각오하고 포병의 진내사격을 요청하는 등 용기있는 행동으로 적을 제압하는 한편 교통호로 돌격해오는 적과 육탄전을 벌이며 결사적으로 싸워 적 314명을 사살하는 놀라운 전과를 거두었다.

김만술 상사는 두려움을 알면서도 용기를 갖고 임무를 완수한 참 군인의 표상이라 할 수 있다.[27]

김만술 상사의 '고지를 사수하라'는 필승의 신념을 이어받아 전투에서 승리하는 육군 전투부사관이 되고 싶다.

김 ○ ○ 고등학교 담임선생님

군 간부가 되기 위해 이 자리에 서게 해주신, ○○고등학교 3학년 담임선생님이셨던 김○○선생님을 존경한다.

선생님께서는 진로를 정하지 못하고 방황하던 시절 따뜻하게 상담해 주시고, 인생을 어떻게 살아야 하는지, 공부를 왜 해야 하는지, 뭘 준비해야 하는지, 지도해 주셨다.

지금도 힘들 때면 선생님을 찾아뵙거나, 전화드리면 항상 반갑게 대해주시고 걱정해 주시는 선생님께 감사드리며 정말 존경한다.

27) 육군본부, 「초급간부 자기개발서 리더십」, 2018. p.37.

상황판단 Knowhow

03

제1장

육군의 제대별 조직편성

군 간부가 되려는 수험생들에게 상황판단은 꼭 넘어야 할 산이며 큰 부담이 되고 있다. 1차 필기평가에서 상황평가는 단일 시험과목으로 20분(15문제: 5.4점) 동안 군인의 관점에서 풀어야 하며, 정답이 2개로 이러한 상황을 처음 접한 수험생들은 진땀을 흘리며 문제를 해결하고 있다. 또한 상황판단은 2차 면접시험에서 개인별 주제발표 및 집단토론 주제로 등장하고 있다.

본 장에서 '상황판단' 실전문제 풀이(5회)를 준비하여 1·2차 평가에서 수험생들이 올바른 판단력으로 문제를 잘 해결할 수 있도록 제시하였다.

■ 육군의 제대별 조직편성은 어떻게 되어 있을까요?

육군의 조직 편성

제대	계급	직책	제대별 간부 편성
병	병장 상등병 일등병 이등병		
분대	병장 하사	Squad Leader	하사
소대	중위 (소위) 중사	Platoon Leader Platoon Sergeant	하사 ~ 중위
중대	대위 상사	Company Commander First Sergeant	하사 ~ 대위
대대	중령 원사	Battalion Commander Command Sergeant Major	하사 ~ 중령
연대	대령 원사	Regiment Commander	하사 ~ 대령
여단	준장 원사	Brigade Commander	하사 ~ 준장
사단	소장 원사	Division Commanding General	하사 ~ 소장
군단	중장 원사	Corps Commanding General	하사 ~ 중장
작전사	대장 원사	Army Commanding General	하사 ~ 대장
육본	참모총장 원사	Chief of Staff	상사 ~ 대장

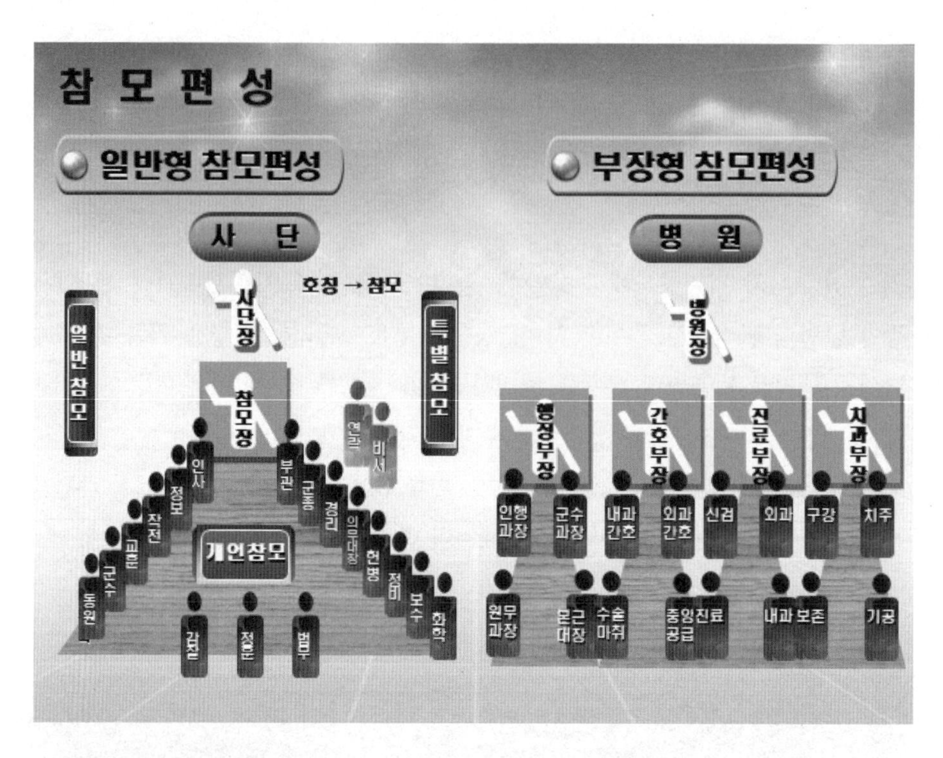
참 모 편 성
일반형 참모편성
부장형 참모편성
사 단
병 원
호칭 → 참모
사단장
일반참모
특별참모
참모장
연락
비서
인사
정보
작전
교훈
군수
동원
부관
군종
경리
의무대장
헌병
정비
보수
화학
개인참모
감찰
정훈
법무
병원장
행정부장
간호부장
진료부장
치과부장
인행 과장
군수 과장
내과 간호
외과 간호
신검
외과
구강
치주
원무 과장
본근 대장
수술 마취
중앙 공급
진료
내과
보존
기공

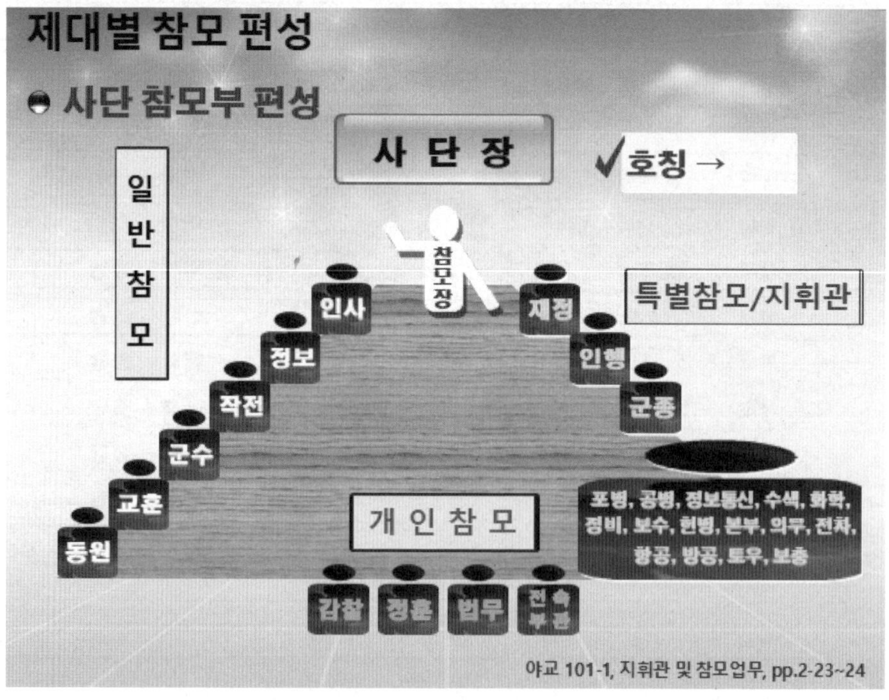
제대별 참모 편성
사단 참모부 편성
사 단 장
호칭 →
일반참모
참모장
특별참모/지휘관
인사
정보
작전
군수
교훈
동원
재정
인행
군종
포병, 공병, 정보통신, 수색, 화학, 정비, 보수, 헌병, 본부, 의무, 전차, 항공, 방공, 토우, 보충
개 인 참 모
감찰
정훈
법무
전속 부관
야교 101-1, 지휘관 및 참모업무, pp.2-23~24

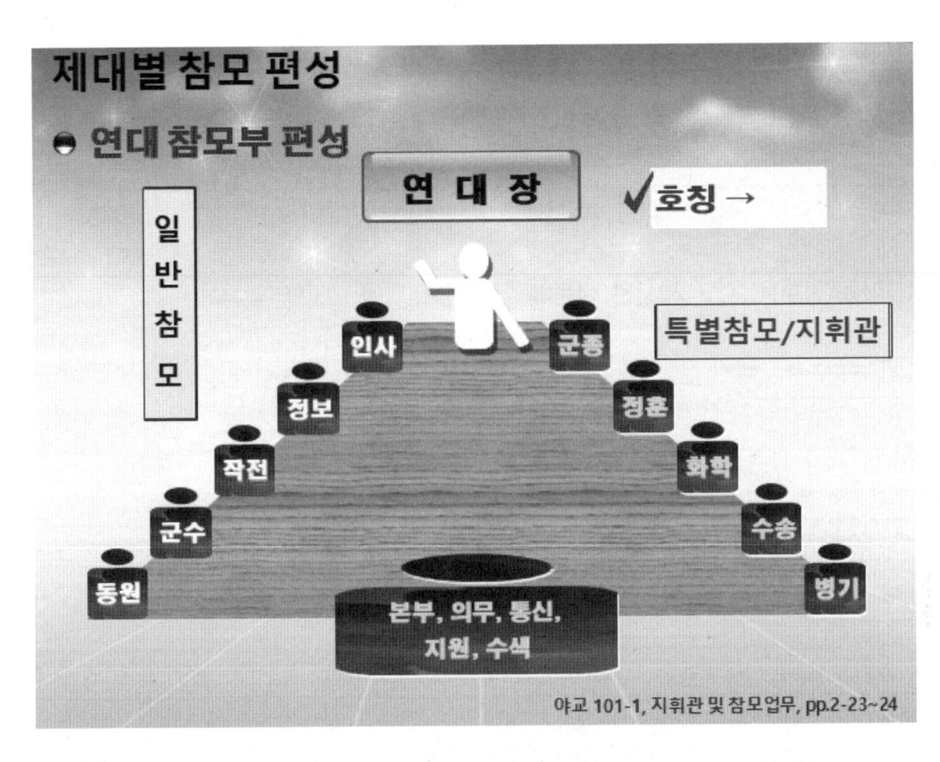
제대별 참모 편성
연대 참모부 편성
연 대 장
호칭 →
일반참모
특별참모/지휘관
인사
정보
작전
군수
동원
군종
정훈
화학
수송
병기
본부, 의무, 통신, 지원, 수색
야교 101-1, 지휘관 및 참모업무, pp.2-23~24

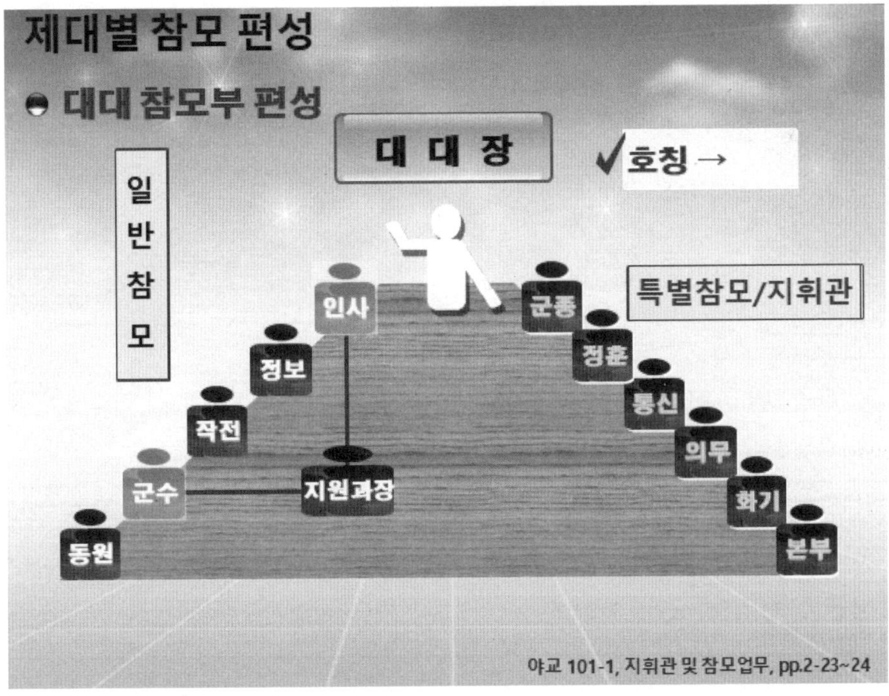
제대별 참모 편성
대대 참모부 편성
대 대 장
호칭 →
일반참모
특별참모/지휘관
인사
정보
작전
군수
동원
지원과장
군종
정훈
통신
의무
화기
본부
야교 101-1, 지휘관 및 참모업무, pp.2-23~24

제2장
상황판단 실전 문제 풀이(5회분)

상황판단 실전 문제 풀이(1회)

1. 다음 상황을 읽고 제시된 질문에 답하시오.

당신은 보병부대의 부사관이다. 어느 날 집중호우로 탄약고 울타리가 무너져 탄약고 방벽작업을 하게 되었는데, 울타리 주변을 조사해 보니 수류탄 등 불발탄 수십 개가 발견되었다.

이 상황에서 당신이 ⓐ 가장 할 것 같은 행동은 무엇입니까?
ⓑ 가장 하지 않을 것 같은 행동은 무엇입니까?

ⓐ 가장 할 것 같은 행동 (　　　　)
ⓑ 가장 하지 않을 것 같은 행동 (　　　　)

선 택 지	
①	만일에 있을지 모를 폭발을 우선 막아야 하므로 먼저 폭발물을 안전하게 제거한다.
②	혹시 있을지 모를 폭발과 충격에 대비하기 위해 굴토했던 흙을 다시 덮어 놓는다.
③	즉시 위험표시를 하고 경계근무를 세운다.
④	즉시 상급자에게 보고하고 일단 현장을 안전하게 보존하며 폭발물 전문처리 부서에 상황을 알려서 협조를 요청한다.
⑤	폭발물을 우선 안전지대로 이송한다.
⑥	폭발물의 종류와 수량 등을 먼저 꼼꼼하게 확인한다.
⑦	폭탄제거반이 도착하기 전까지 재량껏 필요한 안전조치를 취한다.

➲ 정답/풀이: ⓐ ④, ⓑ ①
육군 안전관리규정, 군에서 불발탄이 발견되면 즉시 위험표시, 경계를 설치하고 폭발물 전문처리반에 연락해서 처리하도록 하며, 폭발물처리 전문요원이 아닌 어떠한 사람도 불발탄을 만지거나 이동을 금지한다.

2. 다음 상황을 읽고 제시된 질문에 답하시오.

당신은 대대의 환경관리담당 부사관이다. 당신이 소속된 사단의 동원예비군 훈련장에는 오수처리시설이 설치되어 있으나 연중 계속 사용하지 않고 동원훈련기간 동안에만 사용되었다. 그런데 어느날 중대장이 오수처리시설 운영에 많은 비용이 들어간다는 이유로 오수를 무단 방류하라는 지시를 당신에게 내렸다.

이 상황에서 당신이 ⓐ 가장 할 것 같은 행동은 무엇입니까?
ⓑ 가장 하지 않을 것 같은 행동은 무엇입니까?

ⓐ 가장 할 것 같은 행동 ( )
ⓑ 가장 하지 않을 것 같은 행동 ( )

선 택 지	
①	군의 신뢰에 관계된 중요한 사안이므로 대대장에게 가서 상황을 설명하고 명령을 받아 조치한다.
②	군대는 상명하복이 생명이므로 어쩔 수 없이 상급자의 명령에 따른다.
③	일단은 중대장의 명령에 따르되 추후 이를 감찰기관에 고발한다.
④	동료 부사관들과 어떻게 하는 것이 좋은지 상의한다.
⑤	부당한 명령이므로 끝까지 단호하게 거부한다.
⑥	중대장에게 명령철회를 요청하였다가 안 되면 일단 지시를 따른다.
⑦	부대의 예산사정이 어려우므로 적극적으로 지시에 따른다.

➲ 정답/풀이: ⓐ ①, ⓑ ③

부당한 지시를 받았을 때 올바른 가치관? 환경에 대한 국민적 관심과 우려가 높다는 점에서 군도 환경보호에 적극적 역할을 수행함으로써 국민의 믿음과 신뢰를 얻도록 노력하는 것이 필요하다. 대대 참모(담당관)는 중대장의 지시를 받지 않고 대대장의 지시를 받는다.

3. 다음 상황을 읽고 제시된 질문에 답하시오.

당신은 연대의 공보담당 부사관이다. KBS방송국에서 철새도래지 촬영을 위해 육군본부에 보도승인을 요청하여 관할부대에 이틀간 촬영협조 지시가 하달되었다. 취재 도중 기상악화로 계획된 촬영이 지연되자 '하루를 더 촬영하겠다'는 취재협조가 제기되어 당신이 상급부대에 보고하여 유선으로 승인을 받는 등 적극적으로 촬영에 협조하였다. 그러나 취재 도중 노루가 있다는 것을 알고 기습적인 추가 촬영을 시도하려고 한다.

이 상황에서 당신이 ⓐ 가장 할 것 같은 행동은 무엇입니까?
ⓑ 가장 하지 않을 것 같은 행동은 무엇입니까?

ⓐ 가장 할 것 같은 행동 ( )
ⓑ 가장 하지 않을 것 같은 행동 ( )

선 택 지	
①	추가 촬영을 중지시키고 상급자에게 보고하여 별도의 취재승인을 얻어 촬영할 수 있도록 한다.
②	협조 차원에서 일단 촬영을 허용하고 추후 상급자에게 이를 보고한다.
③	언론에 대한 적극적인 편의제공 차원에서 촬영을 허용한다.
④	촬영을 중지시키고 취재의 허용범위를 벗어난 행동을 한 데 대해 확인서를 받는다.
⑤	촬영을 중지시킬 경우 추후 부대장에게 돌아올 방송국 쪽의 압력을 고려하여 그냥 촬영을 허용한다.
⑥	현장에서 재량적으로 판단하여 처리한다.
⑦	취재의 허용범위를 벗어난 행위이므로 카메라를 빼앗고 부대로 이송한다.

➲ 정답/풀이: ⓐ ①, ⓑ ⑦

대민관계 업무수행 시 육군규정 준수, 상급부대의 취재 허용범위와 지침을 명확히 숙지하여 통제 및 확인을 하여야 한다. 승인된 언론의 취재요청에 대해서는 적극 지원하되, 취재목적 외의 촬영 및 취재는 금지하고 별도의 보고를 통해 취재를 승인받아야 한다. 담당관으로서 부여된 역할에 충실하는 자세가 중요함.

4. 다음 상황을 읽고 제시된 질문에 답하시오.

당신은 중대 행정보급관이다. 어느 날 중대장이 당해 분기 부식비 결산 시 누적 적자가 발생하자 급식인원 감소청구, 식단 수 제한 등 변칙적인 방법으로 부족액을 조정하겠다는 결정을 내렸다. 당신은 그의 잘못된 결정을 취하하도록 설득하려고 노력했으나 그는 상명하복을 강조하며 결정에 따르라고 한다. 그러나 당신 동료들 모두 중대장이 잘못된 방향으로 가고 있다는 것에 동의 하고 있다.

이 상황에서 당신이 ⓐ 가장 할 것 같은 행동은 무엇입니까?
ⓑ 가장 하지 않을 것 같은 행동은 무엇입니까?

ⓐ 가장 할 것 같은 행동 (   )
ⓑ 가장 하지 않을 것 같은 행동 (   )

선택지	
①	대대장에게 가서 상황을 설명하고 조언을 부탁한다.
②	나는 중대장의 결정에 찬성하니 모두 명령을 따라야 한다고 동료들을 설득한다.
③	나는 중대장의 결정에 찬성하지는 않지만 어쩔 수 없으니 그 명령을 그냥 따르자고 동료들을 설득한다.
④	동료 부사관들에게 나는 중대장의 결정에 따르지 않는다는 것을 말하고 이 상황에서 어떻게 처신해야 할지 조언을 구한다.
⑤	군대는 상명하복의 엄격한 위계질서에 의해 움직이므로 어쩔 수 없이 명령을 따른다.
⑥	중대장에게 명령철회를 설득하다가 안 되면 감찰기관에 투서를 제출한다.
⑦	어느 정도 시간이 흐른 후 중대장에게 다시 가서 대안을 제시한다.

➲ 정답/풀이: ⓐ ①, ⓑ ⑥
상급지휘관의 부당한 지시, 금전문제 육군규정 준수, 부대 운영예산 부족 시 상급부대 지원요청 등 정상적이고 투명한 방법으로 처리하여야 한다. 규정에 의한 예산집행은 부대를 단결시킬 수 있으나 부당한 예산전용은 갈등을 유발한다. 중대 행정보급관으로서 중대장의 지시에 따라야 하지만 부당한 지시는 따르지 않아도 된다. 상급지휘관인 대대장에게 보고 후 조치를 할 수 있다.

5. 다음 상황을 읽고 제시된 질문에 답하시오.

당신은 부사관이다. 어느 날 당신이 소속된 대대가 100㎞ 장거리 행군을 하게 되었는데, 행군 시 장교를 포함한 전 대대원이 동일하게 완전군장을 메고 행군을 하다 보니 야간에 공사차량이 질주하는 위험한 상황에서 장교들이 병사들을 안전하게 통제해야 하나 지휘장교들이 피로하다 보니 제대로 병력 통제를 하지 못하고 있다.

이 상황에서 당신이 ⓐ 가장 할 것 같은 행동은 무엇입니까?
ⓑ 가장 하지 않을 것 같은 행동은 무엇입니까?

ⓐ 가장 할 것 같은 행동 ( )
ⓑ 가장 하지 않을 것 같은 행동 ( )

선 택 지	
①	간부들의 피로를 덜어 주기 위해 병사들보다 더 많은 휴식시간을 주는 것을 건의한다.
②	지휘장교들이 모범을 보여야 하므로 계속 완전군장 행군을 계속하도록 건의한다.
③	대대장에게 가서 상황을 설명하고 중대장급 이상 간부들에게 단독군장으로 변경하게 하는 등의 긴급조치를 건의한다.
④	행군을 완주하는 것이 사고를 발생시킬 수도 있으므로 대대장에게 행군을 멈추고 부대로 돌아갈 것을 건의한다.
⑤	무슨 일이 있어도 행군을 계속해야 한다고 건의한다.
⑥	군대 내에서는 일체감 형성이 중요하므로 지휘장교들은 물론 병사들에게도 단독군장을 허용해서 행군을 계속한다.
⑦	지휘장교들은 부대로 복귀하게 하고 병사들만 행군을 계속하도록 건의한다.

➲ 정답/풀이: ⓐ ③, ⓑ ⑦

훈련 간 안전관리담당관으로 현장감독 및 안전조치, 장거리 행군 시 간부가 피로하게 되면 효과적인 지휘, 병력통제, 훈련 군기유지와 위험에 대한 예발활동 소홀로 병사와 똑같은 피동적인 행동을 하기 쉽다. 행군을 인솔하는 간부의 피로를 감소시켜 효과적인 지휘통제를 할 수 있도록 조치를 해야 한다. 대대 주임원사는 대대장의 개인참모로서 언제든지 올바른 건의를 할 수 있다.

6. 다음 상황을 읽고 제시된 질문에 답하시오.

당신은 부사관이다. 어느 날 당신 대대의 종합훈련 마지막 과정에서 40㎞ 행군을 앞두고 신병 2명의 현지 이탈사고가 발생하였다. 사고의 원인은 최초 계획된 40㎞ 행군이 도로 사정으로 인해 야간 20㎞ 행군으로 변경되었는데도 종합훈련의 지휘관이 이를 즉시 알려주지 않았고 훈련의 어려움을 과장해서 말했기 때문에 신병들이 훈련에 두려움을 느껴 이탈한 것으로 분석되었다.

이 상황에서 당신이 ⓐ 가장 할 것 같은 행동은 무엇입니까?
ⓑ 가장 하지 않을 것 같은 행동은 무엇입니까?

ⓐ 가장 할 것 같은 행동 (　　　)
ⓑ 가장 하지 않을 것 같은 행동 (　　　)

선 택 지	
①	경위야 어떻든 군인이 훈련 이탈을 했으므로 군법령에 따라 엄격하게 처리한다.
②	중대장에게 가서 상황을 설명하고 적절한 조치에 대한 지시를 받아서 처리한다.
③	이탈사고의 일차적인 원인이 지휘관에게 있기 때문에 이번 한 번만은 모른 척하고 넘어가 준다.
④	이탈은 했지만 그로 인해 별다른 문제는 없었으므로 훈계하는 수준에서 마무리한다.
⑤	자신에게도 불이익이 발생할 수 있으므로 적당히 마무리한다.
⑥	지휘관에게도 책임이 있으므로 이탈한 신병들과 함께 지휘관에 대해서도 문책을 요구한다.
⑦	소대장 및 동료 부사관들과 상의해 처리한다.

➲ 정답/풀이: ⓐ ②, ⓑ ⑤
훈련 간 지휘관의 역할, 지휘관은 훈련간 변경사항에 대해 신속하게 전파하여 병사들이 대비할 수 있도록 해주어야 하며, 힘든 훈련에 대한 불안감을 조성하지 않도록 지휘감독을 실시하고, 이탈사고에 대해서는 규정에 맞게 처리한다. 중대 행정보급관은 중대장에게 올바른 건의를 하여야 한다.

7. 다음 상황을 읽고 제시된 질문에 답하시오.

당신은 소대장이다. 어느 날 중대장이 당신이 보기에 잘못된 것으로 보이는 결정을 내렸다. 당신은 그가 가능한 그 결정을 취하할 수 있도록 설득하려 노력했으나, 그는 이미 확고한 결단을 내렸으니 따르라고 한다. 그러나 당신의 동료 소대장들과 부사관들도 모두 중대장이 잘못된 결정을 내린 것 같다는 것에 동의하고 있다.

이 상황에서 당신이 ⓐ 가장 할 것 같은 행동은 무엇입니까?
ⓑ 가장 하지 않을 것 같은 행동은 무엇입니까?

ⓐ 가장 할 것 같은 행동 ( )
ⓑ 가장 하지 않을 것 같은 행동 ( )

선 택 지	
①	대대장에게 가서 상황을 설명하고 조언을 부탁한다.
②	소대로 돌아가서 나는 중대장의 결정에 찬성하니, 모두 명령을 따라야 한다고 설득한다.
③	부사관들에게 나는 중대장의 결정에 찬성하지는 않지만, 어쩔 수 없으니 명령을 그냥 따르자고 말한다.
④	부사관들에게 나는 중대장의 결정에 따르지 않는다는 것을 말하고, 이 상황에서 어떻게 처신해야 할지 조언을 구한다.
⑤	소대로 돌아가서 나는 중대장의 결정에 찬성하지는 않지만 어쩔 수 없으니 명령을 일단 따르라고 이야기한다.
⑥	중대장에게 다시 가서 나는 그 결정이 문제가 있다고 생각하며 부사관들과 소대원들에게 잘못된 명령을 시행하라고 하기는 어렵다고 이야기한다.
⑦	한 시간 정도의 시간이 지난 후 중대장에게 다시 가서 대안을 제시한다.

➲ 정답/풀이: ⓐ ②, ⓑ ⑤

군의 상명하복, 절대복종 정신자세. 군에서 소대장은 중대장의 명령(지시)에 절대복종해야 한다. 물론 상황에 따라 올바른 건의를 하는 자세는 필요하다. 설득을 했으나 상급자가 확고한 결단을 했다면 이행하는 자세가 필요하다. 부하들에게 나는 찬성하지 않지만 일단 따르라고 하는 지휘는 매우 위험하고 잘못된 근무자세이다.

8. 다음 상황을 읽고 제시된 질문에 답하시오.

당신은 기갑부대 부사관이다. 어느 날 부대 전술훈련 중에 전차 1대가 훈련장 인근지역에서 전차장의 무분별한 상황 조치로 인해 민간인 경작지로 전차가 진입하여 논이 훼손되는 피해가 발생되어 결과적으로 주인으로부터 항의를 받게 되었다.

이 상황에서 당신이 ⓐ 가장 할 것 같은 행동은 무엇입니까?
ⓑ 가장 하지 않을 것 같은 행동은 무엇입니까?

ⓐ 가장 할 것 같은 행동 ( )
ⓑ 가장 하지 않을 것 같은 행동 ( )

선 택 지	
①	훈련 중에 부득이하게 발생한 상황이므로 논 주인의 항의를 무시하고 훈련을 계속한다.
②	훈련 중 경작지 훼손사실을 신속히 중대장에게 6하 원칙에 따라 보고하고 지시에 따른다.
③	경작지 주인에게는 추후 부대에서 보상을 할 것이라고 설명하고 훈련을 계속 수행한다.
④	군대는 임무완수가 최우선이므로 일단 훈련을 계속하기 위해 상급자에게 보고하지 않는다.
⑤	훈련 중 불가항력적인 일이므로 경작지 주인에게 항의해 봐야 소용없을 것이라는 점을 적극적으로 설명한다.
⑥	즉시 훈련을 중지하고 경작지 주인에게 사과한 후 부대로 복귀한다.
⑦	즉시 훈련을 중지하고 우선 피해규모를 확인한 후 추후 보상하겠다는 내용의 확인서를 경작지 주인에게 써 준다.

➲ 정답/풀이: ⓐ ②, ⓑ ⑤

육군 규정 준수, 훈련 중 대민피해 발생 시 조치, 군에서 기갑부대 부사관은 훈련 중 대민피해가 발생하면 훈련을 중지하고 피해 상황을 파악하여 신속하게 상급 지휘관에게 보고 후 지시를 받아서 이행한다.

육군규정에 훈련간 발생하는 대민피해에 대한 보상은 육군 차원에서 예산에 반영하여 실시하고 있다.

9. 다음 상황을 읽고 제시된 질문에 답하시오.

당신은 행정 부사관이다. 어느 날 중대장이 경리담당관과 결탁하여 부대공사 예산 수억 원을 집행하면서 부대운영금 지원 명목으로 상당액수의 금품을 받아 부대운영 및 사비로 사용했다는 사실을 알게 되었다.

이 상황에서 당신이 ⓐ 가장 할 것 같은 행동은 무엇입니까?
ⓑ 가장 하지 않을 것 같은 행동은 무엇입니까?

ⓐ 가장 할 것 같은 행동 (　　　)
ⓑ 가장 하지 않을 것 같은 행동 (　　　)

선 택 지	
①	감찰기관에 투서를 제출한다.
②	대대장에게 가서 상황을 설명하고 올바른 처리를 요청한다.
③	지휘관의 비도덕적 행위를 부하직원들에게 널리 알린다.
④	중대장에게 가서 사실관계를 확인한 후 자진해서 문제를 해결하지 않을 경우 감찰기관에 고발하겠다고 한다.
⑤	자신의 직속 상급자라는 점을 감안해 모른 척 눈을 감는다.
⑥	우선 중대장에게 가서 시정을 요구하고 그 결정에 따른다.
⑦	중대장에게 가서 눈을 감아주는 대가로 돈을 요구한다.

➲ 정답/풀이: ⓐ ②, ⓑ ⑦

육군규정 청렴의무 위반, 금전 부조리, 중대 행정보급관으로서 중대장이 금전 부조리에 가담하여 공무원의 청렴의무를 위반한 사실을 인지하고 어떻게 조치할 것인가? 금전비리사항은 차상급지휘관에게 보고하여 조치를 받을 수 있다. 본인의 행동이 파렴치한 행동으로 가담하게 된다면 더 나쁜 가치관을 가졌다고 본다. 금전비리는 부하로부터 불신을 받아 지휘권을 잃을 수 있다.

10. 다음 상황을 읽고 제시된 질문에 답하시오.

당신은 병무청에서 징집활동 업무를 담당하고 있는 부사관이다. 어느 날 평소에 청 내에서 친하게 알고 지내는 상급자로부터 자신의 친인척에 대해 병역을 면제해 주도록 조치를 취해 달라는 청탁을 받게 되었다.

이 상황에서 당신이 ⓐ 가장 할 것 같은 행동은 무엇입니까?
ⓑ 가장 하지 않을 것 같은 행동은 무엇입니까?

ⓐ 가장 할 것 같은 행동 ( )
ⓑ 가장 하지 않을 것 같은 행동 ( )

선 택 지	
①	친분 있는 상급자의 부탁이라는 점을 고려해 요구대로 청탁을 들어준다.
②	자신은 권한이 없음을 설명하면서 대신 다른 동료를 소개해 준다.
③	감찰기관에 투서를 제출한다.
④	단호하게 거부하는 것은 상급자에 대한 예의가 아니므로 일단 노력해 보겠다는 식의 애매한 태도로 대응한다.
⑤	아무리 친분이 있는 상급자라 하더라도 부당한 청탁이므로 이를 단호하게 거부한다.
⑥	다른 동료에게 이 사실을 알리고 의견을 구한다.
⑦	청탁을 들어주는 대가로 금품을 요구한다.

➲ 정답/풀이: ⓐ ⑤, ⓑ ⑦
육군규정 청렴의무 위반, 병역비리, 병역비리는 개인의 문제가 아니라 군 전체를 매도하는 행위이므로 아무리 상급자라 하더라도 노력해 보겠다는 식의 애매한 언행을 하지 말고 병역청탁을 단호하게 거부하는 것이 바람직하다. 본인의 행동이 금품을 요구하는 파렴치한 행동으로 가담하게 된다면 더 나쁜 가치관을 가졌다고 본다. 병역비리는 국가안보와 국민의 병역의무 정신을 무너뜨릴 수 있다.

11. 다음 상황을 읽고 제시된 질문에 답하시오.

당신은 군사시설 보호업무를 담당하는 부사관이다. 어느 날 인근 민간아파트 부지 3,000여 평에 대한 아파트 건축에 대하여 작전성 검토를 하면서 관련 건축회사 경리부장으로부터 부대운영에 사용하라고 하면서 사례비와 함께 건축동의 의견을 해 달라는 청탁을 받게 되었다.

이 상황에서 당신이 ⓐ 가장 할 것 같은 행동은 무엇입니까?
ⓑ 가장 하지 않을 것 같은 행동은 무엇입니까?

ⓐ 가장 할 것 같은 행동 ( )
ⓑ 가장 하지 않을 것 같은 행동 ( )

선 택 지	
①	중대장 등 상급자에게 이를 보고하고 의견을 구한 후 지시에 따른다.
②	검토 후 큰 문제가 없다는 점이 확인되면 청탁을 들어준다.
③	단호하게 거부하고 청탁을 이유로 검토 요청을 즉각 반려한다.
④	청탁을 거절하고 동 사안에 대해 규정에 따라 객관적이고 공평하게 검토한 후 처리한다.
⑤	과거 비슷한 사례를 찾아 선례에 따른다.
⑥	건축동의 거부로 인해 민원이 제기될 경우 오히려 더 큰 문제를 야기할 수도 있으므로 청탁을 수용한다.
⑦	추후 본인의 신상에 문제를 야기할 수도 있으므로 동료로 하여금 이를 처리하게 업무를 인계한다.

➲ 정답/풀이: ⓐ ④, ⓑ ⑥

육군규정 청렴의무 위반, 군사시설 보호업무 이권청탁 비리, 군사시설 보호업무는 군 작전의 원활한 수행 보장을 위하여 작전에 직접적으로 영향을 미치는 주요시설을 보호하는 차원에서 관리하는 개념이다. 부정한 청탁 등의 사유로 규정대로 처리하지 않는 군사시설 보호업무는 반드시 문제가 된다. 군사시설 보호업무 청탁 비리는 국가안보에 큰 영향을 미칠 수 있다.

12. 다음 상황을 읽고 제시된 질문에 답하시오.

당신은 예비군 훈련을 담당하는 부사관이다. 어느 날 당신이 소속된 대대에서 동원훈련이 실시되었는데 일부 예비군이 입소 시에 화투와 소주를 반입하는 것을 발견하였다. 이를 제지하거나 심한 통제를 가할 경우 무단이탈 등 집단행동이 우려될 수도 있다.

이 상황에서 당신이 ⓐ 가장 할 것 같은 행동은 무엇입니까?
ⓑ 가장 하지 않을 것 같은 행동은 무엇입니까?

ⓐ 가장 할 것 같은 행동 (   )
ⓑ 가장 하지 않을 것 같은 행동 (   )

선 택 지	
①	예비군 훈련에서는 흔히 있는 일이므로 모른 척 넘어간다.
②	예비군들이 집단행동에 나설 경우 문제가 더 커질 수 있으므로 상급자와 상의하여 적절하게 처리한다.
③	너무 많은 양이 반입되면 문제가 있으므로 입소자들의 대표와 협의해 적정 수준에서 타협한다.
④	일단 해당자를 단체원이 보이지 않는 곳으로 격리한 후 엄중 경고하고 이에 불응할 경우 상급자에게 보고한다.
⑤	집단행동의 우려가 있더라도 현장에서 압수 조치하고 상급자의 지시를 받는다.
⑥	일단 반입을 허용하되 추후 해당자들과 조용히 접촉해 압수한다.
⑦	우선 중대장 등 상급자에게 상황을 보고하고 명령을 기다린다.

➲ 정답/풀이: ⓐ ④, ⓑ ①
훈련군기 위반, 예비군 훈련을 통제하다 보면 각종 형태의 군기문란자가 발행할 수 있다. 특히 음주행위와 사행성 놀이는 훈련에 지장을 초래할 뿐만 아니라 군기를 문란케 하는 결정적 요인이므로 철저하게 색출하여 근절시켜야 한다. 군기문란자는 1차 발생 시 시정촉구와 주의(경고) 조치하고 불응하면 즉시 상급자에게 보고 후 규정에 따라 조치하여야 한다.

13. 다음 상황을 읽고 제시된 질문에 답하시오.

당신은 인사담당 부사관이다. 어느 날 당신은 부대 내 한 용사가 각종 군기위반 및 지시 불이행으로 2회에 걸쳐 영창을 갔다 온 문제 용사임을 확인하고 그를 면밀히 신상파악해 본 결과 입대 전 건축 공사장에서 목공일을 한 기술자임을 알게 되었다.

이 상황에서 당신이 ⓐ 가장 할 것 같은 행동은 무엇입니까?
ⓑ 가장 하지 않을 것 같은 행동은 무엇입니까?

ⓐ 가장 할 것 같은 행동 (　　　　)
ⓑ 가장 하지 않을 것 같은 행동 (　　　　)

선 택 지	
①	미래에 발생할 수 있는 문제의 소지를 예방한다는 차원에서 다른 부대로 전출을 추진한다.
②	문제용사를 주시하다 문제가 있다고 판단되면 즉시 다른 부대로 전출을 요청한다.
③	부대 내 각종 공사 및 작업 시 목공분야를 담당토록 하여 자신의 특기를 발휘할 수 있도록 한다.
④	동료 용사로부터 문제용사의 움직임을 면밀히 보고 받는다.
⑤	교화 차원에서 군대 내 종교담당 장교와 상의해 종교를 갖도록 주선한다.
⑥	문제용사을 불러 미리 주의를 주고 문제를 야기할 경우 즉각 필요한 조치를 취할 것임을 엄중 경고한다.
⑦	선임 용사에게 군기를 잡도록 명령한다.

➲ 정답/풀이: ⓐ ③, ⓑ ⑦

도움배려용사 신상관리. 지휘관은 용사들의 병영생활지도를 위해 특별관리의 일환으로 적응하지 못하는 문제용사의 장점과 특기를 잘 파악하여 적재적소에 보직하여야 한다. 문제용사가 임무수행에 보람을 갖게 함으로써 군 생활에 잘 적응할 수 있도록 도와줘야 한다. 현재 군 부대에는 '병영생활전문상담관' 제도가 운용되고 있다.

14. 다음 상황을 읽고 제시된 질문에 답하시오.

당신은 부사관이다. 어느 날 당신 소대의 선임 용사가 새로 전입 온 신병의 군기를 잡기 위해 야간에 생활관 뒤쪽으로 불러서 폭행하고 얼굴을 구타하여 병원에 후송되었다.

이 상황에서 당신이 ⓐ 가장 할 것 같은 행동은 무엇입니까?
ⓑ 가장 하지 않을 것 같은 행동은 무엇입니까?

ⓐ 가장 할 것 같은 행동 ( )
ⓑ 가장 하지 않을 것 같은 행동 ( )

선 택 지	
①	군대 내에서 흔히 있는 군기잡기 행동이므로 모른 척 넘어간다.
②	군대는 명령과 복종이 생명이므로 어쩔 수 없이 발생한 구타에 대해서는 경중을 가려 처벌한다.
③	구타는 어떠한 사유로도 용납될 수 없으므로 엄벌 조치한다.
④	구타를 당한 병사를 찾아가 위로를 하고 부대의 명예를 생각해 사건을 확대시키지 말 것을 요구한다.
⑤	소대장 등 상급간부들과 협의해서 구타사실을 조작하여 부대의 명예가 실추되지 않는 방향으로 처리한다.
⑥	감찰기관에 투서를 제출한다.
⑦	언론기관 등에 제보한다.

➲ 정답/풀이: ⓐ ③, ⓑ ⑦
구타·폭행사고 근절, 지휘관의 의지와 간부들의 노력에 따라서 구타·폭행사고는 근절될 수 있다는 확고한 신념이 필요하다. 병영내 악습은 반드시 뿌리 뽑아야 하며 구타행위는 어떤 이유로도 용서받을 수 없고 근절되어야 한다. 구타사고를 근절하기 위해서는 구타사고 발생 시 반드시 규정에 의거 처리하고, 예방교육을 실시하며 간부들이 모범를 보여야 한다. 사건을 조작하는 행위도 나쁘지만 군 관련기관을 벗어나 대외기관에 투서하거나 언론기관에 제보하는 행위는 더 좋지 않다.

15. 다음 상황을 읽고 제시된 질문에 답하시오.

당신은 부사관이다. 어느 날 소대원 중 일병이 개인적 문제와 업무미숙으로 부대생활에 적응을 하지 못하고 괴로워한 나머지 탈영할 우려가 있음을 알게 되었다.

이 상황에서 당신이 ⓐ 가장 할 것 같은 행동은 무엇입니까?
ⓑ 가장 하지 않을 것 같은 행동은 무엇입니까?

ⓐ 가장 할 것 같은 행동 (　　　)
ⓑ 가장 하지 않을 것 같은 행동 (　　　)

선 택 지	
①	탈영 충동이나 다른 생각을 하지 못하도록 고된 훈련을 계속 시킨다.
②	군대의 특성인 규율준수와 명령에 절대 복종해야 함을 주지 시킨다.
③	일단 군생활 부적응의 정확한 원인이 무엇인지를 파악해 이를 해결해 주려고 노력하며 특별한 관심과 관리를 한다.
④	종교생활을 하도록 하여 안정감을 찾도록 조언한다.
⑤	돌발 행동을 해서 부대의 명예를 훼손하지 않도록 엄하게 질책한다.
⑥	개인적인 문제로 나와는 상관이 없으므로 자신이 극복하고 해결하도록 방치한다.
⑦	탈영 후의 더 큰 어려움과 고통에 대하여 설명하여 쉽게 행동하지 못하게 한다.

➲ 정답/풀이: ⓐ ③, ⓑ ⑥

병영생활 부적응 탈영사고 예방, 부대 내 간부들은 용사들의 철저한 신상 파악과 병영생활 지도를 통해 부대적응을 잘못하는 도움배려용사를 식별하여 체계적인 관리를 하여야 한다. 부대 내 탈영 우려가 있는 용사에 대해서는 특별관리를 함으로써 불의의 사고를 예방할 수 있다. 지휘관은 전 간부가 리더십을 발휘하여 용사들의 병영생활을 잘 지도할 수 있도록 체계적인 '병영상담'과 후속조치를 잘하여야 한다.

상황판단 실전 문제 풀이(2회)

1. 다음 상황을 읽고 제시된 질문에 답하시오.

P부소대장은 D소대장을 보좌하여 부대 내의 소대원들을 나누어 이끌고 전투 훈련을 나갔다. 훈련을 실시하던 도중 S일병이 부상을 입었는데, 다른 소대원들은 모두 환자를 돌볼 수 있는 상황이 아니고 D소대장도 다른 소대원들을 지휘하고 있는 상황이다. 당신이 P부소대장이라면 이러한 상황에서 어떻게 할 것인가?

이 상황에서 당신이 ⓐ 가장 할 것 같은 행동은 무엇입니까?
ⓑ 가장 하지 않을 것 같은 행동은 무엇입니까?

ⓐ 가장 할 것 같은 행동 ( )
ⓑ 가장 하지 않을 것 같은 행동 ( )

선 택 지	
①	몇몇 소대원들의 훈련을 중단시키고 S일병을 군의 병원으로 옮겨 치료받게 한다.
②	D소대장에게 연락하여 훈련을 전면 중단시키고 S일병을 군의 병원으로 옮겨 치료받게 한다.
③	군의 병원에 연락하여 S일병을 후송할 인력을 보내줄 것을 요청한다.
④	다른 소대원들의 훈련지휘를 분대장에게 맡기고 직접 S일병을 군의 병원으로 후송한다.
⑤	중대장에게 연락하여 현재의 상황을 설명하고 어떻게 해야 좋을지 조언을 부탁한다.
⑥	훈련을 중단시킬 수 없으므로 일단 급한 대로 내가 S일병에게 응급처치를 실시하고, 훈련이 끝날 때까지 참으라고 한다.
⑦	큰 부상이 아니니 훈련을 마칠 때까지 그냥 견디라고 한다.

➲ 정답/풀이: ⓐ ④, ⓑ ⑦
훈련 중 환자발생 시 조치, 부소대장의 조치사항을 묻는 문제이다. '상황속에 답이 있다' 상황에서 모든 소대원들은 환자를 돌볼 수 없고, 소대장은 지휘를 해야 함. 따라서 부소대장이 분대장에게 지휘를 맡기고, 응급환자를 직접 병원으로 후송하는 것이 올바른 판단이며, 큰 부상이 아니라고 환자를 방치하는 것은 잘못된 조치임.

2. 다음 상황을 읽고 제시된 질문에 답하시오.

방이병은 논산 훈련소에 입소하여 훈련을 받은 후 전방부대로 자대 배치를 받아 온 지 약 2주일 정도 되었다. 그러나 숫기도 없고 소심한 성격 탓인지 군 생활에 잘 적응하지 못하고 힘들어하고 있다. 부소대장인 당신이 이러한 사실을 알았다면 어떻게 할 것인가?

이 상황에서 당신이 ⓐ 가장 할 것 같은 행동은 무엇입니까?
ⓑ 가장 하지 않을 것 같은 행동은 무엇입니까?

ⓐ 가장 할 것 같은 행동 ( )
ⓑ 가장 하지 않을 것 같은 행동 ( )

선 택 지	
①	같은 생활관에서 생활하고 있는 제일 선임 병장에게 방이병을 특별히 신경 써서 보살펴 주도록 지시한다.
②	방이병에게 같은 생활관의 용사들과 어울려 빨리 친해질 수 있도록 애써보라고 충고한다.
③	군 생활에 적응이 될 때까지 어려움을 견디게 해줄 수 있는 취미 생활을 가져보라고 한다.
④	중대장에게 이를 알리고 휴가를 보내줄 것을 건의한다.
⑤	모르는 척 무시하고 그냥 지나쳐버린다.
⑥	다른 방법이 없으므로 그냥 꾹 참고 견디라고 한다.
⑦	당분간 모든 훈련에서 제외시켜 생활관에서 쉴 수 있도록 선처해준다.

➲ 정답/풀이: ⓐ ①, ⓑ ⑤
전입신병의 부대 부적응에 대한 조치. 부소대장은 방이병에 관한 사항을 소대장에게 보고하고, 생활관 선임용사(분대장)에게 특별히 잘 보살펴 주도록 조치하는 것이 전입신병관리 규정이며, 모르는 척 방치, 무관심 하는 행동은 잘못된 것임.

3. 다음 상황을 읽고 제시된 질문에 답하시오.

A부사관은 복무 중 소대원들 간에 김상병을 비롯한 몇몇의 선임병들이 후임병을 구타하고 있는 현장을 목격하였다. 당신이 A부사관이라면 이런 상황에서 어떻게 대처할 것인가?

이 상황에서 당신이 ⓐ 가장 할 것 같은 행동은 무엇입니까?
ⓑ 가장 하지 않을 것 같은 행동은 무엇입니까?

ⓐ 가장 할 것 같은 행동 ( )
ⓑ 가장 하지 않을 것 같은 행동 ( )

선 택 지	
①	당장 폭행을 멈추도록 한 후 김상병과 선임병들을 불러놓고 이유 불문하고 체벌을 가한다.
②	상급자에게 보고하여 군사 재판에 회부되게 함으로써 폭행을 가한 선임병들이 징역을 살도록 한다.
③	김상병을 비롯한 선임병들에게 폭행을 가한 이유를 물어보고 다시는 이 같은 행동을 하지 않도록 따끔하게 주의를 준다.
④	이유가 무엇이든 폭력행위는 잘못된 것임을 인지시키고 다시는 폭행을 하지 않겠다는 약속을 받는다.
⑤	후임병에게 사과하게 한 후 잘못을 그냥 눈감아준다.
⑥	선임병들을 세워놓고 후임병으로 하여금 한 대씩 때릴 수 있도록 해준다.
⑦	못 본 척하고 그냥 지나쳐버린다.

➲ 정답/풀이: ⓐ ②, ⓑ ⑥
부대 내에서 발생한 구타사고, 병영내에서 구타사고가 발생하면 신속히 상급자에게 보고하고, 규정에 따라 조치해야 한다. 군은 구타자는 범죄행위로 형사처벌을 원칙으로 한다. 계급이 낮은 자가 계급이 높은 선임병을 때리면 하극상으로 가중처벌을 받는다. 군사법과 군인복무규정을 준수하여 조치 해야 함.

4. 다음 상황을 읽고 제시된 질문에 답하시오.

O대대에서 근무하고 있는 위관급 장교 R은 타 부대의 군사 기밀 정보를 알아내기 위하여 O대대 내의 군사 기밀 중 일부를 누설하였다. 그리고 같은 부대에서 근무하고 있는 P상가가 우연히 이 사실을 알게 되었다. 이때 당신이 P라면 어떻게 하겠는가?

이 상황에서 당신이 ⓐ 가장 할 것 같은 행동은 무엇입니까?
ⓑ 가장 하지 않을 것 같은 행동은 무엇입니까?

ⓐ 가장 할 것 같은 행동 ( )
ⓑ 가장 하지 않을 것 같은 행동 ( )

선 택 지	
①	대대장에게 있는 사실을 그대로 보고하여 군사 재판에 의해 처벌받도록 한다.
②	R에게 이유야 어찌 되었든 부대의 기밀을 유출하는 것이 말이 되냐며 따진다.
③	R에게 스스로 대대장에게 가서 사태를 수습할 수 있도록 상황을 알리고 자신이 저지른 잘못에 대한 처벌을 받으라고 설득한다.
④	다른 모든 이들에게는 비밀로 해줄 테니 R이 알게 된 기밀을 공유하자고 한다.
⑤	R이 처음 한 행동이니 R을 용서해준다고 말하고 눈감아 준다.
⑥	대대장에게 알리지 않고 계속 R의 행동을 감시한다.
⑦	자신이 한 일이 아니므로 그냥 무시하고 흘려 넘긴다.

➲ 정답/풀이: ⓐ ①, ⓑ ④
군사보안업무규정 비밀취급 위반에 대한 조치, 군 부대에서 군사보안업무시행규칙에 군사비밀 누설, 분실 등의 사고 발생 시 징후를 발견하였을 경우 지휘계통을 거쳐 국방부장관에게 즉시 보고하고 그 피해를 최소화하기 위한 조치를 하도록되어 있다. 따라서 징후 발견자는 상사라 할지라도 지휘관인 대대장에게 즉시 보고해야 함.

5. 다음 상황을 읽고 제시된 질문에 답하시오.

김병장이 여러 소대원들에게 몇 천 원 또는 만 원씩을 빌려갔는데 차일피일 미루며 아직까지 갚지 않고 있다. 돈을 빌려주었던 소대원들끼리 이런 이야기를 하는 것을 K부소대장이 듣게 되었다. 당신이 K라면 이를 알고 어떠한 행동을 취하겠는가?

이 상황에서 당신이 ⓐ 가장 할 것 같은 행동은 무엇입니까?
ⓑ 가장 하지 않을 것 같은 행동은 무엇입니까?

ⓐ 가장 할 것 같은 행동 (　　　)
ⓑ 가장 하지 않을 것 같은 행동 (　　　)

선 택 지	
①	상관에게 보고하여 며칠 동안 영창에 가도록 조치한다.
②	김병장을 불러 어떠한 이유로 그러했는지를 물어보고 잘 알아듣게 타이른다.
③	소대원들에게 공개적으로 사과하게 하고 매달 월급에서 갚으라고 한다.
④	내가 대신 돈을 갚아주고 김병장에게 돈이 필요하면 나에게 꾸라고 한다.
⑤	돈을 빌려준 소대원들에게 모른 척하고 김병장에게 같은 금액을 빌리라고 말해준다.
⑥	김병장의 월급을 몇 달간 감봉하여 그 감봉된 금액으로 빌려준 소대원들에게 일정 금액씩을 갚아준다.
⑦	김병장의 부모에게 이 사실을 알려 부모가 대신 갚아 사태를 수습하도록한다.

➲ 정답/풀이: ⓐ ②, ⓑ ⑤
병영생활규정 내무부조리 중 금전문제에 대한 조치, 생활관에서 용사들간에 금전거래를 금지하고 있다. 선임병이 후임병에게 돈을 빌려서 갚지 않는 행위는 병영내에서 갈등을 유발시켜 대형사고 발생의 원인이 될 수 있으며, 단결을 저해하게 된다. 부소대장은 관련사항을 확인한 후 즉시 보고하고 지휘조치하여야 한다.

6. 다음 상황을 읽고 제시된 질문에 답하시오.

A중사는 좀 더 효율적인 훈련 방안을 제안하였다. 그러나 M원사는 기존의 방식대로 훈련 방안을 처리하고자 한다. 당신이 A중사라면 어떻게 하겠는가?

이 상황에서 당신이 ⓐ 가장 할 것 같은 행동은 무엇입니까?
ⓑ 가장 하지 않을 것 같은 행동은 무엇입니까?

ⓐ 가장 할 것 같은 행동 (　　　)
ⓑ 가장 하지 않을 것 같은 행동 (　　　)

선 택 지	
①	M원사와 문제를 일으키고 싶지 않으므로 순순히 M원사의 지시대로 훈련을 진행한다.
②	다른 부사관들과 상의하여 새로운 훈련 방안을 수용하도록 한다.
③	기존의 방식보다 훨씬 효율적이라는 것을 강조하면서 대대장에게 가서 직접 새로운 훈련방안을 제안한다.
④	부사관들에게 나는 M원사의 결정에 찬성하지는 않지만, 어쩔 수 없으니 그 명령을 그냥 따르자고 말한다.
⑤	M원사에게 두 가지 훈련을 같이 실시해 본 후 다시 결정하자고 한다.
⑥	M원사에게 기존의 훈련 방식대로 처리하려는 이유가 무엇인지 물어보고 그 이유를 새로 제시하려는 훈련 방안에 첨가하여 M원사로 하여금 이를 따르도록 유도한다.
⑦	결정된 훈련 방식을 바꿔치기하여 자신이 제안한 훈련 방식으로 명령이 하달되도록 한다.

➲ 정답/풀이: ⓐ ⑤, ⓑ ⑦
훈련부사관의 올바른 가치관에 관한 문제임.

7. 다음 상황을 읽고 제시된 질문에 답하시오.

S라는 부사관은 K대대에서 근무한다. 특정 사안의 결정에 따른 중대장의 업무상 명령이 있었으나 S부사관은 그 명령이 불합리하다고 생각하고 있다. 이때 당신이 S라면 어떻게 하겠는가?

이 상황에서 당신이 ⓐ 가장 할 것 같은 행동은 무엇입니까?
ⓑ 가장 하지 않을 것 같은 행동은 무엇입니까?

ⓐ 가장 할 것 같은 행동 ( )
ⓑ 가장 하지 않을 것 같은 행동 ( )

선 택 지	
①	소대원들에게 나는 중대장의 결정에 찬성하지는 않지만 어쩔 수 없으니 그 명령을 일단 따르라고 말한다.
②	중대장에게 다시 가서 나는 그 결정에 따른 명령에 문제가 있다고 생각하며 부사관들과 소대원들에게 잘못된 명령을 시행하라고 하기는 어렵다고 이야기한다.
③	다른 부사관들에게 나는 중대장의 결정에 따르지 않겠다고 말하고 이 상황에서 어떻게 처신해야 할지 조언을 구한다.
④	대대장에게 가서 상황의 불합리성을 설명하고 중대장에게 시정 명령을 내려줄 것을 건의한다.
⑤	다른 동료 부사관들과 단합하여 중대장에게 다른 대안을 제시해달라고 말한다.
⑥	계급 사회에서 상사의 명령에 따르는 것은 당연하므로 그 명령이 불합리하다 생각할지라도 조건없이 중대장의 명령에 따라 행동한다.
⑦	일단 중대장의 명령에 따라 행동하고 그 이후 나타나는 불합리한 부분을 중대장 스스로가 느끼도록 하기 위해 불합리한 부분이 더 잘 나타날 수 있도록 부각시켜 행동한다.

➲ 정답/풀이: ⓐ ⑥, ⓑ ⑤
군에서 지휘관의 명령에 대한 이행, 하급자가 상급자의 명령에 대해 자의적으로 판단하여 불합리한 명령이라고 이행하지 않는 것은 바람직하지 않다.

8. 다음 상황을 읽고 제시된 질문에 답하시오.

A부대에 근무하는 K부사관은 업무상 B부대의 협조가 꼭 필요하게 되었다. 그런데 그 부대와는 평소에 접촉도 없었고 또 개인적으로 친분이 있는 부사관도 없는 형편이다. 그러나 그 부대의 협조가 절대적으로 필요하다. 당신이 K부사관이라면 어떻게 하겠는가?

이 상황에서 당신이 ⓐ 가장 할 것 같은 행동은 무엇입니까?
ⓑ 가장 하지 않을 것 같은 행동은 무엇입니까?

ⓐ 가장 할 것 같은 행동 (　　　)
ⓑ 가장 하지 않을 것 같은 행동 (　　　)

선 택 지	
①	B부대로 직접 찾아가서 상황을 설명하고 정중히 업무협조를 구한다.
②	업무 협조가 어려워 일을 못하겠다고 중대장에게 보고한다.
③	그 업무를 뒤로 미루어버린다.
④	B부대 부사관과의 업무 협조가 이루어질 수 있도록 중대장에게 명령을 하달해줄 것을 건의한다.
⑤	대대장에게 가서 상황을 설명하고 조언을 부탁한다.
⑥	지금부터라도 B부대의 부사관들과 접촉하여 친분부터 쌓는다.
⑦	B부대에 가서 부대가 다르더라도 국가의 업무임에 협조를 하는 것이 당연하므로 무조건적으로 협조할 것을 요구한다.

➲ 정답/풀이: ⓐ ①, ⓑ ③
군 간부의 올바른 업무수행 자세를 묻는 문제이다. 무엇보다 적극적인 업무추진 자세가 중요하며, 정직하고 성실한 자세가 필요하다고 본다.

9. 다음 상황을 읽고 제시된 질문에 답하시오.

C하사는 같이 근무하는 A상사가 자신에게 종종 건네는 외모에 관한 놀림 때문에 불만을 가지고 있다. 웃으며 가벼운 장난으로 하는 말이지만, 시간이 갈수록 마음에 쌓이고 견디기가 힘들다. 당신이 C하사라면 어떻게 하겠는가?

이 상황에서 당신이 ⓐ 가장 할 것 같은 행동은 무엇입니까?
ⓑ 가장 하지 않을 것 같은 행동은 무엇입니까?

ⓐ 가장 할 것 같은 행동 (　　　)
ⓑ 가장 하지 않을 것 같은 행동 (　　　)

선 택 지	
①	A상사에게 개인적인 면담을 요청하고, 솔직하게 서운함을 털어놓는다
②	농담을 건네는 상황에서 공개적으로 불쾌하다는 의사 표시를 한다.
③	하급 병들에게 A상사에 대한 험담을 하는 것으로 스트레스를 푼다.
④	그럴수록 A상사에게 칭찬을 하여 자신을 놀리지 못하도록 한다.
⑤	후임에게 모욕적인 발언을 일삼는 A상사에게 징계 처분을 내려달라고 소대장에게 탄원서를 제출한다.
⑥	A상사가 하는 것처럼 자신도 똑같이 A상사의 외모에 관한 놀림을 가벼운 장난처럼 하여 맞받아친다.
⑦	휴가를 받아 A상사로부터 놀림 받은 부분에 성형을 하고 나타난다.

➲ 정답/풀이: ⓐ ①, ⓑ ③
병영 내에서 상급자의 괴롭힘에 대한 올바른 조치 및 대처에 관한 문제이다. 부사관으로서 올바른 가치관을 가지고 판단하는 것이 중요함.

10. 다음 상황을 읽고 제시된 질문에 답하시오.

A하사가 동기인 B하사의 업무 수행능력에 관련하여 문제가 있다고 또 다른 동기인 C하사에게 불평을 한다. 당신이 C하사라면 어떻게 하겠는가?

이 상황에서 당신이 ⓐ 가장 할 것 같은 행동은 무엇입니까?
ⓑ 가장 하지 않을 것 같은 행동은 무엇입니까?

ⓐ 가장 할 것 같은 행동 (　　　　)
ⓑ 가장 하지 않을 것 같은 행동 (　　　　)

선 택 지	
①	중대장에게 가서 B하사의 업무능력에 대해 보고한다.
②	A하사와 같이 B하사에 관한 험담을 한다.
③	A하사에게 B하사에게 가서 직접 말하라고 한다.
④	A하사에게 B하사를 두둔하는 발언을 한다.
⑤	B하사에게 A하사에게서 들었던 말을 객관적으로 전달한다.
⑥	A하사에게 가서 본인의 일이나 잘하라고 말한다.
⑦	A하사의 말에 크게 동조하지는 않되, 나중에 B하사한테는 A하사가 지적한 부분을 고칠 수 있도록 조언을 해준다.

➲ 정답/풀이: ⓐ ⑦, ⓑ ②
병영생활에서 동료간에 올바른 행동, 처세에 관한 문제이다. 부사관으로서 군 조직에서 올바른 가치관을 가지고 전우애를 발휘하는 바람직한 간부자세가 필요하다.

11. 다음 상황을 읽고 제시된 질문에 답하시오.

A는 임관 후 X중대에 이제 막 첫 출근한 신임 부사관이다. A는 부대의 분위기와 환경의 변화에 커다란 중압감을 느끼고 무척 힘들어한다. 그러나 A는 어렵게 부사관에 임관하게 되었고 또 중요한 직책이라는 생각에 더욱 부담이 되었다. 당신이 신임 부사관 A라면 어떻게 하겠는가?

이 상황에서 당신이 ⓐ 가장 할 것 같은 행동은 무엇입니까?
ⓑ 가장 하지 않을 것 같은 행동은 무엇입니까?

ⓐ 가장 할 것 같은 행동 (　　　)
ⓑ 가장 하지 않을 것 같은 행동 (　　　)

선 택 지	
①	무엇인가 자신이 할 일을 찾아본다.
②	중대장에게 애로 사항을 건의하고 조언을 구한다.
③	부대에 적응할 때까지 스트레스를 해결할 가벼운 취미를 찾아본다.
④	그냥 조용히 자리에 앉아 있는다.
⑤	나에게 맞지 않으므로 일찌감치 포기하고 부사관을 그만둔다.
⑥	나 스스로 해결해야 할 일이므로 그냥 묵묵히 받아들인다.
⑦	다른 선임자가 하는 행동을 그대로 따라한다.

➲ 정답/풀이: ⓐ ②, ⓑ ⑤
부대 전입 초급간부에 대한 조치. 초임하사는 누구나 첫 근무지에서 중압감을 느낀다. 그래서 각 부대에서는 초급간부관리시스템이 있다. 혼자 고민하지 않고 상급자에게 고민을 털어 놓고 상담을 하는 자세는 바람직한 자세이다.

12. 다음 상황을 읽고 제시된 질문에 답하시오.

K부대에서 근무하고 있는 A중사는 진행하던 어떤 특정 업무를 마치고 중대장으로부터 개인적인 특별 휴가를 받았다. 동기 부사관인 B중사는 자신도 유사한 특정 업무를 예전에 끝낸 적이 있지만 별도의 휴가를 받은 적이 없다. 이때 당신이 B이라면 어떻게 하겠는가?

이 상황에서 당신이 ⓐ 가장 할 것 같은 행동은 무엇입니까?
ⓑ 가장 하지 않을 것 같은 행동은 무엇입니까?

ⓐ 가장 할 것 같은 행동 ( )
ⓑ 가장 하지 않을 것 같은 행동 ( )

선 택 지	
①	중대장에게 부당함을 호소하며 형평성 있게 처리해달라고 요구한다.
②	다른 동기 부사관들에게 중대장의 결정에 대한 불만을 이야기한다.
③	조금은 억울하지만 상관의 결정이므로 묵묵히 참고 넘긴다.
④	자신도 그런 대우를 받을 때가 오겠지 하는 생각으로 더욱 업무에 전념한다.
⑤	중대장에게 시기는 지났지만 자신도 특별 휴가를 달라고 요청한다.
⑥	차별 대우를 한 A중사의 행동에 대해 게시판에 글을 올려 모든 부대원들이 알도록 한다.
⑦	자신이 못 받은 특별 휴가를 대신하여 자신의 업무를 소홀히 하는 것으로 보상받는다.

➲ 정답/풀이: ⓐ ④, ⓑ ⑥
부사관의 올바른 근무자세, 공정한 포상과 포상규정에 대한 이해가 필요하며, 포상을 받아들이는 올바른 가치관이 필요하다.

13. 다음 상황을 읽고 제시된 질문에 답하시오.

S와 J는 임관 후 같은 부대로 배치 받은 부사관 동기이다. 2년 넘게 근무하면서 S는 J보다 능력이 뛰어나다고 스스로 생각하고 있던 중 중사 진급 시험에서 J만 진급하고 S는 탈락하였다. 만약 당신이 S라면 어떻게 하겠는가?

이 상황에서 당신이 ⓐ 가장 할 것 같은 행동은 무엇입니까?
ⓑ 가장 하지 않을 것 같은 행동은 무엇입니까?

ⓐ 가장 할 것 같은 행동 (　　　　)
ⓑ 가장 하지 않을 것 같은 행동 (　　　　)

선 택 지	
①	상관에게 가서 능력이 더 뛰어난 자신이 떨어진 것에 대해 항의한다.
②	승진 심사의 문제점을 지적하며 공식적인 재심사를 요청한다.
③	다른 부대로 배치해줄 것을 요구한다.
④	인내하며 근무하면서 다음의 진급 시험의 기회를 노린다.
⑤	자신의 탈락을 인정하고 J를 상관으로 받든다.
⑥	진급하지 못한 이유에 대해 알아보고 자신의 부족한 부분을 개선하고자 노력한다.
⑦	J에게 가서 공식석상에서는 상관에 대한 대우를 해주겠지만 그 외의 상황에서는 상관으로 인정할 수 없다고 한다.

➲ 정답/풀이: ⓐ ⑥, ⓑ ①
진급심사 결과에 대한 조치, 부사관이 진급선발에 대해 받아들이지 못한다면 기본적인 간부 자세가 맞는 것인지? 부사관의 올바른 가치관 확립이 필요하다고 본다.

14. 다음 상황을 읽고 제시된 질문에 답하시오.

부대 내 장교와 장병들 사이의 친목을 다지기 위하여 체육대회를 실시하기로 하였다. 그런데 평소 사이가 좋지 않은 F상사와 같은 조에 속하게 되었다. 이때 당신이라면 어떻게 하겠는가?

이 상황에서 당신이 ⓐ 가장 할 것 같은 행동은 무엇입니까?
ⓑ 가장 하지 않을 것 같은 행동은 무엇입니까?

ⓐ 가장 할 것 같은 행동 ( )
ⓑ 가장 하지 않을 것 같은 행동 ( )

선 택 지	
①	상관에게 조를 바꿔달라고 요구한다.
②	조를 편성한 상관에게 F대신 다른 부사관으로 교체해달라고 부탁한다.
③	화해의 기회로 생각하고 적극적으로 동참하여 F와 친해지려고 노력한다.
④	상관의 결정이니 그대로 수용하되 체육대회 경기 동안 F를 피한다.
⑤	몸이 좋지 않다는 핑계를 대고 체육대회 경기에서 빠진다.
⑥	공동 사회 조직에서 개인적인 사유를 이유로 불평을 하는 것은 나의 이미지 손상만 가져올 뿐이므로 겉으로 절대 내색하지 않는다.
⑦	체육대회는 참석하나 경기 중 일부러 자신의 몸을 다치게 한 뒤 부상으로 빨리 쉰다.

➲ 정답/풀이: ⓐ ③, ⓑ ⑤
올바른 간부의 근무자세 확인, 체육대회는 부대 단결을 위해 병영 내에서 진행된다. 부대 단결을 저해하는 행동은 올바른 자세가 아니다. 부사관의 올바른 가치관 정립이 필요하다.

15. 다음 상황을 읽고 제시된 질문에 답하시오.

부사관 A는 임관 동기인 B에 비해 상관에게 관심을 받지 못한다고 느끼고 있다. 자신에게 지시하는 업무도 B부사관에 비해 비중이 떨어지고 단순한 업무라 생각되어 불만이다. 당신이 A라면 어떻게 하겠는가?

이 상황에서 당신이 ⓐ 가장 할 것 같은 행동은 무엇입니까?
ⓑ 가장 하지 않을 것 같은 행동은 무엇입니까?

ⓐ 가장 할 것 같은 행동 ( )
ⓑ 가장 하지 않을 것 같은 행동 ( )

선 택 지	
①	능력을 인정 받아 칭찬받을 때를 기다리며 묵묵히 맡은 업무에 정진한다.
②	중대장에게 자신을 차별 대우하는 것 같으니 공명정대하게 대우해달라고 이야기한다.
③	상관에게 솔직하게 얘기하고 다른 비중 있는 일을 맡겨달라고 건의한다.
④	B부사관의 행동을 눈여겨 보고 똑같이 하려고 노력한다.
⑤	자신과 동등하게 업무 분담을 해달라고 건의하도록 B부사관을 설득한다.
⑥	자신에게 주어진 업무를 신속히 끝내고 B부사관의 업무를 도와 그 일을 익힌다.
⑦	비중 있는 업무는 그만큼 책임을 요하고 신경이 쓰이는 일이므로 차라리 잘된 것이라 생각한다.

➲ 정답/풀이: ⓐ ①, ⓑ ⑦
올바른 부사관의 근무자세, 부대 근무간 발생할 수 있는 업무수행에 대한 평가를 어떻게 받아들이느냐? 부사관의 올바른 가치관 정립이 필요하다고 본다.

상황판단 실전 문제 풀이(3회)

1. 다음 상황을 읽고 제시된 질문에 답하시오.

당신은 중대장이다. 폭풍피해로 인근 마을에 고립되었다는 소식을 접하고 중대원을 이끌고 대민지원을 나갔다. 막힌 길을 뚫고 마을에 도착했지만, 도착하자마자 산이 무너져 내려 함께 고립되어 버렸다. 이 갑작스런 사고에 주민들과 부대원들 모두 당황해 불안에 떨고 있다.

이 상황에서 당신이 ⓐ 가장 할 것 같은 행동은 무엇입니까?
ⓑ 가장 하지 않을 것 같은 행동은 무엇입니까?

ⓐ 가장 할 것 같은 행동 ( )
ⓑ 가장 하지 않을 것 같은 행동 ( )

선 택 지	
①	대대장에게 연락을 취해 상황을 설명하고, 결정을 기다린다.
②	사단에 헬기 구조 요청을 하고 마을 주민과 중대원을 안전한 장소로 대피시킨다.
③	주민대표들과 소대장들을 소집해 의견을 구하고 가장 좋은 의견에 따른다.
④	위험 지역을 판단해 중대원들과 함께 주민들을 안전한 마을회관이나 학교로 신속하게 대피시키고, 대대장에게 지원을 요청한다.
⑤	주민들 중 건장한 청년들과 협력해 위험지역의 주민들을 안전한 곳으로 대피시키고, 가지고 간 장비를 동원해 청년들과 힘을 합쳐 막힌 길을 뚫는 작업을 실시한다.
⑥	주민들과 상의를 통해 가장 좋은 방안으로 신속히 처리한다.
⑦	대대장에게 연락을 취해 상황을 설명하고, 위험지역을 판단해 중대원들과 주민들을 안전한곳으로 대피시키고 비가 그친 후 지원부대와 함께 도로확보 및 복구작업을 실시한다.

➲ 정답/풀이: ⓐ ⑦, ⓑ ①
군에서 선조치 후보고, 선보고 후조치, 지휘관은 작전에서는 선조치 후보고, 대민관련 사항은 선보고 후조치의 현장지휘관의 판단력이 요구된다.

2. 다음 상황을 읽고 제시된 질문에 답하시오.

당신의 소대원 중 일병이 최근 여자 친구와의 불화로 힘들어 하고 있는데, 하루는 상사인 당신에게 찾아와 특별휴가를 부탁하면서 여자친구를 만나고 올 수 있게 해달라고 사정을 한다.

이 상황에서 당신이 ⓐ 가장 할 것 같은 행동은 무엇입니까?
ⓑ 가장 하지 않을 것 같은 행동은 무엇입니까?

ⓐ 가장 할 것 같은 행동 ( )
ⓑ 가장 하지 않을 것 같은 행동 ( )

선 택 지	
①	소대장에게 가서 상황을 설명하고, 조언을 부탁한다.
②	친한 선임장교에게 상황을 설명하고, 조언을 부탁한다.
③	일병의 괴로움을 헤아려서 특별휴가를 내어 준다.
④	일병의 선임병들을 불러서 상황을 설명하고, 해결책을 모색한다.
⑤	군 규정상 허용할 수 없는 부탁이라고 말하며 거절한다.
⑥	여자친구에게 직접 연락해서 면회 올 것을 부탁한다.
⑦	정서적인 안정을 취하게 하고, 군 생활에 적응할 수 있게 도와준다.

➲ 정답/풀이: ⓐ ①, ⓑ ③
전입신병의 부대 부적응에 대한 조치. 부소대장은 일병에 관한 사항을 소대장에게 보고하고, 생활관 선임용사(분대장)에게 특별히 잘 보살펴 주도록 조치하는 것이 전입신병관리 규정이며, 모르는 척 방치, 특별휴가는 잘못된 것임.

3. 다음 상황을 읽고 제시된 질문에 답하시오.

군을 대표해 당신은 한일 군사교류협정에 나섰다. 양국간 방위협력 안건에 대해 모두 순조롭게 해결하고, 사담을 나누는 자리에서 독도 문제가 언급되었다. 이때 일본 측 대표가 일본의 영토라고 강력하게 주장하고 나섰다.

이 상황에서 당신이 ⓐ 가장 할 것 같은 행동은 무엇입니까?
ⓑ 가장 하지 않을 것 같은 행동은 무엇입니까?

ⓐ 가장 할 것 같은 행동 ( )
ⓑ 가장 하지 않을 것 같은 행동 ( )

선 택 지	
①	더는 말할 가치가 없음을 인식시키고 회의장을 빠져나온다.
②	기본적으로 알고 있는 독도가 우리의 땅이라는 여러가지 역사 자료를 예로 들어 일본 측 대표와 난상토론을 벌인다.
③	회의를 중단하고 상부에 보고해 구체적인 대응책을 마련한다.
④	국가를 대표해 참석한 회의인 만큼 정중하게 예의에 어긋난다고 말하고 회의를 마무리한다.
⑤	국가를 대표해 참석한 회의인 만큼 상대방의 기분이 상하지 않게 마무리하고, 돌아와 여러 가지 증거자료를 첨부해 발송한다.
⑥	중요한 자리에서 국제적인 분쟁의 실마리를 제공한 일본 측 대표에게 유감을 표하고 모든 협상을 파기하고 돌아온다.
⑦	나라의 대표라는 자부심을 갖고 독도가 우리 땅이라는 구체적인 자료를 설명해 가며 일본 측 대표를 설득한다.

➲ 정답/풀이: ⓐ ⑦, ⓑ ⑥
국가간 군사교류협정의 군을 대표하여 올바른 업무추진 자세를 판단한다.

4. 다음 상황을 읽고 제시된 질문에 답하시오.

당신은 임관을 하고 처음으로 부대에 배치를 받았다. 하지만 당신이 맡은 소대에는 제대를 앞둔 병장이 여러명 있고, 나이도 당신과 비슷해서 용사들과의 관계가 서먹하다.

이 상황에서 당신이 ⓐ 가장 할 것 같은 행동은 무엇입니까?
ⓑ 가장 하지 않을 것 같은 행동은 무엇입니까?

ⓐ 가장 할 것 같은 행동 ( )
ⓑ 가장 하지 않을 것 같은 행동 ( )

선 택 지	
①	소대장에게 가서 상황을 설명하고, 조언을 부탁한다.
②	소대원들과 함께 축구나 농구 들을 하면서 친해진다.
③	소대원 회식자리를 만들어서 서로 친해질 수 있는 시간을 갖는다.
④	병장들만 따라 불러서 자신의 어려움을 말하고 도움을 요청한다.
⑤	당연히 처음에는 서먹할 수 있는 것이므로, 충실히 업무를 수행하면서 지내다 보면 시간이 해결할 것이다.
⑥	용사들을 한 명씩 만나서 고충을 듣고 자신이 해결할 수 있는 일을 도와주면서 친해진다.
⑦	소대원들과의 관계가 더 악화되기 전에 다른 부대로 옮길 수 있게 상급부대에 요청한다.

➲ 정답/풀이: ⓐ ①, ⓑ ⑦
전입 초급간부의 조기적응에 대한 조치, 분대장은 소대원에 관한 사항을 소대장에게 보고하고 도움을 요청한다. 소대장의 조언을 듣고 ⑥번과 같은 상담을 진행하며 업무를 파악한다. 현실도피는 잘못된 간부의 근무자세임.

5. 다음 상황을 읽고 제시된 질문에 답하시오.

당신은 부소대장이다. 당신의 소대원들 중 고등학교 동창생인 분대장 A와 일병 B가 있다. 다른 용사들과 똑같이 자신을 대한다는 불만을 B가 A에게 표출한 후 A와 B의 사이가 급속하게 안 좋아졌다. 이후 A가 B와 개인적으로 싸움을 하고 싶다는 이야기를 당신에게만 전해왔다.

이 상황에서 당신이 ⓐ 가장 할 것 같은 행동은 무엇입니까?
ⓑ 가장 하지 않을 것 같은 행동은 무엇입니까?

ⓐ 가장 할 것 같은 행동 ( )
ⓑ 가장 하지 않을 것 같은 행동 ( )

선 택 지	
①	자신의 소대에서는 일어날 수 없는 일이라고 서로에게 나무라며 얼차려를 실시한다.
②	어떠한 경우에도 구타는 허용되지 않는다는 말을 A에게 전하고, 소대 일 이외의 개인적인 시간에는 B를 친구로 대해주라는 당부를 한다.
③	군대에서는 상관의 명령에 절대복종해야 한다고 말하고, A와 싸우게 되면 하극상이라는 죄가 성립된다는 사실을 B에게 고지한다. B가 받아들이지 못할 경우 지속적인 정신교육을 실시한다.
④	예전에 자신이 처했던 상황을 예로 들면서 둘 사이가 원만하게 해결될 수 있도록 지속적인 관심을 가지고 도와준다.
⑤	그들 둘만의 일이므로 다른 이야기는 꺼내지 않고 사고가 발생하지 않도록 수시로 지켜본다.
⑥	자신이 지켜보는 자리에서 정식으로 싸움을 해 둘 사이의 관계를 풀라고 한다.
⑦	상부에 보고해 조치에 따른다.

➲ 정답/풀이: ⓐ 2, ⓑ ⑥
병력관리 조치. 부소대장은 고교동창생인 분대장과 B일병에 관한 사항을 소대장에게 보고하고, 병영생활을 잘 할 수 있도록 교육하고 지도한다. 모르는 척 방치, 싸움을 붙이는 행동은 잘못된 것임.

6. 다음 상황을 읽고 제시된 질문에 답하시오.

소대원들과 추계진지 공사에 나간 당신은 일주일째 작업을 하고 있다. 그런데 같이 작업을 하는 선임중사는 자신의 소대원들에게만 편한 일을 시킨다. 이것을 알고 있는 소대원들도 불만이 많고, 당신도 불공평한 일 분배에 어려움을 느낀다.

이 상황에서 당신이 ⓐ 가장 할 것 같은 행동은 무엇입니까?
ⓑ 가장 하지 않을 것 같은 행동은 무엇입니까?

ⓐ 가장 할 것 같은 행동 (　　　)
ⓑ 가장 하지 않을 것 같은 행동 (　　　)

선 택 지	
①	중대장에게 가서 상황을 설명하고, 시정을 요청한다.
②	군인은 맡은 임무에 충실해야 하기때문에 불만 없이 일한다.
③	소대원들에게 간식을 사 주고 조그만 참고 일을 마무리하자고 달랜다.
④	다른 선임 부사관들에게 상황을 설명하고 도움을 요청한다.
⑤	선임 중사에게 직접 말해서 작업의 어려움을 설명한다.
⑥	소대원들의 작업을 중지시키고 선임 중사의 지시를 거부한다.
⑦	일단 지시를 받은 작업을 마무리한 다음에 불만 사항을 중대장에게 보고한다.

➲ 정답/풀이: ⓐ ⑦, ⓑ ⑥
부사관의 올바른 근무자세에 대한 조치, 한 중대에서 다른 소대의 선임 부소대장의 공평하지 못한 업무분담에 용사들은 불만을 가질 수 있다. 하지만 간부는 올바른 지휘조치를 거쳐 바로 잡는 것이 현명하다고 생각한다. 선임 중사의 지시를 거부하는 행동은 잘못된 것임.

7. 다음 상황을 읽고 제시된 질문에 답하시오.

당신은 소대장이다.
갓 전입한 용사가 자신의 아버지가 타 부대의 장군이라며 자신이 원하는 보직으로 발령을 요구했다.

이 상황에서 당신이 ⓐ 가장 할 것 같은 행동은 무엇입니까?
ⓑ 가장 하지 않을 것 같은 행동은 무엇입니까?

ⓐ 가장 할 것 같은 행동 ( )
ⓑ 가장 하지 않을 것 같은 행동 ( )

선 택 지	
①	군대에서의 규율을 몸소 체험할 수 있도록 정신교육과 얼차려를 실시한다.
②	해당 용사의 아버지에게 전화를 해 보통 용사들과 똑같이 훈련받을 수 있도록 자신의 뜻을 전달한다.
③	해당 용사의 말을 무시하고 분대장 및 다른 용사들에게 이야기해 사고가 발생하지 않도록 주의하라고 당부한다.
④	직속상관에게 보고한 후, 결정된 조치를 이행한다.
⑤	자신 이외의 다른 장교들에게 불이익이 발생할까 봐 용사의 말을 들어준다.
⑥	해당 용사에게 군대에서의 엄격한 규율을 알려주고, 현재 상황에서 군생활에 최선을 다하라고 지시한다.
⑦	우리 부대의 이점과 병영생활 등을 자세히 설명해 이해시킨다.

➲ 정답/풀이: ⓐ ⑥, ⓑ ⑤
전입신병의 부대 부적응에 대한 조치. 소대장은 장군의 아들이라는 전입신병에 관한 사항을 중대장에게 보고하고, 생활관 선임용사(분대장)에게 특별히 잘 보살펴 주도록 조치하는 것이 전입신병관리 규정이며, 모르는 척 방치, 인사청탁에 의한 보직조정은 잘못된 것임.

8. 다음 상황을 읽고 제시된 질문에 답하시오.

평소에 술을 좋아하는 중대장이 업무가 없는 밤이면 불러서 술을 마시게 한다. 술을 즐기지 않는 당신은 그 술자리가 불편하다. 더욱이 술을 마시는 횟수가 늘어나면서 육체적, 정신적 피로가 쌓이자, 정상적인 업무시간에 지장이 생겼다.

이 상황에서 당신이 ⓐ 가장 할 것 같은 행동은 무엇입니까?
ⓑ 가장 하지 않을 것 같은 행동은 무엇입니까?

ⓐ 가장 할 것 같은 행동 (　　　　)
ⓑ 가장 하지 않을 것 같은 행동 (　　　　)

선 택 지	
①	대대장에게 가서 상황을 설명하고 도움을 요청한다.
②	군인은 명령에 불복종할 수 없으므로 불만 없이 중대장의 지시에 따른다.
③	피할 수 없으면 즐긴다는 마음으로 술을 즐길 수 있는 체질로 자신을 바꾼다.
④	다른 선임부사관들에게 상황을 설명하고 도움을 요청한다.
⑤	중대장에게 직접 말해서 술자리의 어려움을 설명한다.
⑥	중대장에게 술자리에 참석할 수 없다고 정중하게 말한다.
⑦	다른 부대로 옮길 수 있게 상급부대에 요청한다.

➲ 정답/풀이: ⓐ ⑥, ⓑ ⑦
지휘관의 사생활 침범에 대한 조치. 소대장은 중대장의 사생활 침해 행위에 대해 정정당당하게 이해를 구하고, 일과시간에 열심히 근무하는 올바른 간부의 근무자세가 필요하며, 현실도피 하는 행동은 잘못된 것임.

9. 다음 상황을 읽고 제시된 질문에 답하시오.

당신은 부대에서 보급품을 관리하는 업무를 맡고 있다. 납품하는 업체는 공개 입찰을 통해 선발하는데, 이 중 탈락한 한 업체에서 부인의 통장으로 500만원을 입금했다. 이를 모른 체 3개월이 흘렀고, 자신이 모르는 상황에서 부대에 이 일이 알려져 곤란한 상황에 처하게 되었다.

이 상황에서 당신이 ⓐ 가장 할 것 같은 행동은 무엇입니까?
ⓑ 가장 하지 않을 것 같은 행동은 무엇입니까?

ⓐ 가장 할 것 같은 행동 ( )
ⓑ 가장 하지 않을 것 같은 행동 ( )

선 택 지	
①	부대에 억울함을 호소하고 들어온 돈을 돌려준다.
②	그동안 자신의 청렴함을 알던 동료들에게 도움을 요청한다.
③	업체대표를 불러 부대에 자신의 결백을 증명하도록 당부한다.
④	억울하지만 돈을 돌려주고 부대의 결정을 기다린다.
⑤	돈을 준 업체를 형사 고발하고 법적으로 대응한다.
⑥	친하게 지내는 고위 간부에게 이 사실을 이야기하고 도움을 요청한다.
⑦	대대장에게 상황을 설명하고, 조언을 부탁한다.

➲ 정답/풀이: ⓐ ⑦, ⓑ ⑥
부정청탁 금전비리에 대한 조치, 보급품담당관은 대대참모부 근무자로 지휘관에게 사실대로 보고하고, 돈은 돌려주고 부대의 결정을 따르는 것이 올바른 간부의 근무자세임. 상급부대 고위 간부에게 청탁하는 행동은 잘못된 것임.

10. 다음 상황을 읽고 제시된 질문에 답하시오.

새로운 부대로 전근한 당신은 업무 도중에 부대 내의 비리를 발견했다. 비리 내용이 문제가 될 수 있지만 여러 간부들이 관계되어 있는 일이라 당신 혼자서 고민하면서 생활하고 있다.

이 상황에서 당신이 ⓐ 가장 할 것 같은 행동은 무엇입니까?
ⓑ 가장 하지 않을 것 같은 행동은 무엇입니까?

ⓐ 가장 할 것 같은 행동 (　　　)
ⓑ 가장 하지 않을 것 같은 행동 (　　　)

선 택 지	
①	상급부대에 보고하고 조치를 기다린다.
②	비리와 관련이 없는 선임 간부에게 상황을 말하고 도움을 요청한다.
③	비리와 관련된 간부들에게 직접 말해서 시정을 요구한다.
④	정확한 증거를 확보하기 위해서 혼자서 비리를 조사한다.
⑤	비리 내용이 군 전체에 직접적인 피해를 끼치는 것이 아니라고 판단되면 부대 전체를 위해 조용히 넘어간다.
⑥	상급부대에도 비리와 관계되어 있는 사람이 있을 수 있으므로 외부 언론사에 이 사실을 폭로한다.
⑦	비리에 대한 특별한 조치 없이 자신만 다른 부대로 옮길 수 있게 상급부대에 요청한다.

➲ 정답/풀이: ⓐ ②, ⓑ ⑥
전입간부가 업무파악 중 부대 내 비리발견 시 조치. 부대에 전입되어 업무를 열심히 파악하는 중에 부대 내에 잔존하는 비리를 발견했을 때 비리와 관련이 없는 선임간부 또는 상급 지휘관에게 보고하여 조치를 받는 것이 좋다. 외부기관에 폭로하는 것은 잘못된 것임.

11. 다음 상황을 읽고 제시된 질문에 답하시오.

당신은 부대에서 유류품(3종담당)을 관리하는 업무를 맡고 있다. 대대장이 여러 가지 개인적인 업무를 보면서 두 배 가량의 연료를 소비했다. 대대장이 당신을 불러 부대에서 관리하는 연료로 충당해 달라고 부탁했다.

이 상황에서 당신이 ⓐ 가장 할 것 같은 행동은 무엇입니까?
ⓑ 가장 하지 않을 것 같은 행동은 무엇입니까?

ⓐ 가장 할 것 같은 행동 ( )
ⓑ 가장 하지 않을 것 같은 행동 ( )

선 택 지	
①	그 자리에서 잘못되었음을 밝히고 거절한다.
②	알았다고 이야기하고 돌아와서 국방부 홈페이지에 신고한다.
③	상급부대에 보고하고 적절한 조치를 기다린다.
④	자신이 충당할 수 있는 한도 내에서 요구를 수용한다.
⑤	군대에서의 명령은 절대적이므로 대대장이 지시한 내용을 따른다.
⑥	당신이 직접 개인적인 자금으로 추가분을 충당한다.
⑦	당신의 승용차에 사용하는 연료도 충당할 수 있도록 요구한다.

➲ 정답/풀이: ⓐ ①, ⓑ ⑦

군의 군수품관리 규정 및 청렴의무에 대한 조치, 부대에서 3종 유류담당관은 대대장의 부하이며 지원과 참모부의 담당관이다. 지휘관이 부당한 지시 했을 때 청렴의무를 이행하기는 쉽지 않다. 하지만 올바른 가치관을 가지고 근무하는 간부가 필요하다. 지휘관의 약점을 기회로 개인의 사익을 추가하는 행동은 잘못된 것임.

12. 다음 상황을 읽고 제시된 질문에 답하시오.

어느 날 밤에 당신의 소대원 중 상병이 후임병들을 구타했는데, 이 사실을 알고 있는 간부가 당신 뿐이다.

이 상황에서 당신이 ⓐ 가장 할 것 같은 행동은 무엇입니까?
ⓑ 가장 하지 않을 것 같은 행동은 무엇입니까?

ⓐ 가장 할 것 같은 행동 (　　　)
ⓑ 가장 하지 않을 것 같은 행동 (　　　)

선 택 지	
①	중대장에게 보고하고 조치를 기다린다.
②	선임 간부에게 상황을 말하고 도움을 요청한다.
③	상병을 따로 불러서 이유를 묻고, 다시는 그런 행위를 하지 않겠다는 약속을 받는다.
④	군대 내에서 있을 수 있는 일이므로 조용히 넘어 간다.
⑤	때린 상병과 맞은 후임병들을 불러서 이유를 묻고 함께 해결방안을 찾는다.
⑥	기강이 헤이해진 책임을 전체 소대원들에게 돌리고 전체 얼차려를 실시한다.
⑦	때린 상병에게만 얼차려를 실시한다.

➲ 정답/풀이: ⓐ ①, ⓑ ④
병영 내에서 구타사고 발생 시 조치, 부소대장은 상병이 후임병을 구타한 사실을 발견하였으며, 이에 관한 사항을 소대장, 중대장에게 보고하고, 구타는 범죄행위로 육군규정에 의거 처리하며, 모르는 척 방치, 회피 하는 행동은 잘못된 것임.

13. 다음 상황을 읽고 제시된 질문에 답하시오.

당신은 군 생활을 20년 한 원사이다. 이제 막 전입한 나이어린 중대장이 당신에게 여러 가지 개인적인 일을 지시했다. 부당한 일이라며 불만을 이야기하자 중대장은 상급자가 지시하는 일에 복종하라고 한다.

이 상황에서 당신이 ⓐ 가장 할 것 같은 행동은 무엇입니까?
ⓑ 가장 하지 않을 것 같은 행동은 무엇입니까?

ⓐ 가장 할 것 같은 행동 ( )
ⓑ 가장 하지 않을 것 같은 행동 ( )

선 택 지	
①	부당하지만 지시대로 이행한다.
②	지시대로 이행한 후 대대장에게 보고해 조치를 받는다.
③	아무리 상사라 할지라도 부당한 업무를 받아드릴 수 없다고 다그친다.
④	이번 일은 부당하지만 지시대로 이행한다고 하고, 다음부터는 절대로 그런 지시를 하지 못하도록 이야기한다.
⑤	군생활을 하면서 친하게 지내는 장교들에게 중대장에게 압력을 가해달라고 부탁한다.
⑥	중대장보다 나이 어린 상사를 찾아 똑같은 상황을 겪게 해 달라고 부탁한다.
⑦	당신의 후배들에게 억울함을 호소하고, 중대장의 부당한 명령을 받아들이지 말자고 이야기한다.

➲ 정답/풀이: ⓐ ②, ⓑ ⑤
중대 행정보급관과 중대장의 갈등에 관한 조치, 중대장의 공과사를 구분하지 못하는 업무지시에 나이 많은 원사 행정보급관이 심적 고통을 겪으면서 어떻게 조치하는 것이 현명할까? 2차 상급지휘관인 대대장에게 보고하여 지휘조치를 받는 것도 한 방법이다. 자신의 지휘관인 중대장에게 타 부대 장교들에게 압력을 넣게 하는 행동은 잘못된 것임.

14. 다음 상황을 읽고 제시된 질문에 답하시오.

후임병에게 성추행을 일삼는 병장을 발견하고 부대에 보고했는데, 부대 이미지 때문에 아무런 조치가 없다.

이 상황에서 당신이 ⓐ 가장 할 것 같은 행동은 무엇입니까?
ⓑ 가장 하지 않을 것 같은 행동은 무엇입니까?

ⓐ 가장 할 것 같은 행동 (　　　　)
ⓑ 가장 하지 않을 것 같은 행동 (　　　　)

선 택 지	
①	상급부대에 보고하고 조치를 기다린다.
②	평소 친한 선임 간부에게 조언을 구한다.
③	가해자 병장을 따로 불러서 이유를 묻고, 다시는 그런 행위를 하지 않겠다는 약속을 받는다.
④	군대 내에서 있을 수 있는 일이므로 조용히 넘어간다.
⑤	가해자 병장을 다른 부대로 전출시킨다.
⑥	피해자 후임병을 다른 부대로 전출시킨다.
⑦	가해자 병장에게 얼차려를 실시한다.

➲ 정답/풀이: ⓐ ①, ⓑ ④
병영 내 성군기 위반 사고 발생 시 조치. 부소대장은 소대 내에서 병장이 후임병에게 성추행하는 사실을 발견하고 보고를 했는데, 어떠한 조치가 없다면 병영 내에서 성추행은 범죄행위이므로 상급부대에 즉시 보고하고, 소대 내에서는 병장과 후임병을 격리 조치하며, 후임병에게 안정을 취하게 한다. 모르는 척 방치, 무관심 하는 행동은 잘못된 것임.

15. 다음 상황을 읽고 제시된 질문에 답하시오.

동일하게 부사관으로 임관한 동기가 있다. 항상 모든 규칙을 준수하며 군 생활을 했다고 생각한 나보다 군 생활에서 부족하다고 생각되지만, 상급자와 자주 어울렸던 그 동기가 먼저 진급을 하게 되었다.

이 상황에서 당신이 ⓐ 가장 할 것 같은 행동은 무엇입니까?
ⓑ 가장 하지 않을 것 같은 행동은 무엇입니까?

ⓐ 가장 할 것 같은 행동 ( )
ⓑ 가장 하지 않을 것 같은 행동 ( )

선택지	
①	진급 심사의 부당함을 토로한 후 재심사를 받도록 한다.
②	부당함을 알지만 동기의 미래를 생각해 조용히 있는다.
③	억울한 마음을 동기를 불러 전달한다.
④	부당한 군 생활의 실체를 깨닫고 지속적인 군 생활보다는 최대한 빠른 제대를 선택해 일반사회 생활에 부족함이 없도록 준비한다.
⑤	상급 부대에 진급 심사에 문제가 있음을 알리고 정확한 조사를 의뢰한다.
⑥	불공정하다는 게시글을 국방부 홈페이지에 남기고 서명운동을 실시한다.
⑦	빠른 진급을 한 사람들에게 조언을 구해 지금보다 더 노력한다.

➲ 정답/풀이: ⓐ ⑦, ⓑ ⑥
진급발표 후 비선자의 행동에 대한 조치. 부사관 진급발표 후 평소 자신보다 더 못하다고 생각한 동기가 진급을 했을 때 비선자의 행동은 어떻게 하는 것이 최선일까? 군 생활에 대한 올바른 가치관이 필요하다. 차차상급부대에 폭로하고 서명운동 등 단체행동은 군인복무규율 위반 행동으로 잘못된 것임.

상황판단 실전 문제 풀이(4회)

1. 다음 상황을 읽고 제시된 질문에 답하시오.

당신은 소대장이다. 어느 날 중대장이 당신이 보기에 잘못된 것으로 보이는 결정을 내렸다. 당신은 중대장이 그 결정을 수정할 수 있도록 노력했으나, 중대장은 이미 확고한 결정을 내렸으니 따르라고 한다. 그러나 당신의 동료 소대장들과 부사관들도 모두 중대장이 잘못된 결정을 내린 것 같다는 것에 동의하고 있다.

이 상황에서 당신이 ⓐ 가장 할 것 같은 행동은 무엇입니까?
ⓑ 가장 하지 않을 것 같은 행동은 무엇입니까?

ⓐ 가장 할 것 같은 행동 ( )
ⓑ 가장 하지 않을 것 같은 행동 ( )

선 택 지	
①	대대장에게 가서 상황을 설명하고, 조언을 부탁한다.
②	소대로 돌아가서 나는 중대장의 결정에 찬성하니, 모두 명령을 따라야 한다고 설득한다.
③	부사관들에게 나는 중대장의 결정에 찬성하지는 않지만, 어쩔 수 없으니 명령을 그냥 따르자고 한다.
④	부사관들에게 나는 중대장의 결정에 따르지 않는다는 것을 말하고, 이 상황에서 어떻게 처신해야 할지 조언을 구한다.
⑤	소대로 돌아가서 나는 중대장의 결정에 찬성하지는 않지만, 어쩔 수 없으니 명령을 일단 따르라고 이야기한다.
⑥	중대장에게 다시 가서 나는 그 결정이 문제가 있다고 생각하며, 부사관들과 소대원들에게 잘못된 명령을 시행하라고 하기는 어렵다고 이야기한다.
⑦	한시간 정도 시간이 지난 후, 중대장에게 가서 대안을 제시한다.

➲ 정답/풀이: ⓐ ②, ⓑ ⑤
군의 상명하복, 절대복종 정신자세, 군에서 소대장은 중대장의 명령(지시)에 절대복종해야 한다. 물론 상황에 따라 올바른 건의를 하는 자세는 필요하다. 설득을 했으나 상급자가 확고한 결단을 했다면 이행하는 자세가 필요하다. 부하들에게 나는 찬성하지 않지만 일단 따르라고 하는 지휘는 매우 위험하고 잘못된 근무자세이다.

2. 다음 상황을 읽고 제시된 질문에 답하시오.

당신은 부소대장이다. 첫 부임 후 소대원을 확인해본 결과, 병장은 당신과 나이가 같은 인원이 대다수이며, 이등병 중 가정환경, 개인 질병 등 개인고충이 많은 인원이 2명이 있다. 전임자로부터 인수인계는 제대로 작성이 되어있지 않아 병력파악이 어려운 상태이다.

이 상황에서 당신이 ⓐ 가장 할 것 같은 행동은 무엇입니까?
ⓑ 가장 하지 않을 것 같은 행동은 무엇입니까?

ⓐ 가장 할 것 같은 행동 (　　　)
ⓑ 가장 하지 않을 것 같은 행동 (　　　)

선 택 지	
①	대대장에게 가서 상황을 설명하고 조언을 구한다.
②	병장들과 간담회를 통해서 자신의 고충을 설명하고 도움을 요청한다.
③	중대장에게 가서 상황을 설명하고 조언을 구한다.
④	병사들을 한명씩 만나서 고충을 듣고 자신이 해결할 수 있는 일은 도와주면서 친해진다.
⑤	소대원들과 함께 축구나 농구 등을 하면서 친해질 수 있도록 한다.
⑥	소대원과 관계가 악화되기 전에 다른 부대로 전출할 수 있도록 상급부대에 요청한다.
⑦	전임자에게 전화를 걸어 고충을 설명하고 도움을 요청한다.

➲ 정답/풀이: ⓐ ④, ⓑ ⑥

초임부사관의 올바른 근무자세, 군에서 부소대장은 중사 계급이다. 군 생활 4년차에서 8년차 근무한 부사관으로서 소대장을 보좌하여 소대원 30여명을 지휘하는 부소대장의 올바른 근무자세는 어떻게 해야 할까? 현실을 회피하기 위해 타부대 전출을 요청하는 자세는 매우 위험하고 잘못된 근무자세이다.

3. 다음 상황을 읽고 제시된 질문에 답하시오.

당신은 부소대장이다. 평상시 당신의 말을 잘 듣지 않고 반항적인 성향을 나타내는 한 병사가 여자친구와의 문제가 있어 자신의 정기휴가 일정을 조정하여 휴가를 건의하고 있다. 그런데 그 병사가 희망하는 휴가일정은 유격훈련과 중복되어 있다. 당신은 어떻게 할 것인가?

이 상황에서 당신이 ⓐ 가장 할 것 같은 행동은 무엇입니까?
ⓑ 가장 하지 않을 것 같은 행동은 무엇입니까?

ⓐ 가장 할 것 같은 행동 (　　　)
ⓑ 가장 하지 않을 것 같은 행동 (　　　)

선 택 지	
①	연대 인사과장에게 가서 상황을 설명하고 조언을 구한다.
②	평상시 마음에 들지 않았던 이야기를 하면서 윽박지르고 얼차려를 준다.
③	이번 일은 능력을 초과한다고 사실대로 이야기하며, 유격훈련 이후 다시 이야기하자고 한다.
④	여자친구에게 전화를 걸어 관련된 내용을 전파해주고 면회를 오도록 조치한다.
⑤	인접 부소대장에게 조언을 구한다.
⑥	자신의 소대장에게 조언을 구한다.
⑦	휴가를 조치 해주면서 앞으로 잘 해 볼 것을 권유한다.

➲ 정답/풀이: ⓐ ⑥, ⓑ ②
초임부사관의 도움배려 용사관리, 군에서 부소대장은 중사 계급이다. 군 생활 4년차에서 8년차 근무한 부사관으로서 소대장을 보좌하여 소대원 30여명을 지휘하는 부소대장의 올바른 근무 자세는 어떻게 해야 할까? 도움배려 용사관리는 소대장과 함께 조치해 가야 한다. 이성문제로 고민하고 있는 용사, 유격훈련에 대한 두려움으로 훈련을 회피하려는 생각을 가지고 있다고 해도 감정적으로 용사를 상담하고 관리하는 자세는 매우 위험하고 잘못된 근무자세이다.

4. 다음 상황을 읽고 제시된 질문에 답하시오.

당신은 중대장이다. 중대에서 자살우려자로 선정된 용사가 이번에 어머니께서 갑자기 수술을 하게 되어 자신의 정기휴가 일정을 조정하여 휴가를 건의하고 있다. 그런데 그 용사가 희망하는 휴가일정에서 복귀일자 다음날이 혹한기훈련으로 되어있다. 당신은 어떻게 할 것인가?

이 상황에서 당신이 ⓐ 가장 할 것 같은 행동은 무엇입니까?
ⓑ 가장 하지 않을 것 같은 행동은 무엇입니까?

ⓐ 가장 할 것 같은 행동 (　　　)
ⓑ 가장 하지 않을 것 같은 행동 (　　　)

선 택 지	
①	대대장에게 보고한다.
②	용사의 집으로 전화를 걸어 관련된 내용을 확인한 후, 부모님의 의견을 듣는다.
③	용사의 집으로 전화를 걸어 아들이 자살우려자라는 이야기를 하면서 부대에서 상당히 관심을 가지고 있고 이번일로 악성사고로 이어질 수 있음을 알려준다.
④	부모님의 의견을 듣고 휴가조치를 희망한다면, 대대장에게 보고하고 조언/승인을 득하고, 해당 용사 휴가시 같은 지역에 살고 있는 용사를 동시에 휴가조치하여 출발/복귀 등을 같이 할 수 있도록 조치해 준다.
⑤	혹한기훈련이후 휴가를 조치해 주겠다고 이야기하며, 격려해 준다.
⑥	사단 군종장교에게 요청하여 신앙의 힘으로 극복하도록 조치해 준다.
⑦	용사에게 격려와 위로를 해주며 분대장에게 잘 관리해 줄 것을 당부한다.

➲ 정답/풀이: ⓐ ④, ⓑ ③

중대장의 도움배려 용사관리, 군에서 중대장은 대위 계급이다. 군 생활 5년차에서 8년차 근무한 위관장교로서 중대 행정보급관 상(원)사의 보좌를 받으며, 소대장과 분대장을 통해 용사들을 직접 지휘한다. 자살우려가 있는 도움배려 용사관리는 중대장이 직접 확인하여 대대장에게 보고 후 조치한다. 용사 부모님께 자살우려자, 악성사고 우려 등을 전하는 것, 혹한기훈련에 대한 두려움으로 훈련을 회피하려는 생각을 가지고 있다고 해도 감정적으로 용사를 관리하는 자세는 잘못된 근무자세이다.

5. 다음 상황을 읽고 제시된 질문에 답하시오.

당신은 소대장이다. 당신의 소대 부소대장은 업무적으로 상당히 우수하여 중대장, 인접 소대장에게도 능력을 인정받고 있다. 하지만 소대원들의 설문조사를 보면 해당 부소대장은 구타/가혹행위를 자주하며, 특히 이번 진지공사 간 말을 듣지 않는다는 이유로 병장들을 대상으로 집단 가혹행위를 한 사실을 알게 되었다. 당신은 어떻게 할 것인가?

이 상황에서 당신이 ⓐ 가장 할 것 같은 행동은 무엇입니까?
ⓑ 가장 하지 않을 것 같은 행동은 무엇입니까?

ⓐ 가장 할 것 같은 행동 ( )
ⓑ 가장 하지 않을 것 같은 행동 ( )

선 택 지	
①	부소대장을 불러 관련된 사실을 확인하고 다시는 이러한 일이 없도록 정신교육을 한다.
②	현재 부소대장이 조직 내에서 상당히 인정을 받는 사실을 인정하고 소대원을 대상으로 회식을 시켜주어 불만을 자체적으로 없애도록 노력한다.
③	관련된 내용은 사단 헌병대에 신고하여 적정한 조치를 받도록 한다.
④	중대의 선임부사관(행정보급관)에게 관련된 사실을 알려 부소대장을 대상으로 교육하도록 조치한다.
⑤	인간관계에서 좋은 것이 좋다고 생각하고 부소대장에게 관련된 사실을 알려주면서 앞으로 이렇게 하면 군 생활이 힘들어 질 것이니 적당히 하라고 타이른다.
⑥	설문조사 결과를 바탕으로 관련된 피해 용사에게 진술서를 작성시키고 이를 종합하여 중대장에게 즉시 보고한다.
⑦	같은 동료끼리 불화가 생기지 않도록 조용히 넘어간다.

➲ 정답/풀이: ⓐ ⑥, ⓑ ⑦

구타 및 가혹행위 발생 시 조치, 군에서 부소대장은 중사 계급이다. 군 생활 4년차에서 8년차 근무한 부사관으로서 소대장을 보좌하여 소대원 30여명을 지휘하는 부소대장의 올바른 근무자세는 어떻게 해야 할까? 임무를 완수하기 위해 소대원을 구타하고 가혹행위를 하는 것은 어떠한 이유로도 용서 받지 못한다. 소대장은 육군 규정 및 병영생활기본규칙에 의거 즉시 중대장에게 보고한다. 모르는 척 넘어가는 행동은 잘못된 근무자세이다.

6. 다음 상황을 읽고 제시된 질문에 답하시오.

당신은 독립소초의 소초장이다. 소초원 중 같은 고향이라면서 고등학교 K후배인 병장이 있는데 업무도 상당히 잘하며 소초내 각종 내무부조리를 알려주고 또한 당신이 처음 전입 와서 많은 도움을 준 용사이다. 그런데 어제 야간에 무기고초소에서 근무 간 소대에서 가장 말을 듣지 않고 행동이 느린 용사와 K병장이 같이 근무를 하는 과정에서 말싸움을 하게 되었고, 분에 못 이겨 시비가 발생하여 쌍방폭행을 가하게 되었다는 사실을 들었다. 당신은 어떻게 할 것인가?

이 상황에서 당신이 ⓐ 가장 할 것 같은 행동은 무엇입니까?
ⓑ 가장 하지 않을 것 같은 행동은 무엇입니까?

ⓐ 가장 할 것 같은 행동 ( )
ⓑ 가장 하지 않을 것 같은 행동 ( )

선 택 지	
①	공과 사는 확실하게 해야되므로 해당 병사를 대상으로 얼차려와 반성문을 쓰게한다.
②	평상시 행동이 느린 용사에게 문제가 있음을 이야기하여, 공개적으로 잘못을 인정하게 한 후, 해당 용사 2명에게 근신 처분한다.
③	관련된 사실을 확인한 후, 중대장에게 해당 내용을 보고하고 처분을 기다린다.
④	그동안 공적 등을 볼 때 K병장은 죄가 없다는 내용을 중대장에게 보고하고, 행동이 느린 용사가 문제가 있기때문에 타 부대 전출을 하도록 중대장에게 건의한다.
⑤	폭행은 있을 수 없는 일이기에 소초원 전체를 대상으로 정신교육을 실시하고 단체 얼차려를 부여한다.
⑥	사단 헌병대에 관련된 사실을 신고하고 적법하게 처리한다.
⑦	군에서 흔히 있을 수 있는 일이므로 상호 화해시키고 조용히 넘어간다.

➲ 정답/풀이: ⓐ ③, ⓑ ④
소대 내 폭행사고 발생 시 조치, 소대장은 소위, 중위 계급이다. 군 생활 1년차에서 3년차 초급간부로서 위로는 중대장의 지시를 받고, 아래로는 부소대장의 보좌를 받아 분대장과 소대원 30여명을 지휘하는 소대장은 소대 내 구타사고, 폭행사고 발생 시 중대장에게 즉시 보고하고, 감정적으로 용사를 관리하는 자세는 잘못된 근무자세이다.

7. 다음 상황을 읽고 제시된 질문에 답하시오.

당신은 소대장이다. A라는 부하가 업무 중 본의 아니게 실수를 하여 부대에 피해가 발생하였다. 이로 인해 중대장에게 불려가 상당히 심한 질책을 받았다, 게다가 인격적 모욕까지 느낀 상황이다.

이 상황에서 당신이 ⓐ 가장 할 것 같은 행동은 무엇입니까?
ⓑ 가장 하지 않을 것 같은 행동은 무엇입니까?

ⓐ 가장 할 것 같은 행동 ( )
ⓑ 가장 하지 않을 것 같은 행동 ( )

선택지	
①	상관의 인격적 모독에 항의한다.
②	자신의 실수를 반성하고 다시는 그런 일이 없도록 한다.
③	동료들에게 섭섭함을 토로한다.
④	그냥 아무 말 없이 자신의 자리로 돌아와 본인의 업무를 계속한다.
⑤	A라는 부사관에게 실수에 대한 질책을 하면서 중대장에게 느꼈던 인격적 모멸감을 A에게 똑같이 돌려준다.
⑥	A라는 부사관에게 실수에 대한 질책을 하면서 체벌을 한다.
⑦	A라는 부사관의 실수에 대한 질책으로 A가 소속된 부대원 전부를 불러 단체 얼차려를 실시한다.

➲ 정답/풀이: ⓐ ④, ⓑ ⑤
소대장의 올바른 근무자세, 소대장은 소위, 중위 계급이다. 군 생활 1년차에서 3년차 초급간부로서 위로는 중대장의 지시를 받고, 아래로는 부소대장의 보좌를 받아 분대장과 소대원 30여 명을 지휘하는 소대장은 소대 내에서 발생한 일에 대해 책임을 져야 한다. 올바른 리더십은 책임은 내가 공은 부하에게 돌리는 소대장, 감정적으로 부하를 질책하는 자세는 잘못된 근무자세이다.

8. 다음 상황을 읽고 제시된 질문에 답하시오.

당신은 부소대장이다. 중대장이 당신에게 중대 홍보물을 제작할 것을 지시하였다. 그러나 홍보물 제작관련 비용에 대한 언급이 없었다.

이 상황에서 당신이 ⓐ 가장 할 것 같은 행동은 무엇입니까?
ⓑ 가장 하지 않을 것 같은 행동은 무엇입니까?

ⓐ 가장 할 것 같은 행동 (　　　)
ⓑ 가장 하지 않을 것 같은 행동 (　　　)

선 택 지	
①	그냥 사비로 홍보물을 제작한다.
②	제작비를 줄 때까지 홍보물을 만들지 않는다.
③	홍보물을 만든 후 제작비를 청구한다.
④	제작비를 지원할 곳을 수소문하여 제작비를 지원 받을 수 있도록 한다.
⑤	중대장에게 정중하게 제작비에 관해 물어 본다.
⑥	홍보물을 제작하고 제작비는 참모부서에 청구한다.
⑦	다른 동료들에게 상의해 본다.

➲ 정답/풀이: ⓐ ⑤, ⓑ ②
금전문제에 대한 올바른 근무자세, 군에서 부소대장은 중사 계급이다. 군 생활 4년차에서 8년차 근무한 부사관으로서 소대장을 보좌하여 소대원 30여명을 지휘하는 부소대장이 임무를 부여 받고 금전문제에 대해 올바른 근무자세는 어떻게 해야 할까? 제작비를 지원하지 않으면 임무를 수행하지 않겠다는 자세는 잘못된 근무자세이다.

9. 다음 상황을 읽고 제시된 질문에 답하시오.

당신은 부소대장이다. 당신의 어머니가 편찮으시다고 병원에서 급히 연락이 왔다. 그런데 막상 병원으로 출발하려는데, 부대에서 비상이 발령되었다.

이 상황에서 당신이 ⓐ 가장 할 것 같은 행동은 무엇입니까?
ⓑ 가장 하지 않을 것 같은 행동은 무엇입니까?

ⓐ 가장 할 것 같은 행동 ( )
ⓑ 가장 하지 않을 것 같은 행동 ( )

선 택 지	
①	부대에 양해를 구하고 병원으로 간다.
②	어머니는 친척들에게 부탁하고 군의 업무를 수행한다.
③	병원에 연락을 하여 어머니의 상태와 군의 업무를 비교한 후 직속상관에게 보고한 후 조치 받는다.
④	무조건 부대의 업무를 먼저 수행한다.
⑤	영창 갈 것을 각오하고 병원으로 간다.
⑥	대대장에게 가서 자신의 상황을 보고하고 앞으로 휴가를 반납할테니 병원으로 보내줄 것을 말한다.
⑦	자신의 현재 상황을 어머니에게 알리고 부대업무를 먼저 수행한다.

➲ 정답/풀이: ⓐ ③, ⓑ ⑤
공과 사에서 초임부사관의 올바른 근무자세, 군에서 부소대장은 중사 계급이다. 군 생활 4년차에서 8년차 근무한 부사관으로서 소대장을 보좌하여 소대원 30여명을 지휘하는 부소대장의 올바른 근무자세는 어떻게 해야 할까? 군인으로서 사적인 일을 먼저하고 공적인 임무를 망각하는 자세는 잘못된 근무자세이다.

10. 다음 상황을 읽고 제시된 질문에 답하시오.

당신은 수도통합병원 군수보급관이다. 어느 날부터 병원 내에 약품이 하나씩 사라지고 있다. 처음에는 그 정도가 미비하여 눈치 챌 수 없었으나 점점 심해지고 있다. 부대원들이 모두 약품을 횡령하는 사람에 대해서 궁금해 하고 있을 때 당신의 부하가 약품을 횡령하는 것을 목격하게 되었다. 그런데 그 부하의 행동이 딸의 병원비를 마련하기 위한 것임을 알게 되었다.

이 상황에서 당신이 ⓐ 가장 할 것 같은 행동은 무엇입니까?
ⓑ 가장 하지 않을 것 같은 행동은 무엇입니까?

ⓐ 가장 할 것 같은 행동 (　　　)
ⓑ 가장 하지 않을 것 같은 행동 (　　　)

선택지	
①	모르는 척 한다.
②	수도통합병원 행정과장에게 부하의 횡령사실을 보고한다.
③	부하를 돕기 위해 횡령을 쉽게 할 수 있도록 도와 준다.
④	부하를 불러 횡령사실을 알고 있음을 말하고 횡령 행위를 멈출 것을 말한다.
⑤	약제과 담당간부에게 약품이 사적으로 이용된다고 이야기하고 철저한 관리를 부탁한다.
⑥	동료들에게 부하의 딱한 사실을 알리고 작게나마 병원비를 마련해준다.
⑦	부하의 횡령사실을 부하와 친한 동료들에게 우회적으로 말한다.

➲ 정답/풀이: ⓐ ②, ⓑ ③
공과 사에서 부사관의 올바른 근무자세, 군에서 업무담당관은 중사에서 상사 계급이다. 군 생활 5~15년차 근무한 부사관으로서 참모부에서 과장을 보좌하여 담당업무에 대한 책임을 지고 임무를 수행한다. 군수보급관의 올바른 근무자세는 어떻게 해야 할까? 군인으로서 사적인 일을 먼저하고 공적인 임무를 망각하는 자세는 잘못된 근무자세이다.

11. 다음 상황을 읽고 제시된 질문에 답하시오.

당신은 부소대장이다. 새로운 소대에 배치 받게 되었다. 그런데 당신의 소대원의 많은 수가 당신보다 나이가 많다.

이 상황에서 당신이 ⓐ 가장 할 것 같은 행동은 무엇입니까?
ⓑ 가장 하지 않을 것 같은 행동은 무엇입니까?

ⓐ 가장 할 것 같은 행동 (　　　　)
ⓑ 가장 하지 않을 것 같은 행동 (　　　　)

선 택 지	
①	현재 소대의 분위기를 최대한 존중한다.
②	병장이나 분대장 혹은 생활관에서 가장 영향력이 센 용사를 휘어잡기 위해 노력한다.
③	명령에 불성실한 부하에게 혹독한 훈련을 시킨다.
④	영향력이 가장 센 용사들과 친해져서 부대 분위기를 빨리 파악하고 분위기를 화기애애하게 만든다.
⑤	군대는 계급이므로 자신보다 나이가 많은 용사에게 엄하게 대한다.
⑥	군대는 계급 사회이지만 자신보다 나이가 많은 용사에게 인간적으로 존중한다.
⑦	선임소대장에게 조언을 구한다.

➲ 정답/풀이: ⓐ ⑦, ⓑ ②
초임부사관의 올바른 근무자세, 일반적으로 부소대장은 중사 계급이다. 군 생활 4년차에서 8년차 근무한 부사관으로서 소대장을 보좌하여 소대원 30여명을 지휘하는 부소대장의 올바른 근무자세는 어떻게 해야 할까? 현 상황에서는 하사 부소대장의 상황일 것이다. 소대 내에서 무리하게 갈등을 유발하는 지휘방식은 매우 위험하고 잘못된 리더십이다.

12. 다음 상황을 읽고 제시된 질문에 답하시오.

당신은 소대장이다.
생활관(내무반)에서 용사들(병장, 상병, 일병) 간에 싸움이 일어났다.

이 상황에서 당신이 ⓐ 가장 할 것 같은 행동은 무엇입니까?
ⓑ 가장 하지 않을 것 같은 행동은 무엇입니까?

ⓐ 가장 할 것 같은 행동 (   )
ⓑ 가장 하지 않을 것 같은 행동 (   )

선 택 지	
①	모르는 척 한다.
②	소대원을 운동장에 집합시켜 얼차려를 실시한다.
③	용사들을 불러 어떻게 된 일인지 상황을 파악한다.
④	이유 불문하고 군대는 계급이 우선이므로 일병에게 가장 엄한 처벌을 한다.
⑤	소대가 소란스러워진 것이므로 이유 불문하고 병장에게 가장 엄한 처벌을 한다.
⑥	싸움에 가담한 용사들을 영창을 보낸다.
⑦	싸움에 가담한 용사들을 불러 기합을 준 후 화해시킨다.

➲ 정답/풀이: ⓐ ③, ⓑ ①
소대장의 올바른 근무자세. 소대장은 소위, 중위 계급이다. 군 생활 1년차에서 3년차 초급간부로서 위로는 중대장의 지시를 받고, 아래로는 부소대장의 보좌를 받아 분대장과 소대원 30여 명을 지휘하는 소대장은 소대 내에서 발생한 일에 대해 책임을 져야 한다. 올바른 리더십은 책임은 내가 공은 부하에게 돌리는 소대장. 감정적으로 부하를 질책하거나 모르는 척 방관하는 자세는 잘못된 리더십이다.

13. 다음 상황을 읽고 제시된 질문에 답하시오.

당신은 소대장이다. 최근 들어 소대원들과 부사관들이 현재 생활에 대하여 고충이 상당히 많은 것 같아 보인다.
그런데 다른 소대장들은 자기 부하들의 고충을 아주 잘 해결해 주고 있다고 들었다. 소대 부사관 중 한명이 고충이 너무 심하여 소원수리를 몇 번이나 냈다고 한다.

이 상황에서 당신이 ⓐ 가장 할 것 같은 행동은 무엇입니까?
ⓑ 가장 하지 않을 것 같은 행동은 무엇입니까?

ⓐ 가장 할 것 같은 행동 ( )
ⓑ 가장 하지 않을 것 같은 행동 ( )

선 택 지	
①	부사관들의 고충에 대해 그다지 고려하지 않는다.
②	부사관들의 고충에 주의를 기울이고 완화시키기 위한 필수적인 조정을 실시한다.
③	지속적인 얼차려 실시로 대부분의 고충을 없앨 수 있는지를 판단하여, 얼차려를 실시한다.
④	가장 빈번한 고충이 무엇인지를 판단하여 그 고충의 발생 원인을 예방하는 대책을 강구한다.
⑤	중대장에게 보고하여 조언을 구한다.
⑥	대대장에게 보고하여 조언을 구한다.
⑦	다른 소대의 소대장들에게 조언을 구하고 그들과 똑같이 행동한다.

➲ 정답/풀이: ⓐ ④, ⓑ ③
소대장의 올바른 근무자세. 소대장은 소위, 중위 계급이다. 군 생활 1년차에서 3년차 초급간부로서 위로는 중대장의 지시를 받고, 아래로는 부소대장의 보좌를 받아 분대장과 소대원 30여 명을 지휘하는 소대장은 소대 내에서 발생한 일에 대해 책임을 져야 한다. 올바른 리더십은 책임은 내가 공은 부하에게 돌리는 소대장, 문제의 발생원인을 제거하기 위해 노력하고, 얼차려로 모든 문제를 해결하거나, 감정적으로 부하를 질책하는 자세는 잘못된 리더십이다.

14. 다음 상황을 읽고 제시된 질문에 답하시오.

당신은 소대장이다. 당신이 소대원들의 소지품을 검사하는 도중 전역이 한달 정도 남은 병장에게서 닌텐도 게임기를 압수하였다. 그런데 동료 소대장이 그 병장을 불러 병장에게 직접 자기가 보는 앞에서 닌텐도 게임기를 발로 밟아 부수라고 명령하였다. 알고 보니 그 병장은 얼마 전 초소 근무 중 공포탄을 발사하는 실수를 저지른 장본인이었다. 주위의 다른 부사관과 소대장들은 모두 병장을 봐주지 말라는 분위기였다.

이 상황에서 당신이 ⓐ 가장 할 것 같은 행동은 무엇입니까?
ⓑ 가장 하지 않을 것 같은 행동은 무엇입니까?

ⓐ 가장 할 것 같은 행동 ( )
ⓑ 가장 하지 않을 것 같은 행동 ( )

선 택 지	
①	전역이 얼마 남지 않았으므로 봐주자고 한다.
②	닌텐도 게임기는 고가이므로 압수만 하도록 한다.
③	망치를 가져와 직접 게임기를 박살낸다.
④	반입불가물품을 외워보라고 한 후 게임기가 해당되는지를 확인한 후 압수하고, 1주일 동안 일과 후 하루 2시간씩 군장을 돌라고 명령한다.
⑤	게임기를 압수한 후 영창을 보내버린다.
⑥	다른 소대원의 사기를 저하시키면 안되므로 그 자리에서 바로 얼차려를 실시한다.
⑦	그 자리에서 압수한 뒤 나중에 몰래 병장을 불러 잘 타이른 후 돌려주도록 한다.

➲ 정답/풀이: ⓐ ④, ⓑ ①

소대장의 올바른 근무자세. 소대장은 소위, 중위 계급이다. 군 생활 1년차에서 3년차 초급간부로서 위로는 중대장의 지시를 받고, 아래로는 부소대장의 보좌를 받아 분대장과 소대원 30여 명을 지휘하는 소대장은 소대 내에서 발생한 일에 대해 책임을 져야 한다. 올바른 리더십은 책임은 내가 공은 부하에게 돌리는 소대장. 육군 규정에 맞는 얼차려는 권장사항이다. 감정적으로 부하를 질책하거나 모르는 척 방관하는 자세는 잘못된 리더십이다.

15. 다음 상황을 읽고 제시된 질문에 답하시오.

당신은 부소대장이다.
그런데 우연히 당신의 부하들이 당신에 대한 험담을 하는 것을 듣게 되었다.

이 상황에서 당신이 ⓐ 가장 할 것 같은 행동은 무엇입니까?
ⓑ 가장 하지 않을 것 같은 행동은 무엇입니까?

ⓐ 가장 할 것 같은 행동 (　　　　)
ⓑ 가장 하지 않을 것 같은 행동 (　　　　)

선 택 지	
①	모르는 척 한다.
②	험담하는 부하들에게 얼차려를 시킨다.
③	험담하는 부하들에게 힘든 훈련을 지속적으로 시킨다.
④	부하들이 험담하는 내용을 경청하여 반성한다.
⑤	험담하는 부하들에게 주의를 기울려 내 편으로 만든다.
⑥	다른 소대 소대장들에게 조언을 구한다.
⑦	험담하는 부하들의 동료들에게 자신이 들은 내용을 우회적으로 알리면서 본인이 알고 있음을 알린다.

➲ 정답/풀이: ⓐ ④, ⓑ ②
초임부사관의 올바른 근무자세. 일반적으로 부소대장은 중사 계급이다. 군 생활 4년차에서 8년차 근무한 부사관으로서 소대장을 보좌하여 소대원 30여명을 지휘하는 부소대장의 올바른 근무자세는 어떻게 해야 할까? 소대원들이 본인의 험담을 하는 것을 듣고 반성하여 올바른 지휘를 하려는 자세는 멋지다. 소대 내에서 무리하게 갈등을 유발하는 지휘방식은 매우 위험하고 잘못된 리더십이다.

상황판단 실전 문제 풀이(5회)

1. 다음 상황을 읽고 제시된 질문에 답하시오.

당신은 부소대장이다. 어느 날 당신의 소대원 중 한명에게 공적인 업무를 명령했다. 그 소대원은 명령을 수행하기 전, 중대장의 개인적인 심부름도 받게 되었다. 시간적인 문제로 인하여, 결국 소대원은 중대장의 심부름만 하고, 당신의 명령은 하지 못했다.

이 상황에서 당신이 ⓐ 가장 할 것 같은 행동은 무엇입니까?
ⓑ 가장 하지 않을 것 같은 행동은 무엇입니까?

ⓐ 가장 할 것 같은 행동 ( )
ⓑ 가장 하지 않을 것 같은 행동 ( )

선 택 지	
①	명령을 수행하지 않은 것에 대해 처벌한다
②	그냥 그러려니 하고 넘긴다.
③	중대장에게 가서 개인적인 업무에 대한 심부름을 시킨 것에 대하여 항의한다.
④	소대원을 불러 왜 자신이 명령한 업무를 하지 않았는지에 관해 물어본다.
⑤	군대내에서 상관의 개인적인 심부름은 부당한 것이라고 군관련 홈페이지에 익명의 글을 남긴다
⑥	소대원에게 공적인 업무와 사적인 일이 충돌할 때는 공적인 업무가 중요하다고 지도한다.
⑦	군대는 계급이 우선이므로 부하의 행동에 대하여 칭찬하다.

➲ 정답/풀이: ⓐ ⑥, ⓑ ②
초임부사관의 올바른 근무자세. 일반적으로 부소대장은 중사 계급이다. 군 생활 4년차에서 8년차 근무한 부사관으로서 소대장을 보좌하여 소대원 30여명을 지휘하는 부소대장의 올바른 근무자세는 어떻게 해야 할까? 소대원이 공과사를 구분하지 못하고 실수를 했을 때 올바른 지휘를 하려는 자세는 멋지다. 익명의 글을 남기는 행위는 잘못된 근무자세이다.

2. 다음 상황을 읽고 제시된 질문에 답하시오.

휴가를 나와 기차역 근처 식당에 들어가 밥을 먹은 뒤 계산을 하려 하는데, 지갑이 없는 것을 알았다.

이 상황에서 당신이 ⓐ 가장 할 것 같은 행동은 무엇입니까?
ⓑ 가장 하지 않을 것 같은 행동은 무엇입니까?

ⓐ 가장 할 것 같은 행동 ( )
ⓑ 가장 하지 않을 것 같은 행동 ( )

선 택 지	
①	친구에게 휴대폰으로 연락하여 돈을 들고 식당으로 오라고 한다.
②	연락처를 주고 다음에 주겠다고 약속한다.
③	솔직하게 돈이 없다고 말하고 처분만을 기다린다.
④	각종 장기(성대모사, 차력, 표정연기) 등으로 식당 주인을 즐겁해 해준 후 식대를 대신한다.
⑤	호주머니에 있는 잔돈과 신용카드 등을 합쳐 낸 후 도리어 낸 후 거스름돈을 요구한다.
⑥	빠른 주력을 이용하여 도주한다.
⑦	식당 주인의 은행계좌번호를 적어온다.

➲ 정답/풀이: ⓐ ③, ⓑ ⑥
초임부사관의 대민관계, 일반적으로 분대장은 하사 계급이다. 군 생활 1~4년차 근무한 부사관으로서 소대장을 보좌하여 분대원 8여 명을 지휘하는 분대장의 올바른 근무자세는 어떻게 해야 할까? 지갑을 분실하여 음식값을 지불하지 못한 사정을 솔직하게 말씀드리고 처분에 따라 조치하는 자세가 맞다. 무전취식이 되면 안 된다. 무전취식 후 도주는 정말 군 간부로서 대민피해이며 잘못된 범죄행위이다.

3. 다음 상황을 읽고 제시된 질문에 답하시오.

당신은 공보담당 부사관이다. K방송국에서 철새도래지 촬영을 위해 육군본부에 보도승인을 요청하여 관할부대인 강안 철책부대에 이틀간 촬영협조 지시가 하달되었다. 취재 도중 기상악화로 계획된 촬영이 지연되자 "하루를 더 촬영하겠다"는 취재협조가 제기되어 당신이 상급부대에 보고하여 유선으로 승인을 받는 등 적극적으로 촬영에 협조하였다. 그러나 취재 도중 강안 지역에 노루가 있다는 것을 알고 기습적인 추가 촬영을 시도하려고 했다.

이 상황에서 당신이 ⓐ 가장 할 것 같은 행동은 무엇입니까?
ⓑ 가장 하지 않을 것 같은 행동은 무엇입니까?

ⓐ 가장 할 것 같은 행동 (　　　)
ⓑ 가장 하지 않을 것 같은 행동 (　　　)

선 택 지	
①	추가 촬영을 중지시키고 상급자에게 보고하여 별도의 취재승인을 얻어 촬영할 수 있도록 한다.
②	협조 차원에서 일단 촬영을 허용하고 추후 상급자에게 이를 보고한다.
③	언론에 대한 적극적인 편의제공 차원에서 촬영을 허용한다.
④	촬영을 중지시키고 취재의 허용범위를 벗어난 행동을 한 데 대해 확인서를 받는다.
⑤	촬영을 중지시킬 경우 추후 부대장에게 돌아올 방송국 쪽의 압력을 고려하여 그냥 촬영을 허용한다.
⑥	현장에서 재량적으로 판단하여 처리한다.
⑦	취재의 허용범위를 벗어난 행위이므로 카메라를 빼앗고 부대로 이송한다.

➲ 정답/풀이: ⓐ ①, ⓑ ⑦

대민관계 업무수행 시 육군규정 준수, 상급부대의 취재 허용범위와 지침을 명확히 숙지하여 통제 및 확인을 하여야 한다. 승인된 언론의 취재요청에 대해서는 적극 지원하되, 취재목적 외의 촬영 및 취재는 금지하고 별도의 보고를 통해 취재를 승인받아야 한다. 담당관으로서 부여된 역할에 충실하는 자세가 중요함.

4. 다음 상황을 읽고 제시된 질문에 답하시오.

당신은 부소대장이다. 어느 날 중대장이 경리담장관과 결탁하여 부대공자 예산 수억 원을 집행하면서 부대운영금 지원 명목으로 상당수액의 금품을 받아 부대운영 및 개인사비로 사용했다는 사실을 알게되었다.

이 상황에서 당신이 ⓐ 가장 할 것 같은 행동은 무엇입니까?
ⓑ 가장 하지 않을 것 같은 행동은 무엇입니까?

ⓐ 가장 할 것 같은 행동 ( )
ⓑ 가장 하지 않을 것 같은 행동 ( )

선 택 지	
①	감찰기관에 투서를 제출한다.
②	대대장에게 가서 상황을 설명하고 올바른 처리를 요청한다.
③	지휘관의 비도적인 행위를 부하직원들에게 널리 알린다.
④	중대장에게 가서 사실관계를 확인한 후 자진해서 문제를 해결하지 않을 경우 감찰기관에 고발하겠다고 한다.
⑤	자신의 직속 상급자라는 점을 감안해 모른 척 눈을 감는다
⑥	우선 중대장에게 가서 시정을 요구하고 그 결정에 따른다.
⑦	중대장에게 가서 눈을 감아주는 대가로 돈을 요구한다.

➲ 정답/풀이: ⓐ ②, ⓑ ⑦
육군규정 청렴의무 위반, 금전 부조리, 중대 행정보급관으로서 중대장이 금전 부조리에 가담하여 공무원의 청렴의무를 위반한 사실을 인지하고 어떻게 조치할 것인가? 금전비리사항은 차상급지휘관에게 보고하여 조치를 받을 수 있다. 본인의 행동이 파렴치한 행동으로 가담하게 된다면 더 나쁜 가치관을 가졌다고 본다. 금전비리는 부하로부터 불신을 받아 지휘권을 잃을 수 있다.

5. 다음 상황을 읽고 제시된 질문에 답하시오.

당신은 포병부대의 포반장이다. 어느 날 집중호우로 탄약고 울타리가 무너져 탄약고 방벽작업을 하게 되었는데, 울타리 주변을 조사해 보니 수류탄 등 불발탄 수십 발이 발견되었다.

이 상황에서 당신이 ⓐ 가장 할 것 같은 행동은 무엇입니까?
ⓑ 가장 하지 않을 것 같은 행동은 무엇입니까?

ⓐ 가장 할 것 같은 행동 ( )
ⓑ 가장 하지 않을 것 같은 행동 ( )

선 택 지	
①	만일에 있을지 모를 폭발을 우선 막아야 하므로 먼저 폭발물을 안전하게 제거한다.
②	혹시 있을지 모를 폭발과 충격에 대비하기 위해 굴토했던 흙을 다시 덮어 놓는다.
③	즉시 위험표시를 하고 경계근무를 세운다.
④	즉시 상급자에게 보고하고 일단 현장을 안전하게 보존하여 폭발물 전문 처리 부서에 상황을 알려서 지원을 요청한다.
⑤	폭발물을 우선 안전지대로 이송한다.
⑥	폭발물의 종류와 수량 등을 먼저 꼼꼼하게 확인한다.
⑦	폭발물제거반이 도착하기 전까지 재량껏 필요한 안전조치를 취한다.

➲ 정답/풀이: ⓐ ④, ⓑ ①
육군 안전관리규정, 군에서 불발탄이 발견되면 즉시 위험표시 경계를 설치하고 폭발물 전문처리반에 연락해서 처리하도록 하며, 폭발물처리 전문요원이 아닌 어떠한 사람도 불발탄을 만지거나 이동을 금지한다.

6. 다음 상황을 읽고 제시된 질문에 답하시오.

당신은 부소대장이다.
어느 날 당신 소대의 고참병사가 새로 전입 온 신병의 군기를 잡을 목적으로 몽둥이로 20회씩 폭행하고 안면부를 구타해 병원에 후송되었다.

이 상황에서 당신이 ⓐ 가장 할 것 같은 행동은 무엇입니까?
ⓑ 가장 하지 않을 것 같은 행동은 무엇입니까?

ⓐ 가장 할 것 같은 행동 ( )
ⓑ 가장 하지 않을 것 같은 행동 ( )

선 택 지	
①	군대 내에서 흔히 있는 군기잡는 행동이므로 모른 척 넘어간다.
②	군대는 명령과 복종이 생명이므로 어쩔 수 없이 발생한 구타에 대해서는 경중을 가려 처벌한다.
③	병영내에서 구타는 어떠한 사유로도 용납될 수 없으므로 엄벌 조치한다.
④	구타를 당한 병사를 찾아가 위로를 하고 부대의 명예를 생각해 사건을 확대시키지 말 것을 요구한다.
⑤	중대장 등 상급 간부들과 협의해서 구타 사실을 조작하여 부대의 명예가 실추되지 않을 방향으로 처리한다.
⑥	감찰기관에 투서를 제출한다.
⑦	언론기관 등에 제보한다.

➲ 정답/풀이: ⓐ ③, ⓑ ⑦
구타·폭행사고 근절, 지휘관의 의지와 간부들의 노력에 따라서 구타·폭행사고는 근절될 수 있다는 확고한 신념이 필요하다. 병영내 악습은 반드시 뿌리 뽑아야 하며 구타행위는 어떤 이유로도 용서받을 수 없고 근절되어야 한다. 구타사고를 근절하기 위해서는 구타사고 발생 시 반드시 규정에 의거 처리하고, 예방교육을 실시하며 간부들이 모범을 보여야 한다. 사건을 조작하는 행위도 나쁘지만 군 관련기관을 벗어나 대외기관에 투서하거나 언론기관에 제보하는 행위는 더 좋지 않다.

7. 다음 상황을 읽고 제시된 질문에 답하시오.

당신은 부소대장이다. 어느 날 당신 대대 종합훈련 마지막 과정에서 100km 행군을 앞두고 신병 1명의 현지 이탈사고가 발생하였다. 사고의 원인은 최초 계획된 100km 행군이 도로사정으로 인해 야간 40km행군으로 변경되었다는데, 중대장이 이를 중대원들에게 즉시 알려주지 않았고, 훈련의 어려움을 과장해서 말했기 때문에 신병들이 훈련에 두려움을 느껴 이탈한 것으로 분석되었다.

이 상황에서 당신이 ⓐ 가장 할 것 같은 행동은 무엇입니까?
ⓑ 가장 하지 않을 것 같은 행동은 무엇입니까?

ⓐ 가장 할 것 같은 행동 (　　　　)
ⓑ 가장 하지 않을 것 같은 행동 (　　　　)

선 택 지	
①	경위야 어떻든 군인이 훈련 이탈을 했으므로 군법령에 따라 엄격하게 처리한다.
②	이탈사고의 일차적인 원인이 지휘관에 있기 때문에 이번 한번만은 모른척 하고 넘어간다.
③	중대장에게 가서 상황을 설명하고 적절한 조치에 대한 지시를 받아서 처리한다.
④	이탈은 했지만 그로 인해 별다른 문제는 없었으므로 훈계하는 수준에서 마무리 한다.
⑤	지휘관에게도 책임이 있으므로 이탈한 신병들과 함께 지휘관에 대해서도 문책을 요구한다.
⑥	자신에게도 불이익이 발생할 수 있으므로 적당히 마무리한다.
⑦	동료 소대장 및 부사관들과 상의해 처리한다.

➲ 정답/풀이: ⓐ ③, ⓑ ⑥
훈련 간 지휘관의 역할, 지휘관은 훈련간 변경사항에 대해 신속하게 전파하여 병사들이 대비할 수 있도록 해주어야 하며, 힘든 훈련에 대한 불안감을 조성하지 않도록 지휘감독을 실시하고, 이탈사고에 대해서는 규정에 맞게 처리한다. 중대 행정보급관은 중대장에게 올바른 건의를 하여야 한다.

8. 다음 상황을 읽고 제시된 질문에 답하시오.

당신은 소총중대 소대장이다.
A라는 분대장이 업무 중 본의 아니게 실수를 하여 중대에 피해가 발생하였다. 이로 인해 중대장에게 불려가 상당히 심한 질책을 받았다. 게다가 인격적 모독까지 심하게 느낀 상황이다.

이 상황에서 당신이 ⓐ 가장 할 것 같은 행동은 무엇입니까?
ⓑ 가장 하지 않을 것 같은 행동은 무엇입니까?

ⓐ 가장 할 것 같은 행동 ( )
ⓑ 가장 하지 않을 것 같은 행동 ( )

선 택 지	
①	상관의 인격적 모독에 항의한다.
②	자신의 실수를 반성하고 다시는 그런 일이 없도록 한다.
③	동료들에게 섭섭함을 토로한다.
④	그냥 아무말 없이 자리로 돌아와 본인의 업무를 계속한다.
⑤	A라는 분대장에게 실수에 대한 질책을 하면서 중대장에게 느꼈던 인격적 모멸감을 A에게 똑같이 돌려준다.
⑥	A라는 분대장에게 실수에 대한 질책을 하면서 체벌을 한다.
⑦	A라는 분대장의 실수에 대한 질책으로 A가 소속된 분대원 전부를 불러 단체 얼차려를 실시한다.

➲ 정답/풀이: ⓐ ④, ⓑ ⑤
소대장의 올바른 근무자세, 소대장은 소위, 중위 계급이다. 군 생활 1년차에서 3년차 초급간부로서 위로는 중대장의 지시를 받고, 아래로는 부소대장의 보좌를 받아 분대장과 소대원 30여 명을 지휘하는 소대장은 소대 내에서 발생한 일에 대해 책임을 져야 한다. 올바른 리더십은 책임은 내가 공은 부하에게 돌리는 소대장, 감정적으로 부하를 질책하는 자세는 잘못된 근무자세이다.

9. 다음 상황을 읽고 제시된 질문에 답하시오.

당신은 군 생활 5년 차의 중사이다.
이제 막 전입한 나보다 어린 소대장이 당신에게 여러 가지 개인적인 일을 지시했다. 부당한 일이라면 불만을 토로하자 상급자가 시키는 일에 복종하라고 대답했다.

이 상황에서 당신이 ⓐ 가장 할 것 같은 행동은 무엇입니까?
ⓑ 가장 하지 않을 것 같은 행동은 무엇입니까?

ⓐ 가장 할 것 같은 행동 ( )
ⓑ 가장 하지 않을 것 같은 행동 ( )

선 택 지	
①	부당하지만 지시대로 이행한다.
②	소대장의 지시대로 이행한 후 중대장에게 보고해 조치를 취한다.
③	아무리 상사라 할지라도 부당한 업무는 받아들일 수 없다고 다그친다.
④	이번 일은 부당하지만 지시대로 이행한다고 하고, 다음부터는 절대로 그런 지시를 하지 못하도록 이야기한다.
⑤	군 생활을 하면서 친하게 지내는 장교들로 하여금 소대장에게 압력을 가해달라고 부탁한다.
⑥	소대장보다 나이 어린 상급자를 찾아 똑같은 상황을 겪게 해달라고 부탁한다.
⑦	당신의 후배들에게 억울함을 호소하고 소대장의 부당한 명령을 받아들이지 말자고 이야기한다.

➲ 정답/풀이: ⓐ ②, ⓑ ⑦
소대장의 올바른 근무자세. 소대장은 소위, 중위 계급이다. 군 생활 1년차에서 3년차 초급간부로서 위로는 중대장의 지시를 받고, 아래로는 부소대장의 보좌를 받아 분대장과 소대원 30여 명을 지휘하는 소대장은 소대 내에서 발생한 일에 대해 책임을 져야 한다. 올바른 리더십은 책임은 내가 공은 부하에게 돌리는 소대장, 감정적으로 부하를 질책하는 자세, 사적인 업무지시는 잘못된 근무자세이다. 나이 많은 부소대장을 포용할 수 있는 리더십이 요구된다. 부소대장의 후배들과 함께 집단항명 행위는 군법에 의해 처벌을 받는다.

10. 다음 상황을 읽고 제시된 질문에 답하시오.

P부소대장은 K소대장을 보좌하며 부대 내의 소대원들을 2개조로 나누어 소대 전투훈련을 나갔다. 훈련을 실시하던 도중 S일병이 부상을 입었는데, 다른 소대원들은 모두 환자를 돌볼 수 있는 상황이 아니고, K소대장도 다른 소대원들을 지휘하고 있는 상황이다. 당신이 P라면 이러한 상황에서 어떻게 할 것인가?

이 상황에서 당신이 ⓐ 가장 할 것 같은 행동은 무엇입니까?
ⓑ 가장 하지 않을 것 같은 행동은 무엇입니까?

ⓐ 가장 할 것 같은 행동 (　　　)
ⓑ 가장 하지 않을 것 같은 행동 (　　　)

선 택 지	
①	몇몇 소대원들의 훈련을 중단시키고 S일병을 군의 병원으로 옮겨 치료받게 한다.
②	K소대장에게 연락하여 훈련을 전면 중단시키고 S일병을 군의 병원으로 옮겨 치료받게 한다.
③	군의 병원에 연락하여 S일병을 후송할 인력을 보내줄 것을 요청한다.
④	다른 소대원들의 훈련 지휘를 분대장에게 맡기고, 직접 S일병을 군의 병원으로 후송한다.
⑤	중대장에게 연락하여 현재의 상황을 설명하고, 어떻게 해야 좋을지 조언을 부탁한다.
⑥	훈련을 중단시킬 수 없으므로 일단 급한 대로 내가 S일병에게 응급처치를 실시하고 훈련이 끝날 때까지 참으라고 한다.
⑦	큰 부상은 아니니 훈련을 마칠 때까지 그냥 견디라고 한다.

➲ 정답/풀이: ⓐ ④, ⓑ ⑦

훈련 중 환자발생 시 조치, 부소대장의 조치사항을 묻는 문제이다. '상황속에 답이 있다' 상황에서 모든 소대원들은 환자를 돌볼 수 없고, 소대장은 지휘를 해야 함. 따라서 부소대장이 분대장에게 지휘를 맡기고, 응급환자를 직접 병원으로 후송하는 것이 올바른 판단이며, 큰 부상이 아니라고 환자를 방치하는 것은 잘못된 조치이다.

11. 다음 상황을 읽고 제시된 질문에 답하시오.

당신은 새로운 부대에 전입한 소대장이다. 전입 후 소대업무에 전력을 기울이던 도중 어느 한 생활관(내무반)에서 후임병에게 성추행을 일삼는 병장이 있다는 사실을 파악하고 중대장에게 보고를 했는데, 중대 이미지 때문에 아무런 조치가 없다.

이 상황에서 당신이 ⓐ 가장 할 것 같은 행동은 무엇입니까?
ⓑ 가장 하지 않을 것 같은 행동은 무엇입니까?

ⓐ 가장 할 것 같은 행동 (　　　　)
ⓑ 가장 하지 않을 것 같은 행동 (　　　　)

선 택 지	
①	차상급부대에 보고하고 조치를 기다린다.
②	평소 친한 선임 간부에게 조언을 구한다.
③	가해자 병장을 따로 불러 이유를 묻고 다시는 그런 행위를 하지 않겠다는 약속을 받는다.
④	군대 내에서 있을 수 있는 일이므로 조용히 넘어간다.
⑤	가해자 병장을 다른 부대로 전출시킨다.
⑥	피해자 후임병을 다른 부대로 전출시킨다.
⑦	가해자 병장에게 얼차려를 실시하고 다시 이런 일이 발생하면 가중처벌을 위해 영창을 보내겠다고 따끔하게 교육을 시킨다.

➲ 정답/풀이: ⓐ ①, ⓑ ④
병영 내 성군기 위반 사고 발생 시 조치, 부소대장은 소대 내에서 병장이 후임병에게 성추행하는 사실을 발견하고 보고를 했는데, 어떠한 조치가 없다면 병영 내에서 성추행은 범죄행위이므로 상급부대에 즉시 보고하고, 소대 내에서는 병장과 후임병을 격리 조치하며, 후임병에게 안정을 취하게 한다. 모르는 척 방치, 무관심 하는 행동은 잘못된 지휘조치이다.

12. 다음 상황을 읽고 제시된 질문에 답하시오.

동일하게 부사관으로 임관한 동기가 있다.
항상 모든 규칙을 준수하며 군 생활을 잘했다고 생각한 나보다 군 생활에서는 부족하다고 생각되지만 요령껏 적당히 일하면서 상관들과 자주 어울렸던 그 동기가 먼저 진급하게 되었다.

이 상황에서 당신이 ⓐ 가장 할 것 같은 행동은 무엇입니까?
ⓑ 가장 하지 않을 것 같은 행동은 무엇입니까?

ⓐ 가장 할 것 같은 행동 ( )
ⓑ 가장 하지 않을 것 같은 행동 ( )

선 택 지	
①	진급 심사의 부당함을 토로한 후 재심사를 받도록 한다.
②	부당함을 알지만 동기의 미래를 생각해 조용히 있는다.
③	억울한 마음을 동기를 불러 전달한다.
④	부당한 군 생활의 실체를 깨닫고 지속적인 군 생활보다는 최대한 빠른 제대를 선택해 일반 사회생활에 부족함이 없도록 준비한다.
⑤	상급부대에 진급심사에 문제가 있음을 알리고 정확한 조사를 의뢰한다.
⑥	불공정하다는 게시글을 관련 홈페이지에 남기고 서명운동을 실시한다.
⑦	빠른 진급을 한 사람들에게 조언을 구해 지금보다 더 노력한다.

➲ 정답/풀이: ⓐ ⑦, ⓑ ⑥
진급심사 결과에 대한 조치, 진급심사 결과를 받아들이고, 비선자로서 마음이 아프지만 다음해에 진급을 노력하는 자세가 좋다. 부사관이 진급선발에 대해 받아들이지 못한다면 기본적인 간부 자세가 맞는 것인지? 부사관의 올바른 가치관 확립이 필요하다고 본다. 군 내에서 서명운동은 군법을 위반하는 단체행동으로 처벌을 받는다.

13. 다음 상황을 읽고 제시된 질문에 답하시오.

어느 날 밤, 당신은 야간 당직근무 중이다. 야간 점호를 마치고 취침시간이 되었는데, 부대 막사 후미진 곳에서 소곤거리는 소리가 들려 가봤더니, 당신 소대원 중 상병이 후임병 2명을 세워놓고 훈계를 하면서 몇 차례 가슴 부위를 밀치고 있었다. 조용히 들어보니 낮에 부여된 작업에 대해 요령을 피워 내일 다시 작업을 해야 하기 때문이다. 이 후임병 2명은 평소에도 산만하여 임무수행에 문제가 있었던 터라 선임병들의 신경이 곤두서 있었으며, 상병은 누구보다도 부대업무에 충실한 모범적인 소대원이다.

이 상황에서 당신이 ⓐ 가장 할 것 같은 행동은 무엇입니까?
ⓑ 가장 하지 않을 것 같은 행동은 무엇입니까?

ⓐ 가장 할 것 같은 행동 ( )
ⓑ 가장 하지 않을 것 같은 행동 ( )

선 택 지	
①	중대장에게 보고하고 조치를 기다린다.
②	선임 간부에게 상황을 설명하고 도움을 요청한다.
③	상병을 따로 불러서 이유를 묻고 다시는 그런 행위를 하지 않겠다는 약속을 받는다.
④	당직사관의 소대에서 발생한 군대 내에서 있을 수 없는 일이므로 조용히 넘어간다.
⑤	때린 상병과 맞은 후임병들을 불러서 이유를 묻고 함께 해결방안을 찾는다.
⑥	기강이 해이해진 책임을 전체 소대원에게 돌리고 전체 얼차려를 실시한다.
⑦	때린 상병에게만 얼차려를 실시하고 조용히 끝낸다.

➲ 정답/풀이: ⓐ ①, ⓑ ④
병영생활 위반 가혹행위에 대한 조치, 중대 당직사관은 야간에 중대장을 대신하여 임무를 수행하는 것이다. 당직사관의 소대에서 발생한 구타 및 가혹행위는 발견 즉시 지휘관에게 보고조치해야 한다. 본인의 신상에 영향을 미칠까 봐 보고를 누락하는 행위는 매우 잘못된 행동이다.

14. 다음 상황을 읽고 제시된 질문에 답하시오.

P이병은 논산 훈련소에 입소하여 훈련을 받은 후 경계부대로 자대 배치를 받은 지 약 2주일 정도 되었다.
그러나 숫기도 없고 소심한 성격 탓인지 군 생활에 잘 적응하지 못하고 힘들어 하고 있다. 부소대장인 당신이 이러한 사실을 알았다면 어떻게 할 것인가?

이 상황에서 당신이 ⓐ 가장 할 것 같은 행동은 무엇입니까?
ⓑ 가장 하지 않을 것 같은 행동은 무엇입니까?

ⓐ 가장 할 것 같은 행동 (　　　)
ⓑ 가장 하지 않을 것 같은 행동 (　　　)

선 택 지	
①	같은 생활관(내무반)에서 생활하고 있는 제일 고참 병장에게 P이병을 특별히 신경써서 보살펴 주도록 지시한다.
②	P이병에게 성격을 바꾸어 보려고 노력하면서 같은 생활관 용사들과 어울려 빨리 친해질 수 있도록 애써보라고 충고한다.
③	군 생활에 적응이 될 때까지 어려움을 견디게 해줄 수 있는 취미생활을 가져보라고 한다.
④	중대장에게 이를 보고하고 휴가를 보내줄 것을 건의한다.
⑤	모르는 척 무시하고 그냥 지나쳐 버린다.
⑥	다른 방법이 없으므로 그냥 꾹 참고 견디라고 한다.
⑦	당분간 모든 훈련에서 제외시켜 생활관에서 편히 쉴 수 있도록 선처해 준다.

➲ 정답/풀이: ⓐ ①, ⓑ ⑤
전입신병의 부대 부적응에 대한 조치. 부소대장은 P이병에 관한 사항을 소대장에게 보고하고, 생활관 선임용사(분대장)에게 특별히 잘 보살펴 주도록 조치하는 것이 전입신병관리 규정이며, 모르는 척 방치, 무관심 하는 행동은 잘못된 것이다.

15. 다음 상황을 읽고 제시된 질문에 답하시오.

후방부대 A대대에 근무하고 있는 K하사는 주말 당직에 걸릴 때마다 자신과 당직을 바꾸자고 요구하는 P중사 때문에 곤란을 겪고 있다. K하사도 주말 당직은 서고 싶지 않은데, P중사는 막무가내이다.

이 상황에서 당신이 ⓐ 가장 할 것 같은 행동은 무엇입니까?
ⓑ 가장 하지 않을 것 같은 행동은 무엇입니까?

ⓐ 가장 할 것 같은 행동 (   )
ⓑ 가장 하지 않을 것 같은 행동 (   )

선 택 지	
①	선임인 P중사의 심기를 거스르고 싶지 않으므로 그냥 바꿔 준다.
②	주말에 당직을 바꾸는 것이 이번에 마지막이라는 다짐을 받은 후 바꿔준다.
③	P중사에게 자신도 주말에 당직을 서기 싫다고 딱 잘라 말한다.
④	P중사를 대신하여 주말에 당직을 서줄 수 있는 사람이 있는지 직접 나서서 알아본다.
⑤	P중사에게 이번 주말에 당직을 바꿔주는 대신, 다음번 자신이 주말 당직일 때 이를 바꿔 줄 것을 요구한다.
⑥	주말에 급한 볼일이 생겨서 절대 당직을 설 수 없다고 거짓말을 한다.
⑦	주변 사람들에게 P중사의 행동에 불만을 토로하며, 어떻게 해야 할지 조언을 구한다.

➲ 정답/풀이: ⓐ ⑤, ⓑ ⑥

병영 내 초급간부 갈등과 선임 간부 횡포 조치, 선임 부사관이 후임 부사관을 괴롭히는 행위도 내무부조리이다. 부사관의 가치관에서 전우애를 가지고 정정당당하게 의견을 표하고, 자신의 기본권을 보장 받는 자세가 필요하다. 개인적으로 해결할 수 없을 때는 중대 행정보급관이나 대대 주임원사에게 보고하여 도움을 받는 것도 한 방법이 될 것이다.

체력평가 준비 Knowhow

04

제1장
종목별 실시 및 판정요령

1. 팔굽혀펴기

① 검정관의 "준비" 구령에 따라 보조 기구 위에 양손을 어깨 넓이로 벌리고 발은 모은 상태에서 곧게 뻗은 팔과 몸통은 직각, 몸은 수평이 되도록 한다.

② 피검자는 검정관의 "시작" 구령에 따라 머리부터 일직선이 되도록 유지한 상태에서 팔을 굽혀 보조 기구와 몸(머리~다리)과의 간격을 5㎝ 이내로 유지했다가 원 위치한다.

③ 중요 요령

- 무조건 팔은 90도 혹은 그 이하로 굽혀야 한다.
- 두 발을 모으고 시작한다.
- 엉덩이가 먼저 올라오거나 어깨가 먼저 올라오면(일명 '파도타기') 횟수로 인정하지 않는다.
- 굽혔다가 펼 때 팔을 완전히 펴야 한다.

④ 중단시키는 경우

- 봉에서 두 손 중 한 손이라도 떨어졌을 때
- 무릎이 한쪽이라도 바닥에 닿았을 때
- 지면이 발에서 떨어졌을 때

⑤ 주의 사항

- 속도는 자유로이 실시한다.
- 검정하는 중에 양발·양손을 보조 기구로부터 이탈할 수 없고, 이탈한 경우 그때까지의 횟수로 평가한다.
- 각 조 6~8명이 동시에 측정한다.
- 지원자 1명당 간부 1명이 횟수를 센다.
- 지원자 2~3명당 간부 1명이 자세가 바른지 감독한다.
- 지적을 받고도 시정하지 않으면 횟수로 인정하지 않는다.

✓ 실시요령

- 평가관의 "준비" 구령에 따라 보조기구 위에 양손을 어깨넓이로 벌리고 발은 모은 상태에서 보조기구와 팔은 직각, 몸은 수평이 되도록 한다.
- 지원자는 평가관의 "시작" 구령에 따라 머리부터 일직선이 되도록 유지한 상태에서 팔을 굽혀 보조기구와 몸(머리 ~ 다리)과의 간격이 5㎝ 이내로 유지 시켰다 원위치 한다.

✓ 주의사항

- 굽혔다 폈을 때 팔이 완전히 펴져야 한다.
- 몸이 수평이 된 상태로 굽혔다, 폈다를 반복
- 평가하는 중에 양발·양손을 보조기구로부터 이탈할 수 없다.
- 무릎이 지면에 닿은 경우에는 처음부터 횟수 다시 시작한다.
- 평가 중에 팔을 굽혔을 때 90도가 되지 않을 시 미인정

2. 윗몸일으키기

① 검정관의 "준비" 구령에 따라 보조 기구에 양발을 고정시키고 다리를 모은 상태에서 직각으로 굽힌 누운 자세에서 양팔을 X자로 가슴 위에 겹치게 하여 두 손은 반대쪽 어깨에 위치한 자세를 유지한다.(옷자락을 잡는 것 금지)

② 검정관의 "시작" 구령에 따라 피검자는 복근력만을 이용하여 몸을 일으켜 양 팔꿈치가 무릎에 닿으면 다시 준비 자세로 원 위치한다.

③ 주의사항

- 속도는 자유로이 실시한다.
- 검정하는 중에 두 손이 어깨에서 내려오거나, 양 팔꿈치가 무릎에 닿지 않거나, 양쪽 어깨가 보조 기구 매트에 닿지 않으면 횟수로 인정하지 않는다.

> ✓ 실시요령
> - 평가관의 "준비" 구령에 따라 보조기구에 양발을 고정시키고 다리를 모은 상태에서 직각으로 굽힌 누운 자세에서 양팔을 X자로 가슴위에 겹치게 하여 두 손은 반대쪽 어깨에 위치한 자세를 유지한다.
> - 평가관의 "시작" 구령에 따라 피검자는 복근력 만을 이용하여 몸을 일으켜 양 팔꿈치가 무릎에 닿으면 다시 준비자세로 원위치 한다.
>
> ✓ 주의사항
> - 양손이 내려가서는 안 되고 옷을 잡아도 안 됨
> - 평가하는 중에 두 손이 어깨에서 내려오거나 양 팔꿈치가 무릎에 닿지 않거나 양쪽 어깨가 보조기구 매트에 닿지 않으면 횟수로 인정하지 않는다.

3. 1.5km 달리기

① 계룡대 연병장(우레탄) 세 바퀴 반을 돈다.

② 라인 안으로 침범하면 실격 처리한다.

> ✓ 실시요령
> - 출발선에 대기시킨 뒤 출발 통제관이 계측 평가관에게 깃발을 들어 준비상태를 확인한다. 출발 통제관이 깃발을 내림과 동시에 출발
>
> ✓ 주의사항
> - 출발·도착선은 통제관의 지침을 받는다.
> - 계룡대 400m트랙을 활용하여 측정하며, 라인 안쪽으로 뛰지 않는다.
> - 측정전 무리한 운동이나 음주행위를 금하고, 달리기 전 간이신체검사시 본인의 몸상태를 정확하게 문진표를 작성하고 군의관의 지침을 따른다.

제2장
체력평가 종목별 배점

■ 전투부사관(2년) 체력평가 배점(30점)

구 분	1급	2급	3급	4급	5급	6급	7급	8급	9급	10급	11급	12급	등외
1.5㎞ 달리기	15	14.25	13.5	12.75	12	11.25	10.5	9.75	9	–	–	–	0
윗몸 일으키기	9	8.55	8.1	7.65	7.2	6.75	6.3	5.85	5.4	4.5	–	–	0
팔굽혀 펴기	6	5.7	5.4	5.1	4.8	4.5	4.2	3.9	3.6	3.0	–	–	0

■ 종목별 평가기준(남군)

종목 \ 등급		1급	2급	3급	4급	5급	6급	7급	8급	9급	10급	11급	12급	등외
1.5㎞ 달리기	만 25세 이하	6'08" 이하	6'18" 이하	6'28" 이하	6'38" 이하	6'48" 이하	6'58" 이하	7'08" 이하	7'18" 이하	7'28" 이하	–	–	–	7'29" 이상
	만 26세 ~30세	6'18" 이하	6'28" 이하	6'38" 이하	6'48" 이하	6'58" 이하	7'08" 이하	7'18" 이하	7'28" 이하	7'38" 이하	–	–	–	7'39" 이상
윗몸 일으키기 (2분)	만 25세 이하	86회 이상	82회 이상	78회 이상	74회 이상	70회 이상	66회 이상	62회 이상	58회 이상	54회 이상	46회 이상	–	–	29회 이하
	만 26세 ~ 30세	84회 이상	80회 이상	76회 이상	72회 이상	68회 이상	64회 이상	60회 이상	56회 이상	52회 이상	44회 이상	–	–	27회 이하
팔굽혀 펴기 (2분)	만 25세 이하	72회 이상	68회 이상	64회 이상	60회 이상	56회 이상	52회 이상	48회 이상	44회 이상	40회 이상	32회 이상	–	–	15회 이하
	만 26세 ~ 30세	70회 이상	66회 이상	62회 이상	58회 이상	54회 이상	50회 이상	46회 이상	42회 이상	38회 이상	30회 이상	–	–	13회 이하

■ 군 가산지원 부사관(1년) 체력평가 배점(10점)

구 분	1급	2급	3급	4급	5급	6급	7급	8급	9급	10급	11급	12급	등외
1.5㎞ 달리기	5	4.75	4.5	4.25	4	3.75	3.5	3.25	3	2.5 (여군)	2 (여군)	–	0
윗몸 일으키기	3	2.85	2.7	2.55	2.4	2.25	2.1	1.95	1.8	1.5	1.2	0.9	0
팔굽혀 펴기	2	1.9	1.8	1.7	1.6	1.5	1.4	1.3	1.2	1.0	0.8	0.6	0

■ 종목별 평가기준(남군)

종목 \ 등급		1급	2급	3급	4급	5급	6급	7급	8급	9급	10급	11급	12급	등외
1.5km 달리기	만 25세 이하	6'08" 이하	6'18" 이하	6'28" 이하	6'38" 이하	6'48" 이하	6'58" 이하	7'08" 이하	7'18" 이하	7'28" 이하	·	·	·	7'29" 이상
	만 26세 ~30세	6'18" 이하	6'28" 이하	6'38" 이하	6'48" 이하	6'58" 이하	7'08" 이하	7'18" 이하	7'28" 이하	7'38" 이하	·	·	·	7'39" 이상
윗몸 일으키기 (2분)	만 25세 이하	86회 이상	82회 이상	78회 이상	74회 이상	70회 이상	66회 이상	62회 이상	58회 이상	54회 이상	46회 이상	38회 이상	30회 이상	29회 이하
	만 26세 ~ 30세	84회 이상	80회 이상	76회 이상	72회 이상	68회 이상	64회 이상	60회 이상	56회 이상	52회 이상	44회 이상	36회 이상	28회 이상	27회 이하
팔굽혀 펴기 (2분)	만 25세 이하	72회 이상	68회 이상	64회 이상	60회 이상	56회 이상	52회 이상	48회 이상	44회 이상	40회 이상	32회 이상	24회 이상	16회 이상	15회 이하
	만 26세 ~ 30세	70회 이상	66회 이상	62회 이상	58회 이상	54회 이상	50회 이상	46회 이상	42회 이상	38회 이상	30회 이상	22회 이상	14회 이상	13회 이하

■ 종목별 평가기준(여군)

종목 \ 등급		1급	2급	3급	4급	5급	6급	7급	8급	9급	10급	11급	12급	등외
1.5km 달리기	만 25세 이하	7'39" 이하	7'49" 이하	7'59" 이하	8'09" 이하	8'19" 이하	8'29" 이하	8'39" 이하	8'49" 이하	8'59" 이하	9'09" 이하	9'19" 이하	·	9'20" 이상
	만 26세 ~30세	7'49" 이하	7'59" 이하	8'09" 이하	8'19" 이하	8'29" 이하	8'39" 이하	8'49" 이하	8'59" 이하	9'09" 이하	9'19" 이하	9'29" 이하	·	9'30" 이상
윗몸 일으키기 (2분)	만 25세 이하	71회 이상	67회 이상	63회 이상	59회 이상	55회 이상	51회 이상	47회 이상	43회 이상	39회 이상	33회 이상	27회 이상	21회 이상	20회 이하
	만 26세 ~ 30세	68회 이상	64회 이상	60회 이상	56회 이상	52회 이상	48회 이상	44회 이상	40회 이상	36회 이상	30회 이상	24회 이상	18회 이상	17회 이하
팔굽혀 펴기 (2분)	만 25세 이하	35회 이상	33회 이상	31회 이상	29회 이상	27회 이상	25회 이상	23회 이상	21회 이상	19회 이상	16회 이상	13회 이상	10회 이상	9회 이하
	만 26세 ~ 30세	33회 이상	31회 이상	29회 이상	27회 이상	25회 이상	23회 이상	21회 이상	19회 이상	17회 이상	14회 이상	11회 이상	8회 이상	7회 이하

■ 임관자 전원 장기복무 부사관 체력평가 기준

구 분	1.5km	윗몸일으키기	팔굽혀펴기	비 고
사이버·정보체계운용, 드론/UAV 운용	1~11등급	1~12등급	1~12등급	등급외 "0점"부여
특임보병	1~9등급	1~10등급	1~10등급	불합격제 적용

* 특임보병: 1.5km, 윗몸일으키기, 팔굽혀펴기 불합격 적용

■ 체력평가 배점(10점 만점 기준, 30점 만점시 × 3)

구 분	1급	2급	3급	4급	5급	6급	7급	8급	9급	10급	11급	12급	등외
1.5km 달리기	5	4.75	4.5	4.25	4	3.75	3.5	3.25	3	2.75	2.5	–	0
윗몸 일으키기	3	2.85	2.7	2.55	2.4	2.25	2.1	1.95	1.8	1.5	1.2	0.9	0
팔굽혀 펴기	2	1.9	1.8	1.7	1.6	1.5	1.4	1.3	1.2	1.0	0.8	0.6	0

■ 종목별 평가기준(남자)

- 드론/UAV 운용, 사이버·정보체계운용

종 목		1급	2급	3급	4급	5급	6급	7급	8급	9급	10급	11급	12급	등외
1.5km 달리기	만 25세 이하	6'08" 이하	6'18" 이하	6'28" 이하	6'38" 이하	6'48" 이하	6'58" 이하	7'08" 이하	7'18" 이하	7'28" 이하	7'38" 이하	7'48" 이하·	–	7'49" 이상
	만 26세 ~30세	6'18" 이하	6'28" 이하	6'38" 이하	6'48" 이하	6'58" 이하	7'08" 이하	7'18" 이하	7'28" 이하	7'38" 이하	7'48" 이하	7'58" 이하	–	7'58" 이상
윗몸 일으키기 (2분)	만 25세 이하	86회 이상	82회 이상	78회 이상	74회 이상	70회 이상	66회 이상	62회 이상	58회 이상	54회 이상	46회 이상	38회 이상	30회 이상	29회 이하
	만 26세 ~ 30세	84회 이상	80회 이상	76회 이상	72회 이상	68회 이상	64회 이상	60회 이상	56회 이상	52회 이상	44회 이상	36회 이상	28회 이상	27회 이하
팔굽혀 펴기 (2분)	만 25세 이하	72회 이상	68회 이상	64회 이상	60회 이상	56회 이상	52회 이상	48회 이상	44회 이상	40회 이상	32회 이상	24회 이상	16회 이상	15회 이하
	만 26세 ~ 30세	70회 이상	66회 이상	62회 이상	58회 이상	54회 이상	50회 이상	46회 이상	42회 이상	38회 이상	30회 이상	22회 이상	14회 이상	13회 이하

- 특임보병(남자)

종목		1급	2급	3급	4급	5급	6급	7급	8급	9급	10급	불합격
1.5km 달리기	만 25세 이하	6'08" 이하	6'18" 이하	6'28" 이하	6'38" 이하	6'48" 이하	6'58" 이하	7'08" 이하	7'18" 이하	7'28" 이하	7'29" 이상	
	만 26세 ~30세	6'18" 이하	6'28" 이하	6'38" 이하	6'48" 이하	6'58" 이하	7'08" 이하	7'18" 이하	7'28" 이하	7'38" 이하	7'39" 이상	
윗몸 일으키기 (2분)	만 25세 이하	86회 이상	82회 이상	78회 이상	74회 이상	70회 이상	66회 이상	62회 이상	58회 이상	54회 이상	34회 이상	33회 이하
	만 26세 ~ 30세	84회 이상	80회 이상	76회 이상	72회 이상	68회 이상	64회 이상	60회 이상	56회 이상	52회 이상	32회 이상	31회 이하
팔굽혀 펴기 (2분)	만 25세 이하	72회 이상	68회 이상	64회 이상	60회 이상	56회 이상	52회 이상	48회 이상	44회 이상	40회 이상	25회 이상	24회 미하
	만 26세 ~ 30세	70회 이상	66회 이상	62회 이상	58회 이상	54회 이상	50회 이상	46회 이상	42회 이상	38회 이상	23회 이상	22회 이하

■ 종목별 평가기준(여자)

- 드론/UAV 운용, 사이버·정보체계운용(여자)

종목		1급	2급	3급	4급	5급	6급	7급	8급	9급	10급	11급	12급	등외
1.5km 달리기	만 25세 이하	7'39" 이하	7'49" 이하	7'59" 이하	8'09" 이하	8'19" 이하	8'29" 이하	8'39" 이하	8'49" 이하	8'59" 이하	9'09" 이하	9'19" 이하	·	9'20" 이상
	만 26세 ~30세	7'49" 이하	7'59" 이하	8'09" 이하	8'19" 이하	8'29" 이하	8'39" 이하	8'49" 이하	8'59" 이하	9'09" 이하	9'19" 이하	9'29" 이하	·	9'30" 이상
윗몸 일으키기 (2분)	만 25세 이하	71회 이상	67회 이상	63회 이상	59회 이상	55회 이상	51회 이상	47회 이상	43회 이상	39회 이상	33회 이상	27회 이상	21회 이상	20회 이하
	만 26세 ~ 30세	68회 이상	64회 이상	60회 이상	56회 이상	52회 이상	48회 이상	44회 이상	40회 이상	36회 이상	30회 이상	24회 이상	18회 이상	17회 이하
팔굽혀 펴기 (2분)	만 25세 이하	35회 이상	33회 이상	31회 이상	29회 이상	27회 이상	25회 이상	23회 이상	21회 이상	19회 이상	16회 이상	13회 이상	10회 이상	9회 이하
	만 26세 ~ 30세	33회 이상	31회 이상	29회 이상	27회 이상	25회 이상	23회 이상	21회 이상	19회 이상	17회 이상	14회 이상	11회 이상	8회 이상	7회 이하

- 특임보병(여자)

종목 \ 등급		1급	2급	3급	4급	5급	6급	7급	8급	9급	10급	불합격
1.5km 달리기	만 25세 이하	7'39" 이하	7'49" 이하	7'59" 이하	8'09" 이하	8'19" 이하	8'29" 이하	8'39" 이하	8'49" 이하	8'59" 이하	9'00"이상	
	만 26세 ~30세	7'49" 이하	7'59" 이하	8'09" 이하	8'19" 이하	8'29" 이하	8'39" 이하	8'49" 이하	8'59" 이하	9'09" 이하	9'10"이상	
윗몸 일으키기 (2분)	만 25세 이하	71회 이상	67회 이상	63회 이상	59회 이상	55회 이상	51회 이상	47회 이상	43회 이상	39회 이상	24회 이상	23회 이하
	만 26세 ~ 30세	68회 이상	64회 이상	60회 이상	56회 이상	52회 이상	48회 이상	44회 이상	40회 이상	36회 이상	21회 이상	20회 이하
팔굽혀 펴기 (2분)	만 25세 이하	35회 이상	33회 이상	31회 이상	29회 이상	27회 이상	25회 이상	23회 이상	21회 이상	19회 이상	12회 이상	11회 이하
	만 26세 ~ 30세	33회 이상	31회 이상	29회 이상	27회 이상	25회 이상	23회 이상	21회 이상	19회 이상	17회 이상	10회 이상	9회 이하

■ 민간부사관 체력평가 배점(10점 만점 기준, 20점 만점시 × 2, 30점 만점시 × 3)

구 분	1급	2급	3급	4급	5급	6급	7급	8급	9급	10급	11급	12급	등외
1.5km 달리기	5	4.75	4.5	4.25	4	3.75	3.5	3.25	3	–	–	–	0
윗몸 일으키기	3	2.85	2.7	2.55	2.4	2.25	2.1	1.95	1.8	1.5	1.2	0.9	0
팔굽혀 펴기	2	1.9	1.8	1.7	1.6	1.5	1.4	1.3	1.2	1.0	0.8	0.6	0

■ 종목별 평가기준(남군)

종목 \ 등급		1급	2급	3급	4급	5급	6급	7급	8급	9급	10급	11급	12급	등외
1.5km 달리기	만 25세 이하	6'08" 이하	6'18" 이하	6'28" 이하	6'38" 이하	6'48" 이하	6'58" 이하	7'08" 이하	7'18" 이하	7'28" 이하	·	·	·	7'29" 이상
	만 26세 ~30세	6'18" 이하	6'28" 이하	6'38" 이하	6'48" 이하	6'58" 이하	7'08" 이하	7'18" 이하	7'28" 이하	7'38" 이하	·	·	·	7'39" 이상
윗몸 일으키기 (2분)	만 25세 이하	86회 이상	82회 이상	78회 이상	74회 이상	70회 이상	66회 이상	62회 이상	58회 이상	54회 이상	46회 이상	38회 이상	30회 이상	29회 이하
	만 26세 ~ 30세	84회 이상	80회 이상	76회 이상	72회 이상	68회 이상	64회 이상	60회 이상	56회 이상	52회 이상	44회 이상	36회 이상	28회 이상	27회 이하
팔굽혀 펴기 (2분)	만 25세 이하	72회 이상	68회 이상	64회 이상	60회 이상	56회 이상	52회 이상	48회 이상	44회 이상	40회 이상	32회 이상	24회 이상	16회 이상	15회 이하
	만 26세 ~ 30세	70회 이상	66회 이상	62회 이상	58회 이상	54회 이상	50회 이상	46회 이상	42회 이상	38회 이상	30회 이상	22회 이상	14회 이상	13회 이하

제3장

국민체력인증센터 인증서(2020년 시행)

■ 체력평가: 부대평가 ⇒ 문체부 산하 「국민체력인증센터 인증서」 대체

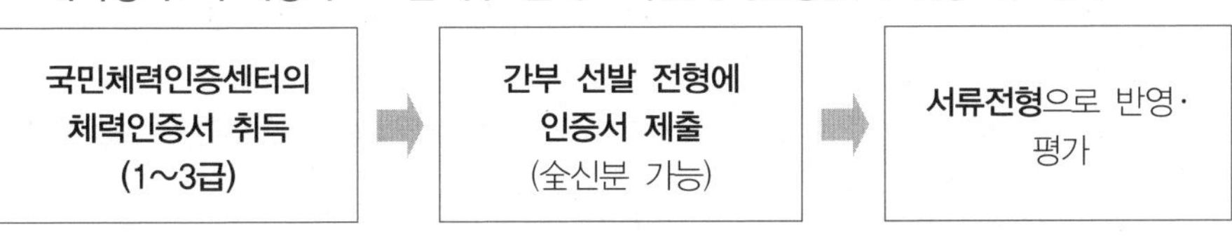

- 체력인증센터에서 공인인증서(1~3급) 취득 후 선발과정별 서면제출
- 체력측정 인증제 유효기간: 면접일 기준으로 6개월 이내 발급된 인증서
- 체력측정 결과 반영: 인증급수에 따른 차등 점수제

* 문체부 산하 국민체력인증센터

- **체력측정 분야: 7개**(근력, 근지구력, 심폐지구력, 신체구성, 유연성, 민첩성, 순발력)
- 측정관 및 측정기기: 국가공인자격을 갖춘 체력측정사 **의해 측정**, **전자센서 장비** 활용
- 인증장소: **전국 43개 인증센터가 운용 中**(본인 희망의해 신청 및 평가 가능)

  ※ **문체부가 지원하고 국민체육진흥기금으로 운영되는 무상체육 복지서비스**

성별	연령대	건강 체력 항목					운동체력항목(택1)	
		근력	근지구력	심폐지구력(택1)		유연성	민첩성	순발력
		상대악력(%)	교차윗몸일으키기(회)	20m왕복오래달리기(회)	트레드밀/스텝검사(최대산소섭취량,ml/kg/min)	앉아윗몸앞으로굽히기(cm)	왕복달리기(초)	제자리멀리뛰기(cm)
남	19~24	62.6	55	51	48.9	16.1	9.9	229
	25~29	62.4	51	53	48.9	14.9	10.3	223
	30~34	62.6	47	46	48	14.2	10.6	219
	35~39	62.1	45	44	47.7	14	10.9	214
	40~44	62.8	44	43	45.7	14.2	11	209
	45~49	62	41	41	43.1	13.6	11.3	202
	50~54	60.5	38	36	41.8	13.9	11.8	192
	55~59	59.4	35	31	41.3	13.3	12.3	181
	60~64	56.8	31	25	39.2	11.8	13.1	170
여	19~24	45.8	36	31	43.9	19.7	12.3	162
	25~29	47	33	28	42.3	18.5	12.7	156
	30~34	49.6	31	26	38	18.2	12.9	154
	35~39	47.5	31	25	37.5	18.9	13	155
	40~44	47.1	30	24	37.1	18.8	13.1	153
	45~49	46.2	26	23	36.1	18.9	13.4	146
	50~54	44.7	24	21	35	19.5	13.8	139
	55~59	43.2	20	18	33.3	19.5	14.5	129
	60~64	41.9	17	14	32.6	19.6	15.3	120

성인 1급 체력인증 기준

* **체력측정 지원 및 평가절차**(인터넷 지원 및 지역별 인증센터방문 평가)

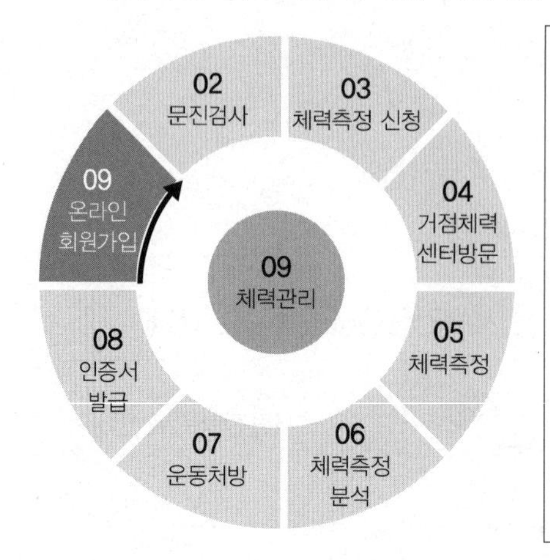

1. 체격측정: ① 신장 ② 체중 ③ BMI
   ④ 체지방율
2. 체력측정
   ① 근력(상대악력)
   ② 근지구력(**교차 윗몸일으키기**)
   ③ 심폐지구력(20m **왕복 오래달리기**)
   ④ 유연성(앉아서 윗몸 앞으로 굽히기)
   ⑤ 민첩성(10m 왕복달리기)
   ⑥ 순발력(제자리멀리뛰기)
   ⇨ **측정결과에 따라 1·2·3급 인증서 발급**
   (문체부장관 명의)

■ 국민체력평가서 및 체력인증서(예문)

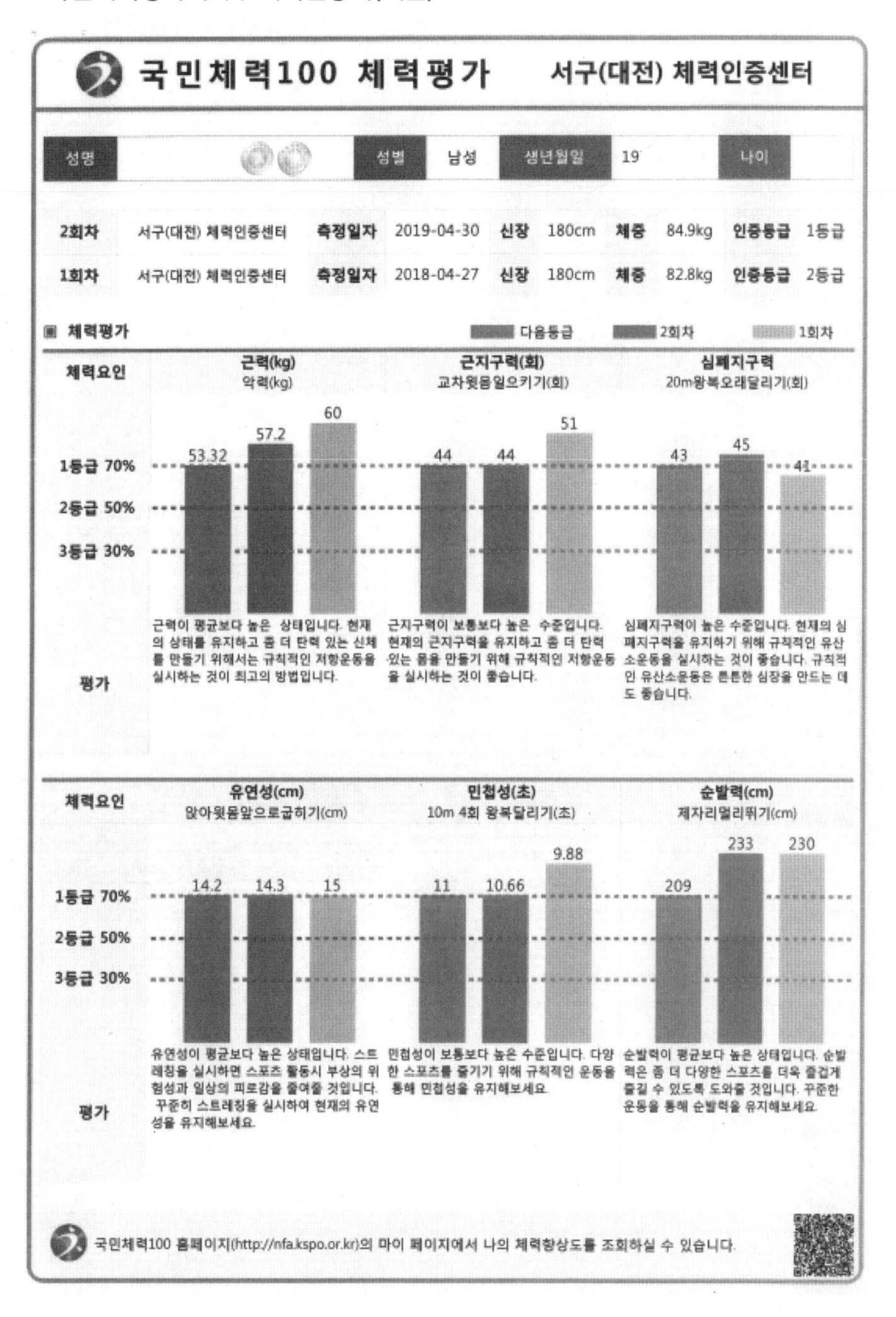

국민체력100 체력평가 서구(대전) 체력인증센터

성명		성별	남성	생년월일	19	나이	

2회차	서구(대전) 체력인증센터	**측정일자**	2019-04-30	**신장**	180cm	**체중**	84.9kg	**인증등급**	1등급
1회차	서구(대전) 체력인증센터	**측정일자**	2018-04-27	**신장**	180cm	**체중**	82.8kg	**인증등급**	2등급

▣ **체력평가** 다음등급 2회차 1회차

체력요인	근력(kg) 악력(kg)	근지구력(회) 교차윗몸일으키기(회)	심폐지구력 20m왕복오래달리기(회)
1등급 70% 2등급 50% 3등급 30%	53.32 / 57.2 / 60	44 / 44 / 51	43 / 45 / 41
평가	근력이 평균보다 높은 상태입니다. 현재의 상태를 유지하고 좀 더 탄력 있는 신체를 만들기 위해서는 규칙적인 저항운동을 실시하는 것이 최고의 방법입니다.	근지구력이 보통보다 높은 수준입니다. 현재의 근지구력을 유지하고 좀 더 탄력 있는 몸을 만들기 위해 규칙적인 저항운동을 실시하는 것이 좋습니다.	심폐지구력이 높은 수준입니다. 현재의 심폐지구력을 유지하기 위해 규칙적인 유산소운동을 실시하는 것이 좋습니다. 규칙적인 유산소운동은 튼튼한 심장을 만드는 데도 좋습니다.

체력요인	유연성(cm) 앉아윗몸앞으로굽히기(cm)	민첩성(초) 10m 4회 왕복달리기(초)	순발력(cm) 제자리멀리뛰기(cm)
1등급 70% 2등급 50% 3등급 30%	14.2 / 14.3 / 15	11 / 10.66 / 9.88	209 / 233 / 230
평가	유연성이 평균보다 높은 상태입니다. 스트레칭을 실시하면 스포츠 활동시 부상의 위험성과 일상의 피로감을 줄여줄 것입니다. 꾸준히 스트레칭을 실시하여 현재의 유연성을 유지해보세요.	민첩성이 보통보다 높은 수준입니다. 다양한 스포츠를 즐기기 위해 규칙적인 운동을 통해 민첩성을 유지해보세요.	순발력이 평균보다 높은 상태입니다. 순발력은 좀 더 다양한 스포츠를 더욱 즐겁게 즐길 수 있도록 도와줄 것입니다. 꾸준한 운동을 통해 순발력을 유지해보세요.

국민체력100 홈페이지(http://nfa.kspo.or.kr)의 마이 페이지에서 나의 체력향상도를 조회하실 수 있습니다.

국민체력100 체력평가

서구(대전) 체력인증센터

▣ 신체조성평가

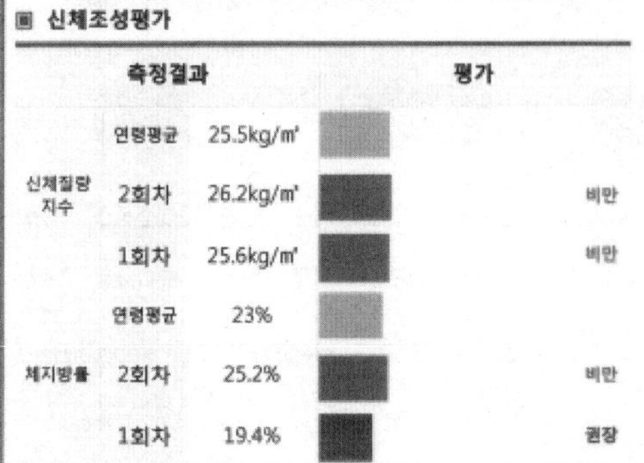

		측정결과	평가
신체질량지수	연령평균	25.5kg/㎡	
	2회차	26.2kg/㎡	비만
	1회차	25.6kg/㎡	비만
체지방률	연령평균	23%	
	2회차	25.2%	비만
	1회차	19.4%	권장

▣ 체력프로파일

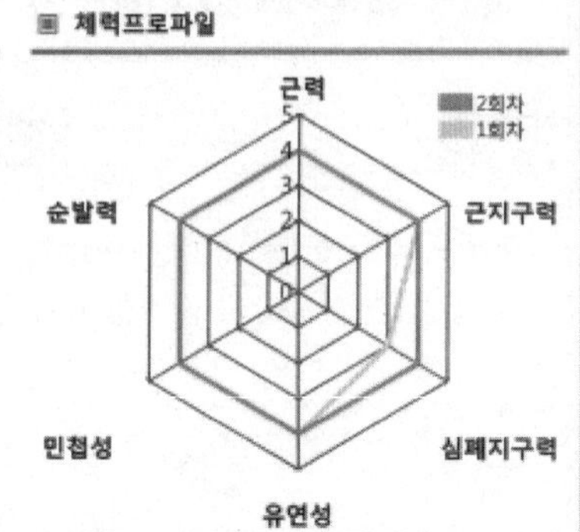

▣ 건강체력평가

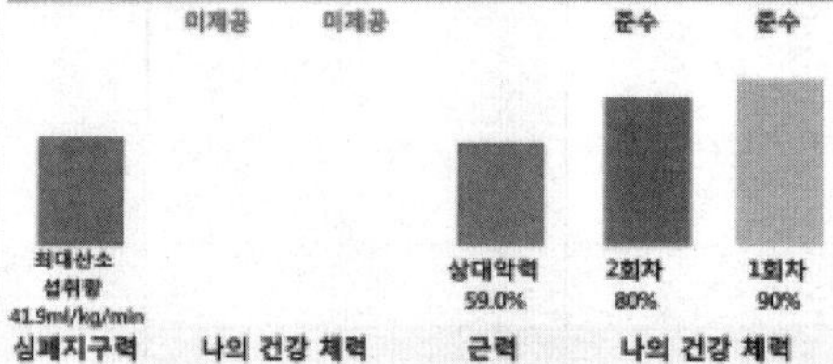

심폐지구력	나의 건강 체력	근력	나의 건강 체력

평가

상대악력이 건강체력기준에 도달하였습니다. 규칙적인 근력운동과 근력향상운동을 통해 질병을 예방하는 지속적인 노력이 필요합니다.

▣ 성인기(만19세~64세) 건강체력평가란?

질병을 예방하고 질환의 위험을 낮추도록 권고하는 건강체력기준.

- ■ 건강체력 도달 : 심폐지구력(최대산소섭취량)과 근력(상대악력)모두 기준에 해당함.
- ■ 건강체력 준수 : 심폐지구력 또는 근력 둘 중 하나만 기준에 해당함.
- ■ 건강체력 미달 : 심폐지구력과 근력 모두 기준에 해당하지 않음.

▣ 전문가 소견

▣ 참고표

나이 : 세 | 체중 : 84.9kg

구분	측정결과		체력인증기준			
	2회차	1회차	1등급	2등급	3등급	연령평균
근력(kg)	57.2 (80%)	60 (90%)	53.32	48.56	43.81	44.49
근지구력(회)	44 (70%)	51 (85%)	44	38	32	37.34
심폐지구력	45 (75%)	41 (65%)	43	34	26	33.18
유연성(cm)	14.3 (70%)	15 (70%)	14.2	9.5	4.8	7.81
민첩성(초)	10.66 (70%)	9.88 (85%)	11	12.1		11.84
순발력(cm)	233 (90%)	230 (90%)	209	195		197.93
BMI	26.2	25.6	18kg/㎡ 초과 25kg/㎡ 미만			
체지방률(%)	25.2	19.4	7% 초과 25% 미만			

신한 헬스플러스 적금 우대금리 쿠폰 번호

4 2 1 3 7 2 4 4 4 1 3 1

국민체력100 홈페이지(http://nfa.kspo.or.kr)의 마이 페이지에서 나의 체력향상도를 조회하실 수 있습니다.

제 가19-1-서구(대전)-00 호

체력인증서

성 명 :

생년월일 : 19 년 10월 17일

인증등급 : 1등급

「국민체육진흥법 시행규칙」 제27조의3제3항에 따라 위와 같이 체력인증서를 발급합니다.

인 증 일 : 2019년 4월 30일

발 급 일 : 2019년 5월 7일

문화체육관광부장관

면접 및 체력평가 합격사례

05

- 꿈은 이루어진다!
- 면접 및 체력평가 합격 사례
  - 군장학생합격(3)
  - 군 가산복무 부사관(3)
  - 임관시 장기복무 부사관(2)
  - 민간부사관(2)

면접 및 체력평가 합격사례

꿈은 이루어진다!

■ 사례 #1: 군 가산복무 부사관 면접시험(임 ○ ○)

하루 전날 학과 학생 4명이 엄사리에 있는 ○○ 모텔에서 숙박한 후 당일 6시에 기상하여 6시 50분에 모텔에서 나와 택시를 타고 7시 10분쯤 개나리회관에 도착 하였습니다. 접수창구에서 신분증과 수험표를 제시하여 본인인증 후 지원번호표를 받고, 바로 체력측정을 하기 위해 군 버스를 타고 계룡대 영내로 이동했습니다.

- 체력측정은 1조(1~35)가 먼저 1.5㎞ 달리기를 측정 후 이어서 2조가 1.5㎞ 달리기를 하였습니다. 400m 트랙을 쉬지 않고 뛴 덕분에 평소 보다 잘 나와서 6분 26초로 3급을 맞은 후, 앞 조가 윗몸일으키기와 팔굽혀펴기를 할 동안 숨을 고르고 체력회복을 하여 윗몸일으키기를 먼저 하였는데 FM으로 노카운트 하시는 평가관에 걸려 3개 노카운트 당해서 81개로 아쉽게 3급을 하였고, 팔굽혀펴기는 평소대로 나와 76개로 1급을 맞을 수 있었습니다.
  체력측정이 끝난 후 면접장으로 이동하여 간단히 각 면접장 관련 주의사항과 진행순서를 들은 후 10시 30분부터 1시 30분까지 개인 자유시간이 주어져서 에너지바 하나를 먹고 샤워를 한 후에 면접복장으로 갈아입은 뒤 앉아서 대기하였고, 저는 10개 조 중 마지막인 9조로 2시 25분부터 1→2→3 면접순서로 면접을 보고 다 끝나고 5시 10분에 육군 인재선발센터건물에서 나왔습니다.

- 1면접장(개인면접)
  처음 들어갔을 때부터 무엇인가 분위기가 삭막했고, 면접관으로는 남군 상사분과 남군 중령분이 계셨습니다.

첫 질문은

① 부사관에 왜 지원하였는가?

② 본인이 생각하는 리더란 무엇인가?

③ 리더십을 실천한 사례가 있는가? 물어보신 후 빠르게 진행되었습니다.

• 2면접장(개별 주제발표, 집단토론)

처음 토론실에 들어가 주제를 제비뽑기로 선정하였는데,

① 개별주제 – 권기옥 조종사(우리나라 최초 여성비행사) 처럼 일제강점기에 독립운동을 하였지만, 큰 사건에 관계 된게 없어 역사에 이름조차 남기지 못한 독립운동가들이 많다. 요구조건 – 만약 당신이 일제강점기에 살았다면 어떤 삶을 살았을 것인지 1분 30초동안 발표하시오.

② 집단토론 주제 – 우리나라에 음식들이 SNS나 인터넷 TV 등을 통해 널리 알려져 외국인들에 관심이 커져가고 있다. 그중에서도 우리나라에 술과 안주에 특히 관심이 가고 있는데 소주와 삼겹살, 치킨과 맥주 중 당신이 외국인에게 추천하고 싶은 조합은 무엇인가?

이 주제에 대해 A4종이에 간략히 25분간 정리를 한 후 면접장 앞에 앉아 있다가 1명씩 들어가 개별주제를 발표 하였습니다. 제가 들어갔을 때 면접관은 남자 대위분과 남자 상사분이 계셨습니다. 1면접장과는 다르게 분위기가 좋았고 또한 같은 토론조였던 지원자들이 질문이나 반론을 잘 제기하지도 않고 맛이나 가격 위주로만 토론하였고, 사회자도 사회를 잘 진행하지 못하였습니다. 논리적이지 못한 질의들이 많아 그것을 보고 놀라웠습니다.

• 3면접장(인성면접)

3면접장도 분위기가 좋았고 남자 대령분과 대위 한분이 있었습니다.

질문은

① 육군 부사관에 역할이 뭐라고 생각하는가?

② 부사관의 덕목은 무엇인가?

③ 최근 감명 깊게 본 영화나 책은 무엇인가? 를 물어보고 끝났습니다.

■ 사례 #2: 군 가산복무 부사관 면접시험(김 ○ ○)

저는 다른 친구들과 달리 혼자 시험을 봐서 전날에 모텔에서 자면 비용이 부담되어 아침에 일찍 일어나서 버스를 타고 갔습니다. 아침에 5시에 일어나서 출발하여 7시 20분쯤에 개나리회관에 도착하였습니다. 도착하고 나서 바로 접수를 하고 체력시험을 보러갔습니다. 저는 1조 2번이여서 굉장히 빠르게 시험을 봤습니다.

- 체력시험은 1.5㎞달리기, 윗몸일으키기, 팔굽혀펴기, 순으로 봤습니다. 오전에 체력시험 보는 사람들이 총 70명 정도 됐는데 사람이 많아서 35명씩 1조, 2조 나눠서 봤습니다. 시험 본 결과는 1.5㎞달리기 5.36초 1급, 팔굽 73개 1급, 윗몸 58개 8급을 맞았습니다. 팔굽이랑 윗몸은 자세가 정말로 중요합니다. 윗몸은 자세가 이상하면 중지시켜서 다시 할 수 있는데 팔굽은 정지를 시키면 그때까지 한 기록으로만 기록됩니다. 다시 말해 윗몸은 한 번의 기회가 있고 팔굽은 없습니다. 자세가 정말로 중요합니다. 체력시험을 마치고 군 버스를 타고 인재선발센터로 와서 저는 1조라 11시 20분부터 빨리 씻고 환복하여 개나리회관에서 밥을 먹고 바로 내려왔습니다.

- 저희 조는 2→3→1 면접 순으로 진행했습니다. 2면접장 들어가기 전에 토론준비실에 들어가서 미리 개별질문이랑 토론질문들을 받아서 25분간 작성을 하고 들어가는 형식이었습니다.
  ① 개별질문은 평화를 위해 전쟁을 준비하라에 대해 과연 평화를 위해서 군대를 조직해야 되는가?
  ② 토론질문은 김이병이 훈련이나 임무를 할 때 무릎 통증을 느끼는데 자유시간이나 종교 시간에는 무릎 통증을 느끼지 않습니다. 이때 김이병을 임무에서 제외시켜 줘야 되나, 말아야 되나에 대해 나왔는데, 대신 김이병이 임무를 못하면 다른 소대원들이 해야 된다는 조건입니다. 저희 조는 모두가 찬성이 나와서 결론이 금방 나왔습니다.

- 제3면접장에서는 여자 상사분과 남자 소령분이 계셨는데 굉장히 웃으면서

해서 분위기가 좋았습니다.
이때 나온 질문은
① 지원 동기를 발표하시오.
② 자신의 단점을 얘기해 보세요.
③ 요즘 스트레스받는 일이 있는가? 그럼 그것을 어떻게 풀 것인가?
어려운 질문이 없어서 다 잘 대답했습니다.

• 마지막으로 제1면접장에서는 남자 상사분과 소령분이 계셨습니다. 이곳도 분위기가 나쁘지 않았습니다. 가끔 장난도 쳐주셔서 긴장이 풀렸습니다.
이곳에서 나온 질문은
① 할아버지께서 6·25전쟁 참전용사이신데 할아버지에게 들은 얘기가 있는지? 있다면 발표해보세요.
② 군인과 경찰이 다른 점은 무엇인가?
③ 전쟁이 발생 되면 참전할 것인가? 에 대해 질문을 받았습니다.
저는 1조라서 기다리지 않고 계속해서 면접했습니다. 그래서 1시 30분쯤에 끝났습니다. 그래서 짐을 챙기고 핸드폰도 챙기고 나와서 모든 면접이 끝났습니다.
제가 체력시험을 보고 나니 자세가 중요하다는 것을 알게 되었습니다. 그리고 면접은 자신감이 제일 중요하다고 생각합니다.

■ **사례 #3: 군 가산복무 부사관 면접시험(이 ○ ○)**

면접시험 하루 전날 오후 6시 반에 학우들과 버스를 타고 계룡시 몽이야 모텔에 도착하여 짐을 놓고 밥을 먹었습니다. 그리고 00가 21시쯤에 모텔에 도착하여 같이 면접을 준비하다가 23시에 취침했습니다. 그리고 면접일 새벽 6시에 기상하여 준비를 마치고 6시 50분에 나와서 택시를 타고 계룡대 2정문 앞 개나리회관에 7시 10분 도착했습니다.

• 체력측정, 저는 1조 4번 이어서 도착하자마자 바로 1.5㎞를 뛰러 나갔다가 들어와서 10분 정도 쉬고, 윗몸일으키기를 하고, 5분 정도 쉬고, 팔굽혀펴

기를 했습니다. 그리고 육군 인재선발센터에 돌아와서 샤워를 했습니다. 면접은 샤워를 하고 양복으로 갈아입고 ○○○와 면접연습을 했습니다. 저는 면접순서가 2→3→1 면접장 순으로 들어갔습니다.

- 2면접장의 질문은 제비뽑기로 결정되었는데,

  ① 개인발표는 다이너마이트를 만든 알프레드 노벨의 일화를 예시로 들면서 군인의 가치있는 삶에 대해서 발표하라고 했습니다.

  ② 집단토론의 주제는 '나는 1소대 1분대장이다. 지금 북한지역에서 수색정찰 임무를 하고 있는데, 폐가에서 민간인으로 보이는 소년 2명을 발견했고 그 아이들에게 전투식량을 나눠주고 돌려보냈는데, 잠시 후 다시 만났을 때 북한군 4명과 접선 중이었다. 이러한 일촉즉발의 상황에서 그 2명의 소년을 민간인으로 봐야 할까? 적군으로 봐야 할까?'가 주제였습니다.

- 3면접장은 처음 들어갔을 때 대위분께서 웃으면서 해주셔서 분위기는 화기애애했습니다.

  ① 부사관의 역할에 대해 발표하세요.

  ② 부사관의 덕목은 뭐라고 생각하는가?

  ③ 친구가 나의 뒷담화를 한 것을 알았을 때 어떻게 대처할 것인가?

  이렇게 질문하시고 끝났습니다.

- 1면접장에서는

  ① 부사관에 지원한 이유가 있는가?

  ② 가장 힘들었을 때가 언제이며 왜 힘들었는가?

  ③ 리더십이 뭔가? 리더십을 발휘한 예를 얘기해 보세요.

  ④ 좌우명이 무엇인가? 설명해 보세요.

  이렇게 면접이 끝나고 집으로 돌아왔습니다.

■ 사례 #4: 군 가산복무 부사관 면접시험(나 ○ ○)

면접 하루 전에 미용실을 들렀다가 모텔에서 학과 친구들과 하룻밤을 보내고 면접일 아침 6시에 기상해 7시 15분쯤 개나리회관에 도착했습니다. 도착 후 각자 수험표 겸 번호표를 부여받고, 체력평가 실시를 위해 군 버스를 타고 계룡대 영내로 이동했습니다.

- 팔굽과 윗몸을 하고 1.5㎞ 달리기를 하는 줄 알았는데 1.5㎞ 달리기를 먼저 뛴다고 해서 조금 걱정이 되었습니다. 1.5㎞ 달리기를 무사히 마치고, 팔굽과 윗몸을 하였는데 감독관분들이 카운트를 생각보다 까다롭게 하셔서 더 긴장이 되었지만 저는 노카운트가 하나도 나오지 않고 무사히 체력평가를 실시 한 것 같습니다. 체력평가가 끝나고 1시 반까지 거의 3시간 동안 점심시간을 줘서 친구들과 깨끗이 씻은 후 미리 사 온 빵을 먹었습니다. 시간이 많이 남아서 남은 시간 동안 면접준비를 더 할 수 있었습니다. 점심시간이 끝나고 1시 50분부터 면접을 보았습니다. 저는 2→3→1 면접장 순서로 면접을 봤습니다.

- 2면접장에서 저희 조 주제는
  ① 개별 주제발표로 북한의 인권유린사례를 제시하라는 거였고,
  ② 집단토론 주제는 부모가 자식에게 공부를 강요하는 것이 옳은 일인가? 였습니다. 조별토론 주제에 대해 저희 조 전원이 반대의사를 표해서, 면접관님과 토론을 했습니다. 면접관님이 말을 너무 잘하셔서 조금 당황했지만, 막힘 없이 무사히 끝낸 것 같습니다.

- 3면접장에서는
  ① 국가유공자셨던 친할아버지에 대한 질문과,
  ② 군인이 되기 위해 갖추어야 가장 중요한 덕목 두가지가 무엇이라고 생각하냐? 는 질문을 받았습니다.
  저는 충성과 용기가 가장 중요하다고 답했는데, 과거 용기를 발휘해 어려움을 이겨낸 사례가 있는지도 질문하셨습니다.

- 마지막 1면접장에서는

  ① 들어가자 마자, 1분간 자기소개를 하라고 하셨습니다.

  ② 자기소개 마지막에 책 읽는 것을 좋아한다고 답했는데, 가장 기억에 남는 책이 무엇인지? 그 책에서 가장 기억에 남는 구절이 무엇인지? 질문하셨고, ③ 제가 군 간부가 되었다고 가정하고, 만약 집안이 가난한데 돈이 필요한 용사가 있다면 어떻게 대처할 것인지? 질문하셨습니다. 군장 필기 시험 상황판단에 나왔던 문제라 당황하지 않고 잘 대처한 것 같습니다.

  면접이 끝나고 아직 끝나지 않은 조원을 기다렸다가 조원이 다 모이자 핸드폰을 받고 집으로 돌아왔습니다.

■ 사례 #5: 군 가산복무 부사관 면접시험(김 ○ ○)

- 체력평가는 1.5㎞ 달리기는 평소보다 잘 달려 기분이 좋았고, 윗몸은 달리기 후에 하니 힘이 빠져 더 기록이 안나온 것 같고, 팔굽도 평소보다 빨리 힘들어서 당황했지만 이 악물고 잘 나왔습니다.

- 면접은 2→3→1 면접장 순으로 면접이 진행되었습니다.

  2면접장에서는 서로의 의견을 존중해주되 상대방의 의견에 대해 이의제기를 하며 분위기가 굉장히 좋았습니다.

  ① 개별발표 주제는 '평화를 위해서는 전쟁을 준비하라' 이러한 말이 있는데 현재는 평화로운데 군은 왜 필요한가?

  ② 집단토론 주제는 제가 부대에서 예산안을 담당하고 있으며, 상급부대에서 저희 부대에서 필요사업 보고서를 제출하면 남은 예산을 지원하겠다. 그러나 상급부대에서 원하는 사업은 지역주민들의 민원을 해결하는 민원해소와 관련된 사업을 원하고, 부대 지휘관은 노후된 K-9 자주포 훈련장을 건설하여 전투력을 증강시키는 사업을 하길 원한다. 이 상황에서 너는 누구를 선택할 것인가? 라는 주제였습니다. 집단토론은 찬반으로 나뉘어서 면접을 유리하게 이끌어가도록 진행했습니다. 그러나 좀 많이 주제가 난해한 거 같다고 하셨지만, 사전에 조원들끼리 토론 진행

을 유리하게 하기위해 찬반으로 나뉘어 싸우지 않고 설전을 펼쳤습니다.

- 3면접장에서는
  ① 1분동안 자기소개를 하시오.
  ② 가족간 갈등이 생겼을 때에 어떻게 해결을 했는가?
  ③ 부사관이라는 직업을 왜 선택하였는가?

- 1면접장에서는
  ① 들어가서 의자 앞쪽에 서보라고 하고, 제식 좌향좌, 우향후, 한 후 앉아로 시작을 했습니다.
  ② 부사관이 하는 일은 뭐라고 생각하는가?
  ③ 부사관이 가장 갖추어야 할 덕목은 무엇인가?
  ④ 마지막으로 하고 싶은 말은?
  꼭 붙고 싶습니다! 하니 알았다. 나가봐. 하셨습니다.

■ **사례 #6: 군 가산복무 부사관 면접시험(박 ○ ○)**

- 체력평가는 먼저 1.5㎞ 달리기, 윗몸일으키기, 팔굽혀펴기 순으로 진행했습니다. 1.5㎞ 달리기를 먼저 뛰고, 윗몸일으키기를 했더니 평소 연습한 만큼 나오지 않아 아쉬웠습니다. 카운트는 팔굽혀펴기 노카운트 5개 정도 나온 것 같고 나머지는 다 카운트를 잘 세주셨던 것 같습니다.

- 면접은 대답하지 못할 어려운 질문은 딱히 없었던 것 같고, 고교 출결이 안 좋으면 자꾸 언급될 수 있으니, 그에 맞는 대답을 준비하고 가는 것이 좋을 것 같습니다. 면접순서는 1→2→3 면접장 순으로 진행되었습니다.

- 1면접장에서는
  ① 부사관의 지원동기를 말해보세요.
  ② 고교출석에서 결석이 많은데 왜 그랬나요?
  ③ 존경하는 인물이 누구인가요?
  ④ 부사관으로서 갖춰야 할 덕목이 뭐라고 생각하나요?

• 2면접장에서는

① 개별 발표주제는 양성평등이 이루어지려면 어떤 노력이 필요한가? 교육을 할 때 3·4기 해병대처럼 6·25전쟁 도중 자진에서 입대한 여군의 예시를 들어 양성평등 교육을 하면 용사들이 더 주의 깊고 감명 깊게 들을 것이며 양성에 대한 존중이 더 커질 것이다. 라고 말했습니다.

② 집단토론 주제는 나는 10명의 부하를 거느리고 있는 팀장이다. 훈련 도중 소대장은 A코스로 가자고 하는데 A코스로 가면 저녁 안에 도착하기 힘들고, 부하들의 부상 우려가 있다. 부소대장은 B코스로 가자고 제안한다. B코스는 완만한 길이며 용사들도 다 부소대장의 말에 찬성하고 있다. 부소대장은 소대장조와 부소대장조를 나눠서 가자고 제안하고 있다. 나는 누구의 제안에 동의할 것인가?

저는 소대장의 말에 찬성한다. 했고 이유는 군이라는 조직은 상명하복의 체계를 이루고 있고 부소대장의 말처럼 조를 나눠서 가면 오히려 더 부상의 우려가 크다고 말했습니다.

• 3면접장에서는

① 자기소개를 해보세요.

② 고교학교 때 결석이 많은데 무슨 이유가 있나요?

■ **사례 #7: 군 가산복무 부사관 면접시험(송 ○ ○)**

면접 당일 아침 7시에 개나리회관에 도착하여 본인인증을 하고 인재선발센터로 이동하였습니다. 이동하여 조를 배정받고 짐을 내려놓고 바로 체력평가을 보러 계룡대 영내로 군 버스를 타고 갔습니다.

• 체력측정은 1조, 2조로 나눠지는데 저는 이름순이라 2조에 배정받았고 같이 간 ○○○, ○○○는 1조에 배정받았습니다. 1.5㎞ 달리기를 먼저 하고 윗몸일으키기, 팔굽혀펴기 순으로 했습니다. 1.5㎞ 달리기는 8등으로 들어와 5.36초 나왔고, 윗몸은 71개를 하여 5급, 팔굽혀펴기는 61개 하여 4급 나왔습니다. 저는 면접순서가 1면접장 2, 3면접장 순으로 들어갔습니다.

• 1면접장에서 질문은 자기소개서를 보고 꼬리물기식으로 하였음.
① 부사관의 정의는 뭔가요?
② 어떤 부사관이 되고 싶은가?
③ 키, 몸무게가 어떻게 되는가?
④ 부모님의 직업은?
⑤ 군인의 꿈은 언제부터 생각했나요?
⑥ 오늘 체력평가 결과는 어떻게 되는가?
⑦ 제식동작으로 차렷, 열중쉬어, 자세를 확인하였음.

• 2면접장에서는
① 개별발표 주제는 일제에 대응하는 광복군, 독립군을 보고, 우리나라는 어떤 전통을 계승하고 있으며 나의 각오를 물어보았습니다.
② 집단토론은 B초급간부가 전입 온지 하루 만에 C작전과장에게 병과를 바꿔달라고 이야기했습니다.(병과를 바꿔달라고 한 이유는 B가 ○○병과를 하려고 ○○대학교 ○○학과를 나와 모집공고를 보고 군에 지원을 하였는데, 군대에 들어오면서 모집공고가 바뀌는 바람에 다른 병과로 배치을 받았다.) 이러한 과정 중 C작전과장은 B초급간부에게 훈계를 하였지만, B초급간부는 훈계가 아니라 모욕으로 받아들이고 ○○기관에 모욕을 당했다고 신고했습니다. 하지만 ○○기관은 모욕이라고 하기에 타당하지 않았다고 판단하여 신고는 취소가 되고 B초급간부는 다시 A지휘관에게 병과를 바꾸어 달라고 건의를 하는데 여기서 문제: 만약 당신이 A지휘관이라면 어떻게 할 것인가?

• 3면접장에서는
① 성장과정 중 가족이 나에게 어떤 역할을 했는가?
② 부사관은 언제부터 꿈꿔왔는가?
③ 고등학교가 상업계(회계) 특성화고인데 굳이 부사관과를 선택한 이유?
학과에서 연습한 것이 비슷하게 나왔으며, 면접 볼 때 목소리 크면 면접관님이 좋아하시고 웃으신다. 모든 면접관님이 긴장 풀라고 편하게 대해 줌.

■ 사례 #8: 군 가산복무 부사관 면접시험(최 ○ ○)

면접일 아침 7시 30분 전에 여유 있게 등록을 하고 육군 인재개발센터로 이동했습니다. 조는 총 10개 중에 7조였습니다.

- 오전에 체력은 1.5㎞ 달리기, 윗몸일으키기, 팔굽혀펴기 순이었습니다. 평가관분들 중에 FM이신 분이 한 분 있었는데 노카운트를 많이 당했습니다. 체력평가 후 점심시간과 면접 준비시간이 총 3시간 정도 있었습니다.

- 면접은 2토론면접－3인성－1개인면접 순으로 했습니다.
  2면접장에서는
  ① 개인발표 주제는 대한민국 국군이 세계 평화유지에 무엇을 기여 했나?
  ② 토론발표 주제는 군청에서 저소득층 지원을 6개월간 매달 20만원을 지원하려고 한다. B할머니는 왼쪽 다리가 불편하여 일을 전혀 못하여 소득이 없는 상황이며, 결혼한 딸이 1주일에 2~3회 방문한다. C할아버지는 6·25 참전용사이시며 이혼을 하여 가족이 없이 혼자 살고 계시며, 폐지를 주워 매달 20만원의 소득을 얻고 있다. 지원자는 B할머니와 C할아버지 중 누구에게 지원을 해 줄 것인가?

- 3면접장에서는 자기소개서를 보고 꼬리물기식 질문을 하였음.
  ① 자기소개서에 좌우명에 대해 얘기했고,
  ② 왜 굳이 부사관을 하려고 하는가?
  ③ 이번에 떨어지면 어떻게 할 것인가?
  ④ 부사관이 되면 어떤 부사관이 될 것인가?

- 1면접장에서는
  ① 자기소개를 해보세요.
  ② 임관을 하면 어떤 목표가 있나요?
  ③ 부사관을 하고 싶은 이유가 뭔가요? 꼬리물기식으로 몇가지 질문을 했으나 어렵지 않게 잘 넘어갔습니다. 전반적으로 면접장마다 딱딱한 분위기가 아니어서 더 수월하게 면접을 본 것 같습니다.

■ 사례 #9: 군 가산복무 부사관 면접시험(강 ○ ○)

- 민간부사관 1기 때는 윗몸, 팔굽, 1.5km 달리기 순으로 했는데, 오늘은 날씨가 덥다고 하여 1.5km 달리기를 2개조로 나누어 1.5km 달리기를 먼저 실시했습니다. 그 다음 윗몸, 팔굽 순으로 하였습니다.

- 1면접장에서 질문은
  ① 자기소개를 1분간 해보세요.
  ② 군인이라는 직업을 언제부터 생각했나?
  ③ 부사관을 한다고 했을 때 부모님은 뭐라고 하셨나요?
  ④ 학교 다니면서 아직 못 해 봤지만 이건 꼭 해보고 싶다는 것은?

- 2면접장에서는
  ① 개인발표 주제는 대한민국 국군이 세계 평화유지에 무엇을 기여했나?
  ② 집단토론 주제는 나는 분대장이다. 부분대장과 사이가 안좋고, 부분대장은 자기의 말을 들어주지 않아 퉁명스러워하며, 면담을 해도 괜찮다 아무일도 아니다. 라고 말을 하며 요즘 훈련과 야간근무로 병사들도 힘들어한다. 당신이 분대장이라면 어떻게 대처할 것인가?

- 3면접장에서 질문은
  ① 부사관은 무엇을 한다고 생각하나?
  ② 부사관에게 있어 무엇이 중요하다고 생각하나?
  ③ 군인의 꿈을 언제부터 키워왔나?
  ④ 생활기록부에 활동한 것이 많은데 어떻게 무슨 활동을 했나?
  ⑤ 부사관을 하고 싶어 한다고 했을 때 부모님의 반응은?
  ⑥ 길 가다 돈 5만원을 주우면 어떻게 할 것인가?

■ 사례 #10: 군 가산복무 부사관 면접시험(김 ○ ○)

아침 일찍 일어나서 긴장한 마음으로 대학 버스를 타고 계룡대로 향했습니다. 걱정 반, 기대 반으로 생각하는 사이에 벌써 버스는 도착해있었고, 신속히 내려 입구에서 신분증과 수험표를 제출하여 연번을 부여받은 후 대기실로 갔습니다. 저는 46번이라 좀 늦게 체력과 면접을 측정하였습니다.

- 체력평가는 1.5㎞ 달리기부터 했는데, 다른 친구들은 모두 잘 뛰었습니다. 그러나 저는 달리기는 진짜로 못 뛰기 때문에 7분 26초로 들어왔습니다. 자신이 평균적으로 뛰던 페이스로 뛰면 늦혀지더라구요.... 그래서 오버 페이스로 뛰었습니다. 군대에서 왜 달리기가 중요한지 알 수 있었고 저를 반성하는 계기가 되기도 하였습니다.
  - 윗몸 일으키기는 1.5㎞를 뛰고 난 뒤라 모두 다 힘이 빠져있었습니다. 힘을 주고 뛰어서 그런지 처음으로 다리에 힘이 풀리는 기괴한 상황이 일어났습니다. 그래서 시험 치기 전까지 20분 동안 다리랑 종아리를 주먹이랑 손바닥으로 계속 때렸습니다. 그러니까 많이 좋아 진거 같았습니다. 다행히 노카운트는 없었지만 5급이 나왔습니다.
  - 팔굽혀 펴기는 달리기 다음으로 가장 어려웠던 거 같습니다. 다리에 이미 힘은 빠지고 복부를 써 자세를 잡았을시 땡기는 상황도 있었습니다. 그래도 노카운트 1개가 나오고 6급이 나왔답니다.

  이제 체력이 끝나고 느낀점은 저 자신을 정말 되돌아볼 수 있는 시간이었습니다. 준비를 미숙하게 한 저를 반성하였고, 또한 앞으로 운동시 이번 시험 순서처럼 달리기→윗몸→팔굽 이렇게 해야겠다고 뼈저리게 느낄 수 있었습니다.

- 면접은 생각했던 거 만큼 어렵게 나오지 않아서 의외였습니다. 다만 긴장을 조금하여 말이 꼬인 거 빼고는 저의 의사전달을 하였고, 집단토론에서 기존의 적어놓은 종이를 최대한 안보고 읽어라고 하셔서 애를 좀 많이 먹었습니다. 저희 조는 6조였습니다. 천운으로 저를 포함한 4명의 학생이 저희 전투부사관과여서 집단토론만큼은 정말 편하게 본 거 같습니다.

- 2면접장(개인발표, 집단토론)

  이 두가지의 면접 주제는 조에서 가장 첫번호가 랜덤으로 서류봉투를 뽑았습니다. 사회적 시사가 나올까봐 엄청 걱정을 하였습니다. 그러나 국방관련 주제가 나와서 정말 수월하게 개인의 생각을 적었습니다.

① 개인발표의 주제는 한미군사훈련을 저지하는 북한의 저의와 한미군사훈련의 필요성이 나왔고,

② 집단토론 주제는 소대장이 명령을 내렸는데 분대장인 내가 잘못 이해하고 지시하여 다시 작업을 해야 되는 상황에 대한 주제였습니다.

25분의 시간을 주고 20분간 자신의 의견을 종이에 작성하고, 5분간 면접장을 뽑았습니다. ○○대학 학생을 시켰습니다. 이후 대기하고 순서대로 한 명씩 들어가 개인발표를 하였습니다. 하고 싶었던 말은 하였고 사회주의 헌법, 53년 한미상호방위조약 등 제가 알고 있는 지식을 총 동원하여 발표했습니다. 다행히 꼬리물기는 없었습니다. 이후 집단토론이 진행되었고 개인마다 2개의 질문은 의무적으로 하도록 했습니다. 저랑 몇 명 친구들은 2가지씩 이야기를 하였으나 두 명의 학생이 이야기를 하지 않았고, 조장이 자신의 생각을 이야기를 안 하고 토론을 종료했습니다. 조장하실 분들은 이점 유의하시길 바랍니다.

• 3면접장(인성검사)

정말 편하게 본 면접이었습니다. 군종장교님과 예비역으로 보이시는 어르신이 앉아계셨고, 정말로 편하게 대해주셨습니다.

① 자기소개를 해보라고 시키셨습니다. 그래서 H교수님 말씀처럼 자기가 알고 있는 것을 어필하라고 하신 말을 기억하여 역사를 주제로 군인이 되고 싶었던 이유를 토대로 자기소개를 하였습니다. 그 뒤 역사를 좋아한다고 말하니까.

② 가장 기억에 남는 전쟁을 이야기하라고 시키셨습니다. 아마 고민이 가장 많았던 순간이었습니다. 저는 고려시대의 대몽항쟁을 발표하였습니다.

③ 마지막으로 장단점을 이야기하였고, 장점에서는 오케스트라를 바탕으로 리더십을 엮어서 이야기를 하였고, 단점에서는 너무 좋아하는것만 하는 경향이 있다고 말했습니다. 아쉬웠던 건 단점을 어필하려고 했지

만 기억이 나지 않아 못한 것이 아쉬웠습니다. 이후 옆에 계신 어르신이 대몽항쟁이야기 한 학생은 저뿐이라며 칭찬을 많이 해주셨습니다.

- 1면접장 들어가서 상사님인가 원사님이 계셨고, 대위분이 앉아계셨습니다.
  ① 군인이 되고 싶은 이유를 물으셨습니다. 3면접장의 자기소개를 인용하여 이야기를 하였고,
  ② 부사관의 장점을 이야기하라고 하였는데, 갑자기 네가 부사관이 되었을 때 단점을 이야기하라고 하셔서 살짝 놀라서 긴장했습니다. 자소서를 보시더니 오케스트라를 보시고 군악대를 가지 왜 군인을 선택했냐고 하셔서 단순 취미라고 하였고, 왜 보병을 선택했냐? 라는 질문에는 아무리 미사일같은 비대칭 전력이 많이 사용되는 현대시대지만 결국 기계가 하지 못하는 건 인간이 하게 되어있다. 그래서 전장에서도 적진에 들어가서 승리의 깃발을 꽂는 것은 보병이기 때문에 보병이라고 이야기하였습니다. 가장 인상 깊었던 질문이여서 잊을 수 없는 답변이었습니다. 그리고 면접은 끝났습니다.

  정말 많은 것들을 경험 해볼 수 있었던 좋은 시간이었던 거 같습니다. 체력의 필요성을 절실히 느꼈습니다.

- 유의사항

  모집관분들이 체력보다 면접을 중요시하셔서 면접이 엄청 중요함.
  체력은 불합격이 없지만 면접 불합격이 있음. 개나리회관에서 등록하는 순간 감시받는 거야, 행동 하나하나 태도 점수 반영됨.
  면접보고 나와서 그냥 무표정으로 대기실 가야하고 대화도 못하는 분위기, 거기 계신분들 지시 잘 따르면 문제없음.
  핸드폰 사용 주의해야 해! 건물 안에서 핸드폰 금지, 전원도 건물 밖에서 켜야 해 다 보고 있어요.
  CCTV 18대 모니터실이 따로 있어요. 그리고 수건 챙겨 수건이 없더라. 샴푸, 세면도구 챙기고 자기소개 할 때 외워서 하는 거 티 나면 면접관님이 바로 뭐라고 하시더라. 조심하고 난 끝!!!

Reference

참고문헌

대덕대학교, 「진로·취업가이드」, 2017.

고려대학교, 「면접노트」, 2011.

국방부, 「정신전력교육 기본교재」, 2019.

국방부, 「2018 국방백서」, 2018.

김선국 외 2명, 「장교·부사관 충성 면접」, 진영사, 2017.

김상운, 「경찰면접」, 박영사, 2014.

김정필, 「장교·부사관 선발면접」, 시대고시기획, 2017.

설민준, 「AI 면접 합격기술」, 시대고시기획, 2019.

육군교육사령부, 「국가와 안보(Ⅰ, Ⅱ)」, 2019.

육군본부, 「군인복무규율 길라잡이」, 2014.

육군본부, 「육군가치관 및 장교단정신」, 2010.

육군본부, 「참군인의 길」, 2012.

육군본부, 「초급간부 자기개발서 리더십」, 2018.

통일부 통일교육원, 「북한이해」, 2019.

통일부 통일교육원, 「통일문제이해」, 2019.

황선길 외 1명, 「면접질문 202제」, 제우미디어, 2012.

이진호, 「캠퍼스 잡앤조이」, "전문가에게 직접듣는 AI 면접 합격 꿀팁), 2019.04.30.

http://www.jobnjoy.com/portal/job/hotnews_view.jsp?nidx=338173(2019.06.05. 자료 검색)

https://blog.naver.com/yankmo/221522024457(2019.06.06. 자료 검색)

[저자약력]

허 동 욱

예)육군 대령
육군대학 인사행정처장, 합동군사대학교 참모학과장 역임
육군본부 군사연구소 및 분석평가단 자문위원 역임
육군본부 군장학생(부사관, 장교, 여군) 선발 면접위원 역임
충남대학교 대학원 졸업(군사학 박사)
육군본부 군사연구지 논문심사위원(現)
한국군사학논총 학술지 편집위원(現)
사)대한군사교육학회 수석부회장(現)
합동군사대학교 명예교수(現)
대덕대학교 '잘 가르치는 교수'(DDU Best Professor) 최우수상 수상

현재 대덕대학교 군사학부 학과장 및 교수

▮ 대표저서

『시진핑시대의 한반도 군사개입전략』(북코리아, 2013)
『국방체육』(공저)(박영사, 2016)
『한국사』(박영사, 2019)

부사관·장교 합격 면접

초판발행 2019년 7월 10일

지은이 허동욱
펴낸이 안종만·안상준

편 집 이승현
기획/마케팅 정연환
표지디자인 벤스토리
제 작 우인도·고철민

펴낸곳 (주) 박영사
서울특별시 종로구 새문안로3길 36, 1601
등록 1959. 3. 11. 제300-1959-1호(倫)
전 화 02)733-6771
f a x 02)736-4818
e-mail pys@pybook.co.kr
homepage www.pybook.co.kr
ISBN 979-11-303-0811-1 93390

정 가 17,000원